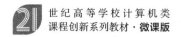 世纪高等学校计算机类
课程创新系列教材·微课版

U0182251

ASP. NET Core基础教程

微课视频版

陈长喜 / 主编

张万潮 吴 凯 孔祥超 / 副主编

清華大学出版社

北京

内 容 简 介

本书系统介绍 ASP.NET Core 平台、核心组件和开发环境,通过 80 余个示例详细讲解 ASP.NET Core 开发技术,并提供了一个 ASP.NET Core 系统案例的完整开发过程。本书示例丰富,大多数示例配有视频讲解,帮助读者深入理解相关技术。编者为各章设计了丰富的操作实践,帮助读者举一反三、融会贯通。

本书可作为高等学校计算机相关专业的教材,也可作为软件技术人员的参考书。

图书在版编目(CIP)数据

ASP.NET Core 基础教程:微课视频版/陈长喜主编.—北京:清华大学出版社,2023.10
21 世纪高等学校计算机类课程创新系列教材:微课版
ISBN 978-7-302-64235-0

Ⅰ.①A… Ⅱ.①陈… Ⅲ.①网页制作工具－程序设计－高等学校－教材 Ⅳ.①TP393.092.2

中国国家版本馆 CIP 数据核字(2023)第 136008 号

责任编辑:付弘宇 张爱华
封面设计:刘 键
责任校对:郝美丽
责任印制:刘海龙

出版发行:清华大学出版社
  网 址:https://www.tup.com.cn,https://www.wqxuetang.com
  地 址:北京清华大学学研大厦 A 座 **邮 编**:100084
  社 总 机:010-83470000 **邮 购**:010-62786544
  投稿与读者服务:010-62776969,c-service@tup.tsinghua.edu.cn
  质量反馈:010-62772015,zhiliang@tup.tsinghua.edu.cn
  课件下载:https://www.tup.com.cn,010-83470236
印 装 者:三河市君旺印务有限公司
经 销:全国新华书店
开 本:185mm×260mm **印 张**:19.5 **字 数**:475 千字
版 次:2023 年 12 月第 1 版 **印 次**:2023 年 12 月第 1 次印刷
印 数:1~1500
定 价:59.80 元

产品编号:095171-01

前　言

党的二十大报告指出,教育、科技、人才是全面建设社会主义现代化国家的基础性、战略性支撑。党的二十大已把中国式现代化和教育、科技、人才"三位一体"作为战略任务进行统筹部署。教育是发展科学技术和培养人才的基础,在现代化建设中具有先导性、全局性的作用。教材是为教育教学服务的,出版符合我国教育发展战略目标的教材、助力高校培养出更多符合社会发展需求的人才是我们编写本书的初衷。

基于.NET 平台进行应用程序开发,具有简单易学、管理高效、执行效率高且不失互操作性等优点,但.NET 平台在开源和跨平台方面也一直饱受诟病。2016 年,微软公司推出了 Web 端的一个全新的开源、跨平台框架——ASP.NET Core,它可以用来快速构建移动端、桌面端、云端的应用程序。如今,微服务、物联网、机器学习等技术比较流行,微软公司基于其强大的 Visual Studio 集成开发环境,为 ASP.NET Core 开发者提供了微服务、物联网、机器学习的一站式集成解决方案,相信 ASP.NET Core 会有越来越多的拥趸。

从 Visual Studio 2002 和.NET Framework 1.0 到 Visual Studio 2022 集成的.NET 6.0,这20 年来,微软公司的.NET 技术架构从最初的封闭和局限于 Windows 操作系统到目前的开源和跨操作系统平台,逐渐走向成熟,赢得了广大程序开发人员的认可。基于 ASP.NET Core 的程序可以在 Windows、macOS 和 Linux、UNIX 等云端、桌面、移动设备环境中开发和运行,其源代码也可在 GitHub 上托管。基于 Visual Studio 集成开发环境便捷、易用的操作特性,ASP.NET Core 具有更高的开发效率。根据 2023 年 3 月的 TIOBE Index 显示,.NET 平台的两种主流开发语言 C# 和 Visual Basic 在市场占有率上的排名分别为第 5 位和第 6 位,合计占有率为 11.92%。由此可见,.NET 架构依旧有一定的市场,ASP.NET Core 也逐渐成为 Web 应用开发领域的主流技术之一。

编者团队在 ASP.NET 方面有丰富的教学与科研实践经验。编者团队综合运用物联网与大数据技术,在 ASP.NET 框架下开发的"肉鸡生产监测与产品质量安全可追溯平台"曾中标天津市畜牧兽医局负责的天津市十大放心工程之一,该平台在天津市 10 个行政区域、302 家肉鸡规模化企业投入使用,形成了天津市肉鸡安全生产领域的大数据仓库。该项成果荣获天津市 2017 年度科学技术进步奖三等奖(2017B-3-110)并被评为农业部 2017 年度全国 100 项农业大数据实践案例之一。编者团队还利用 ASP.NET 框架自主研发了全国土壤墒情预警系统、天津市古海岸湿地绿廊起步区林木保护系统等,这些智慧农业项目综合应用了物联网、云计算、机器学习等方法和技术,促进了教师的科研与教学水平的提高。

编者团队于 2011 年 9 月和 2013 年 8 月在清华大学出版社先后出版了《ASP.NET 程序设计基础教程》的第 1 版和第 2 版,受到了市场好评,许多高校将该书选为授课教材,也有很多读者通过自学该书开启了.NET 开发的职场生涯。应广大读者的要求,编者团队于2017 年出版了《ASP.NET 程序设计高级教程》,帮助读者后续深入学习 ASP.NET 架构的相关知识。

随着.NET Core框架日渐成熟，.NET 7.0及.NET 8.0也陆续发布。编者时刻关注着ASP.NET Core技术的发展，经过长期的积累，本书终于与广大读者见面了。

本书的特色

本书的编者均是来自教学、科研一线的高校教师，本书内容充分体现了编者在教学与项目实践中的经验，展示了ASP.NET Core的新特点、新技术、新应用，在编排上通过案例，循序渐进地讲解相关知识。同时，本书还采用了近年来兴起的微课方式，为每个例题均配套了实操过程的视频讲解，更便于读者自学。本书各章最后还提供了习题，方便读者进一步巩固与理解本章知识。

读者对象

- 对ASP.NET Core感兴趣的读者；
- 高等学校计算机相关专业的学生；
- 有一定Web开发基础、想进一步学习ASP.NET Core的初学者；
- .NET开发人员。

本书的实践环境

读者根据本书示例进行动手实践时，建议选用以下计算机环境：操作系统为Windows 10/11或以上版本，开发环境为Visual Studio Community 2019或以上版本，开发语言为C♯，数据库为SQL Server 2016或以上版本，浏览器为Microsoft Edge、谷歌的Chrome 90或以上版本。

本书的内容组织

第1章 .NET Core平台：主要讲解.NET Core的基础知识、体系结构和特性及.NET Core与.NET Framework的区别，介绍.NET Standard的基础知识、版本及其对应的具体实现，ASP.NET Core的发展情况、基础知识及特点，带领读者创建一个简单的ASP.NET Core应用程序。

第2章 ASP.NET Core核心组件：主要讲解ASP.NET Core的基础知识，包括C♯新特性、Startup、依赖注入、中间件、配置、环境（开发与生产阶段）、路由的概念和应用。

第3章 ASP.NET Core开发环境：主要讲解.NET Core开发环境Visual Studio的基础知识及其应用，介绍管理软件包工具NuGet的使用方法，定义创建、托管和使用.NET包，并为这些包提供管理，阐述迭代开发的过程，介绍如何部署JavaScript和CSS及进行日志管理。

第4章 ASP.NET Core MVC框架：主要讲解MVC的发展历史，介绍MVC模式的基本概念、组成部分，包括模型（Model）、视图（View）和控制器（Controller），讲解如何创建ASP.NET Core MVC模式以及如何添加模型、视图、控制器。

第5章 Razor Pages：主要讲解Razor Pages的基础知识，包括如何在ASP.NET Core中创建Razor Pages，如何使用模型对象、布局，如何使用Razor表达式。

第6章 SignalR：主要讲解SignalR的基本概念、客户端与服务器端的实时通信模式、SignalR的工作原理及其应用。

第7章 Blazor：主要介绍Blazor的应用模型、组件的概念与应用、数据绑定、事件处理、组件间的通信及路由组件的概念和应用。

第8章 Entity Framework Core：主要介绍EF Core的概念及其数据访问技术。

第 9 章 项目的部署与发布：主要介绍如何将已开发完成的项目部署到 Windows、Linux 和 Docker 平台。

第 10 章 项目开发实例：通过大学生考勤管理系统的实现过程来阐述 ASP. NET Core 技术的综合应用。

本书的配套资源

为方便读者学习，本书所有例题均提供源代码，每个例题的代码存放在一个单独的文件夹中。本书还提供教学课件、教学大纲、习题答案等资源，读者可以从清华大学出版社的官方微信公众号"书圈"（见封底）或官方网站 www. tup. com. cn 下载这些资源。另外，读者扫描封底的"文泉云盘"二维码，绑定微信账户，即可随时观看本书的配套视频。

本书由天津农学院陈长喜教授任主编，张万潮、吴凯、孔祥超老师任副主编。在本书的出版过程中得到了清华大学出版社付弘宇、张爱华编辑的鼎力支持，在此谨向两位表示衷心的感谢。

由于 ASP. NET Core 技术更新快，涉及领域广，涵盖知识点多，编者在编写过程中难免会有疏漏或不足之处，恳请各位专家、学者与广大读者提出意见和建议，以便在本书再版时进行更正或改进。联系邮箱为 404905510@qq. com。

编 者

2023 年 11 月

视频目录

源码下载

目　录

第 1 章

.NET Core平台

本章介绍 ASP. NET Core 的发展现状、整体架构和技术特点,并通过一个示例讲解 ASP. NET Core 项目的实现过程。

本章主要学习目标如下:

- 了解.NET Core 的相关知识。
- 掌握 ASP. NET Core 程序的开发过程。

1.1 .NET Core 概述

1.1.1 .NET Core 的框架

.NET Core 是源于.NET Framework 的一个开源、模块化的框架,支持跨平台、跨设备运行。.NET Core 可以在不同的操作系统(Windows、Linux、macOS)上运行,也支持 Web 或移动设备在同一个.NET Core 框架下运行。.NET Core 是经过重新设计与构建发展而得的,传统的.NET 框架包括公共语言运行时(Common Language Runtime,CLR)、即时编译器(Just In Time,JIT)、垃圾回收(Garbage Collection,GC)和基础类库(Base Class Library,BCL),.NET Core 在此基础上重新设计和构建了 Core CLR、RyuJIT、Core RT、AOT、Roslyn 等。

2016 年,微软公司发布了.NET Core 1.0。实际上,2014 年微软公司已经在 GitHub 平台上开始了多个开源项目的研发,包括 Entity Framework Core、.NET Core、CoreFX、CoreCLR、RyuJIT、MSBuild、.NET Core CLI、Visual Studio Code、.NET Standard 等,.NET Core 本质上是由这些开源项目组合而成的,包括基本的类库 Core FX、采用 RyuJIT 编译的运行平台 Core CLR、编译器平台.NET Compiler Platform、采用 AOT 编译技术运行最优化的 Core RT 包、跨平台的 MSIL 编译器 LLILC (LLVM-based MSIL Compiler) 等项目。

相对于.NET Framework,.NET Core 的内核与结构都发生了改变,如图 1-1 所示。

.NET Framework 包括 Windows Forms、WPF、ASP.NET 等应用,而.NET Core 包括 UMP(Universal Windows Platform)、ASP. NET Core 应用,它们都是 .NET Standard 的具体实现,有各自的开发工具、支持语言及运行时,因此.NET Core 是微软公司推出的全新框

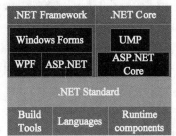

图 1-1 .NET Framework 和 .NET Core

架,而不是基于.NET Framework 的简单升级。由于.NET Core 设计之初就考虑到跨平台的问题,因此.NET Core 不仅兼容了.NET Framework 的类库,而且与.NET Framework 不同,采用了包的管理方式。管理软件包工具包括 Bower 与 NuGet:客户端可以采用 Bower,主要用来帮助用户轻松安装 CSS、JavaScript、图像等相关包,并管理这些包之间的依赖;服务器端采用 NuGet,主要用来创建、托管和使用.NET 包,并为这些包提供管理。

.NET Core 框架下的应用程序可以整合组件搭建项目,可以不采用.NET Framework 的打包式安装,同时各包有独立的版本线,不再要求应用程序跟随主线版本。.NET Core 的目标是支持或可以移植到更多的操作系统平台与芯片架构,未来将不依赖 x86 平台。

微软公司在 2022 年 11 月发布.NET Core 7.0,2023 年 11 月发布.NET Core 8.0 (LTS),之前发布的版本依次为.NET Core 2.0、.NET Core 2.1、.NET Core 2.2、.NET Core 3.0、.NET Core 3.1、.NET Core 5.0 和.NET Core 6.0。.NET Core 的历史版本如表 1-1 所示。

表 1-1 .NET Core 的历史版本

时　　间	版　　本
2016 年 2 月	.NET Core 1.0 RC1
2016 年 5 月	.NET Core 1.0 RC2
2016 年 6 月	.NET Core 1.0
2017 年 3 月	.NET Core 1.1
2017 年 8 月	.NET Core 2.0
2018 年 5 月	.NET Core 2.1(LTS)
2018 年 12 月	.NET Core 2.2
2019 年 9 月	.NET Core 3.0(Maintenance)
2019 年 12 月	.NET Core 3.1(LTS)
2020 年 11 月	.NET Core 5.0
2021 年 11 月	.NET Core 6.0(LTS)
2022 年 11 月	.NET Core 7.0
2023 年 11 月	.NET Core 8.0(LTS)

.NET 5.0 是.NET Core 3.1 之后的一个主要版本。之所以命名为.NET 5.0 而不是.NET Core 4.0,官方给出的解释是有两个原因:一是避免与.NET Framework 4.x 混淆,因此跳过了 4.x 的版本编号;二是从名称中删除了 Core,为了强调这是.NET 未来的主要实现。与.NET Core 或.NET Framework 相比,.NET 5.0 支持更多类型的应用和平台。ASP.NET Core 5.0 虽然以.NET 5.0 为基础,但保留了名称 Core,以避免与 ASP.NET MVC 5 混淆。同理,Entity Framework Core 5.0 保留了名称 Core,以避免与 Entity Framework 5 和 Entity Framework 6 混淆。

.NET 6.0 提供.NET 统一计划的最终部分,该计划是在.NET 5.0 中启动的。.NET 6.0 在移动、桌面、IoT(物联网)和云应用之间统一了 SDK、基础库和运行时,.NET 6.0 将作为长期支持 (LTS)版本得到三年的支持,目前 Visual Studio 2022 和 Visual Studio 2022 for Mac(以及更高版本)支持.NET 6.0。.NET 6.0 生态系统具有以下优点。

(1) 简化开发,轻松入门。C♯ 10 中的新语言功能可减少需要编写的代码量,同时利用 Web 堆栈和最少的 API 量,可以轻松、快速地编写更小、更快速的微服务。

（2）有更好的性能。.NET 6.0是最快的完整堆栈Web框架，如果在云中运行会降低计算成本。

（3）有较高的工作效率。.NET 6.0和Visual Studio 2022提供热重载、新的git工具、智能代码编辑、可靠的诊断和测试工具及更好的团队协作。

1.1.2 .NET Core 的体系结构

.NET Core的整体结构包括Application Layer、BCL(Base Class Library)、.NET Core Runtime，如图1-2所示。

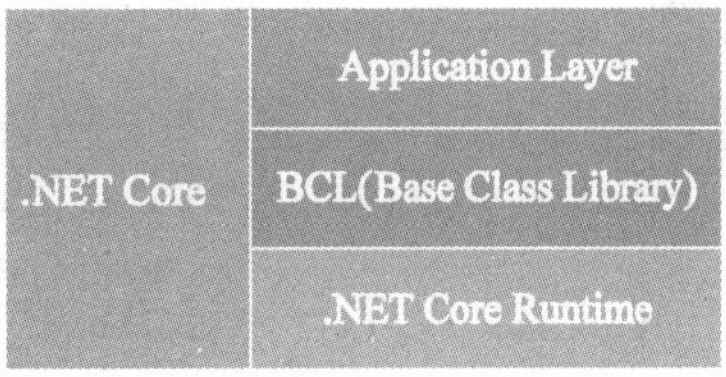

Application Layer包括ASP. NET Core App Model、Windows App Model和Other App Model。ASP. NET Core适合开发Web端应用，Windows App Model侧重于Windows应用，Other App Model适于移动端、物联网等开发；BCL(Base Class Library，基础类库)包括一些基础的类，如System、File、XML等；

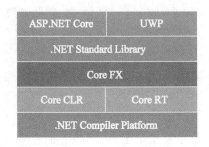

图1-2 .NET Core的整体结构

.NET Core的Runtime包含两种主要的运行时：Core CLR和.NET Native Runtime，Core CLR是一个具有开源的JIT的运行时，它将代码编译成中间语言(Intermediate Language, IL)，在终端机器运行时再转换为机器码；Native Runtime将程序代码直接转换为原生机器码直接运行。

.NET Core更为详细的体系构成与主要模块如图1-3所示。

图1-3 .NET Core更为详细的体系构成与主要模块

该结构主要由应用层、标准库、Core FX、Core CLR、Core RT和.NET Compiler Platform组成。整个体系结构的最上层为应用层，是基于用户界面的开发框架，包括Web开发(ASP. NET Core)和与Windows应用有关的通用Windows平台(Universal Windows Platform，UWP)。Core FX是位于中间层的一个基础库，是.NET标准库(.NET Standard Library)的具体实现，如System. Collections、System. IO等。Core FX下层是.NET Core的运行时，包括Core CLR和Core RT两种运行时。Core CLR运行时的核心编译器是即时编译器(RyuJIT)，与之前的JIT不同，它是具有开源、跨平台、高效率编译特性的新一代编译器，能够将高级编程语言编译成中间语言，在终端机器上运行，再将中间语言编译成机器码；Core RT运行时的核心编译器是提前编译器(Ahead of Time Compiler，AOT)，能够将高级程序、依赖项等直接编译成单独的机器码文件，这种机制决定了高级编程语言将不依赖于.NET的运行，可以在其他系统平台上直接运行。

Core CLR与Core RT是.NET Core的两种运行时，提供了内存管理、线程管理、安全机制、加载程序集等功能，其功能类似.NET Framework CLR。从内部结构看，二者的主要区别体现在内部的编译器的不同，Core CLR采用即时编译器(RyuJIT)，Core RT采用提前编译器(AOT)；从功能实现角度看，Core CLR运行时将高级编程语言编译成中间语言，在终端机器运行时再转换为机器码；Core RT将程序代码直接转换为机器码。其中Core RT

有两种编译方式：第一种方式是 Core RT 将 C♯ 语言编译成中间语言，再将 RyuJIT 作为 AOT 编译器，将中间语言编译成机器码；第二种方式是利用不同平台的 C++ 编译器作为中间编译器，将 C++ 语言作为过渡语言，主要思想是 Core RT 将 C♯ 语言编译成 C++ 语言，利用不同平台的 C++ 编译器再编译成机器码。

Roslyn 编译器与 RyuJIT、AOT 编译器相比具有不同的功能，RyuJIT 与 AOT 编译器的作用是将中间语言翻译成机器码，Roslyn 编译器则是经过解析（Parser）、声明（Declaration）、绑定（Bind）、生成（Emit）四个步骤，将高级程序语言编译成中间语言。.NET Core 还提供了 LLILC 编译器（LLVM-based MSIL Compiler），它是一种能让 .NET Core 应用程序在非 Windows 平台运行，从而实现跨平台的 MSIL 编译器，它的内部基于 ECMA-335（Common Language Infrastructure）标准，将 MSIL 编译成原生码，可以在 LLVM 的操作系统（Linux 和 macOS）下运行。

1.1.3　.NET Core 的特性

.NET Framework 是用于 Windows 的托管代码编程模型，之前是微软公司主推的应用程序开发框架，其内部采用组件化思想，不需要严谨的定义每个组件的结构就可以轻松地整合，能够提高程序的延展性，支持多种程序语言开发，通过使用自动交易机制、自动内存管理、丰富的控件，可以节约项目开发时间，提高程序开发人员的工作效率。自微软公司发布 .NET Framework 以来，已经发布了 1.0、1.1、2.0、3.0、3.5、4.0、4.5、4.6、4.7、4.8、4.8.1 版本。随着桌面与 Web 浏览器、IoT 设备、桌面应用程序、机器学习与深度学习、云计算等各种终端平台和应用场景的兴起，传统的 .NET Framework 在跨平台、安装、部署、性能等方面无法满足新增需求，具有如下问题。

（1）无法独立部署。

应用程序通过打包生成的 .exe 运行文件，复制到新的机器上无法直接运行，需要安装对应程序的 .NET Framework 版本。

（2）.NET Framework 版本管理不足。

各种版本的应用程序依赖 .NET Framework 的版本，如果发生更新，则所有的程序都需要受更新影响。

（3）ASP.NET 与 IIS 深度耦合。

IIS（Internet Information Services，互联网信息服务）是由微软公司提供的基于运行 Microsoft Windows 的互联网基本服务。.NET Framework 中的 ASP.NET 内核中包含与 IIS 相关的代码，使得二者耦合性增强，无法做到跨平台使用。

（4）测试、机器学习与云计算支持不足。

ASP.NET MVC 不能很好地支持单元测试，现代软件工程学编码仅仅作为众多步骤中的一项，而测试占据很大的工作量，ASP.NET MVC 模式不符合软件工程测试需求，也不支持依赖注入等。.NET Framework 设计之初未考虑机器学习与云计算的应用场景，因此不能充分满足这些新兴的需求。

（5）消耗大、性能低。

ASP.NET 资源消耗大、性能低，例如 ASP.NET 中的 ASP.NET MVC 模式是在控件基础上发展而来的，资源消耗大，运行效率相对较低。

以上是. NET Framework 面对新增需求时的不足之处,鉴于此微软在. NET Framework 基础上重新设计与构建了新的框架. NET Core,它有以下特性。

1. 跨平台

与之前的. NET Framework 框架只支持 Windows 操作系统不同,微软做出很大的改变,新的. NET Core 可以在 Windows、Linux、macOS 操作系统上运行。. NET Core 提供了适用于 Linux 与 macOS 操作系统的 LLILC 编译器,可以根据 ECMA-335 标准将 MSIL 编译成机器码,从而实现跨平台。

2. 开放源代码

开源的. NET Core 项目是源于微软. NET 基金会(. NET Foundation)的众多优秀开源项目之一,. NET 基金会的宗旨是推动微软开源框架发展。. NET Core 开放源代码,目前由微软和. NET 社区在 GitHub 上共同维护,使用的是 MIT 和 Apache2 许可证,企业和个人可以不依赖微软的技术,自行修改代码。. NET Core 开源项目自发布以来,得到了开源社区上千开发人员的评议与修正,其可靠性稳步提高。

3. 模块化

. NET Core 延续了. NET Framework 模块化思想,并将这种思想进一步发展,使得整个框架更加模块化。用户可以根据项目需求,整合最基本的组件,无须严格定义各个组件结构,其所需要的依赖关系与项目程序在同一个工程内,便于提高程序的延展性,使项目部署更加方便。

4. 部署与托管灵活

. NET Core 提供了多种托管与部署方式,能够做到独立部署,互不影响。. NET Core Web 应用程序可以托管在大部分系统下,如安装 IIS 的 Windows 系统、安装 Apache 或 Nginx 的 Linux 系统,使用 Docker 进行容器化托管以及使用 Kestrel 和 WebListener HTTP 服务器的托管场景。

5. 依赖注入

. NET Core 在开发过程中采用内置依赖关系注入的软件设计模式,是一种在类及其依赖关系之间实现控制反转(IoC)的技术,能够有效降低依赖影响,提高代码的可读性与重用性,提供便于测试的模式。

6. 集成

. NET Core 支持目前大部分的客户端框架,包括 Angular、React 和 Vue. js。

7. 易用性

. NET Core 延续了. NET Framework 的易用性特点,其内部提供了内存管理机制、大量的控件等方案,缩短了项目开发时间,提高程序开发人员的工作效率。

8. 版本控制

. NET Core 支持同一台机器上同时运行多个版本的应用程序。它支持同一台机器拥有多个版本的公共语言运行时,并支持多个版本的应用程序使用某个版本的公共运行时,实现实际开发工作中的多版本控制。

9. 安全性

尽管. NET 为程序代码提供了一套全面安全机制,但在一些情况下仍然容易被反编译,Core RT 运行时可以将高级语言直接编译成机器码,这种方式间接提高了安全性。

10. 性能提升

.NET Core Web 栈运行速度非常快，.NET Core 3.x 尤其明显，在 JIT、正则表达式、集合、网络访问、多线程、异步处理、GC 等方面的性能有明显优化与提升。

1.1.4　.NET 平台标准

.NET 技术得到迅速发展，已经扩展到多个平台。到目前为止，.NET 主要有三种版本的平台，即.NET Core、.NET Framework 和 Xamarin，它们分别依赖 Base Class Library、Core Library 和 Mono Class Library，如图 1-4 所示。

.NET Core	.NET Framework	Xamarin	其他
Base Class Library	Core Library	Mono Class Library	Other Library
编译器与运行时			

图 1-4　.NET 各个平台

程序员需要掌握三种不同的基础类库，编写可以在三种平台上运行的代码。由于各个应用领域针对本行业应用场景更加多样化，例如 Mono 的分支 Unity 已经在二十多个平台上运行，但是没有统一的类库，因此开发人员需要在不同平台编写、整理与组织依赖库，增加了学习成本，拖慢了项目整体进度。未来随着新的.NET 衍生框架不断涌现，无论微软公司自身还是其他企业和个人，都可以构建一个新的.NET 平台版本，用来支持新的操作系统或特定设备的配置，因此统一的标准库是非常有必要的。

.NET Standard 是一种正式标准，它定义了由.NET 基类库实现的 API，也可以说是构成协定统一集（这些协定是编写代码的依据）的特定.NET API 组。这些 API 是符合相应 Standard 版本要求的.NET 实现，例如.NET Core、.NET Framework、支持 Standard 版本的 Xamarin 都是对.NET Standard 的实现，如图 1-5 所示。

.NET Core	.NET Framework	Xamarin	其他
.NET Standard			
编译器与运行时			

图 1-5　.NET Standard

这些.NET Core、.NET Framework、Xamarin 等需要实现.NET Standard 规定的类或方法，在此基础上也可以实现各自满足特定功能的类或方法。.NET Standard 仅仅提供标准，不提供具体的实现。

各种.NET 实现面向特定版本的.NET Standard，每个.NET 实现版本都通告它支持的最高.NET 标准版本，这一声明意味着它也支持之前的版本，如表 1-2 所示。

表 1-2　.NET Standard 版本与.NET 实现版本的对照

.NET Standard	1.0	1.1	1.2	1.3	1.4	1.5	1.6	2.0	2.1
.NET Core	1.0	1.0	1.0	1.0	1.0	1.0	1.0	2.0	3.0
.NET Framework	4.5	4.5	4.5.1	4.6	4.6.1	4.6.1	4.6.1	4.6.1	不支持
Mono	4.6	4.6	4.6	4.6	4.6	4.6	4.6	5.4	6.4
Xamarin	7.0	7.0	7.0	7.0	7.0	7.0	7.0	8.0	10.0

.NET Framework 4.6 实现了.NET Standard 1.3，这意味着它公开了.NET Standard 版本 1.0～1.3 中定义的所有 API。同样，.NET Framework 4.6.1 实现了.NET Standard

1.4,而.NET 5.0 实现了.NET Standard 2.1。

.NET Standard 是一个目标框架,如果代码面向.NET Standard 版本,则它可在支持该.NET Standard 版本的任何.NET 实现上运行。.NET Standard 面向库开发者,它的目标是在.NET 生态系统中建立更大的统一性。目前.NET Standard 2.1 是.NET 的最高标准,以下.NET 实现支持.NET Standard 2.1。

- .NET Core 3.0 或更高版本。
- Mono 6.4 或更高版本。
- Xamarin.iOS 12.16 或更高版本。
- Xamarin.Android 10.0 或更高版本。

以下.NET 实现支持.NET Standard 2.0。

- .NET Core 2.0 或更高版本。
- .NET Framework 4.6.1 或更高版本。
- Mono 5.4 或更高版本。
- Xamarin.iOS 10.14 或更高版本。
- Xamarin.Mac 3.8 或更高版本。
- Xamarin.Android 8.0 或更高版本。
- 通用 Windows 平台 10.0.16299 或更高版本。

.NET Standard 针对库程序员编写类库文件,可以考虑将一些库文件迁移到.NET Standard,标准库文件将针对在多个平台的应用情景下取代可移植类库。可移植类库和.NET Standard 有以下区别。

1. 平台约束

可移植类库需要指定平台,若指定多个平台,它是一组特定的 API,尤其对 NuGet 包必须在库文件名中列出所有平台,例如 portable-net4.5+win8。当支持相同 API 的新平台出现时,就会面临不能使用的问题。如果移植到.NET Standard 就不会存在类似的问题,.NET Standard 允许指定一个不包含任何平台信息的标准版本,例如.NET Standard 1.4。

2. 平台可用性

尽管某些可移植类库目前支持很多平台,但是并不是每个平台的配置文件都有一个匹配的.NET Standard 版本。

3. 库可用性

通常情况下,可移植类库会被设计成必须依赖目标平台才能运行的 API 和库。因此,可移植类库仅允许引用指定平台的公共可移植类库。.NET Standard 也类似,但它额外允许引用目前.NET 生态系统的.NET Framework 库。因此,在.NET Standard 2.0 提供了一个更大的库的集合。

1.2 ASP.NET Core 技术

1.2.1 关于 ASP.NET Core

2002 年,微软公司发布了.NET Framework 1.0,对应 ASP 的版本为 ASP.NET 1.0。

随后，在 2003、2005、2006、2010 年相继发布了与.NET Framework 版本相对应的 ASP. NET 1.1、2.0、3.0、3.5、4.0。

2016 年 8 月，其版本发展到 ASP.NET 4.6，在此期间，主体核心框架未发生大的变动。同时为了适应市场的发展，在 2014 年的 Microsoft Build Conference 大会上，Microsoft Cloud 和 AI Group 执行副总裁 Scott Guthrie 宣布启动.NET Foundation，推动.NET 生态系统中的开源软件开发。随后，.NET 开发团队在 GitHub 平台发布了 Microsoft 开源项目，包括 Entity Framework Core、.NET Core、Visual Studio Code、Roslyn、Core CLR、RyuJIT 等。

2016 年，.NET 开发团队将此前 ASP.NET 的 Web 应用程序（MVC、Web API 和 Web 页面）合并到 MVC 6，引入了.NET Core 组件及 Roslyn、Core CLR、RyuJIT 等工具，发布了 ASP.NET Core 1.0，重新实现了 ASP.NET Framework。ASP.NET Core 1.0 最初被命名为 ASP.NET 5，但实际上此时的 ASP.NET 5 已经对其核心框架做了大量改动，整个.NET Core 的概念、.NET CLI 及.NET Core 框架都是全新的，而且仍在不断地拓展新功能，因此其命名最终确定为 ASP.NET Core 1.0。

2017 年，.NET 团队发布了 ASP.NET Core 2.0，此后为了适应新的开发需求，不断加入新功能，改进 bug（缺陷），引入安全与性能机制，其中最重要的改进是更新了之前的 Angular 和 ReactJS 默认模板，支持 Angular 和 ReactJS 客户端框架的无缝集成，并于 2018 年 12 月发布了 ASP.NET Core 2.2。

2019 年 9 月，.NET 团队发布了 ASP.NET Core 3.0，此版本进一步对安全与性能进行了改进，并加入了新的功能，例如支持 Windows 桌面应用程序，支持 C♯ 8，引入 Blazor，新增高性能、低内存开销的内置 JSON，支持某些命名空间的加密算法等。

2019 年 12 月，发布了 ASP.NET Core 3.1。

2020 年 11 月，发布了 ASP.NET Core 5.0。

2021 年 11 月，发布了 ASP.NET Core 6.0，ASP.NET Core 构建的单页应用程序使用更灵活的模式，可以与 Angular、React 和其他流行的前端 JavaScript 框架一起使用。

2022 年 11 月，发布了 ASP.NET Core 7.0。

2023 年 11 月，发布了 ASP.NET Core 8.0，在该版本中 Blazor 已成为全堆栈 Web UI 框架，可用于开发的组件或页面上；使用静态服务器端呈现（静态 SSR）类库；增加了新的 Blazor Web 应用模板和增强的导航与表单处理功能。

从定义的角度说，ASP.NET Core 是基于.NET Core 平台下的一个跨平台、高性能、开源的开发框架，可以在 Windows、Linux 或 macOS 系统下，基于云或本地环境下，构建 Web 应用和服务、物联网（IoT）应用、移动后端等。从发展的角度说，ASP.NET Core 是微软公司在.NET Framework 中的 ASP.NET、ASP.NET MVC、ASP.NET Web API 的基础上，经过简化、裁剪、整合、构建而推出的一套不同于之前 ASP.NET 的全新框架。整个框架主要由模块化的组件构成，每个组件能够保证尽可能小的开销，其核心组件主要包括依赖注入、配置、选项、日志等，其核心定位是使大多数开发者能够很容易在 HTTP 下开发 B/S 的 Web 应用程序。

之前有很多开发人员基于 ASP.NET 4.x 创建 Web 应用程序，ASP.NET Core 是在 ASP.NET 4.x 的基础上重新设计与构建架构，使之成为更精简、更模块化的框架。ASP. NET Core 具有以下优点。

（1）用于构建 Web UI 和 Web API 的统一描述；

（2）具有可测试性架构；

（3）以 Razor 页面为核心的编码方案更轻松、更高效；

（4）Blazor 支持 C♯ 与 JavaScript 一起使用，共享在.NET 环境下的服务器端和客户端应用逻辑；

（5）支持在 Windows、macOS 和 Linux 不同系统环境下开发和运行；

（6）具有开源和社区支持；

（7）具有集成现代客户端框架和开发工作流；

（8）支持使用 gRPC 托管远程过程调用（RPC）服务；

（9）具有云就绪配置系统；

（10）内置依赖注入；

（11）具有轻量级、高性能和模块化的 HTTP 请求管道；

（12）能够托管以下内容：Kestrel、IIS、HTTP. sys、Nginx、Apache、Docker；

（13）支持并行版本控制；

（14）支持简化的现代 Web 开发工具。

.NET Core 充分利用 MVC 模式提供 Web 端的开发，构成了 ASP. NET Core MVC 模式，它是在 ASP. NET Core 基础上优化后形成的开源、轻量级、可测试的框架。ASP. NET Core MVC 是应用最广泛的软件架构模式，它将应用程序分为三个主要部分：模型、视图、控制器，用户请求被路由发送到控制器，控制器使用模型执行用户相关的操作。控制器提供视图给用户，为其提供相关的模型。这种模式根据复杂性缩放应用程序，有助于应用程序的编码、调试和测试。ASP. NET Core MVC 提供了构建 Web API 和 Web 应用程序的功能，主要包括：

（1）模型-视图-控制器（MVC）模式使 Web API 和 Web 应用具有可测试性；

（2）Razor 页面是一种基于页面的编程模型，它使生成的 Web UI 更轻松、更高效；

（3）Razor 标记为 Razor 页面和 MVC 视图提供了有效的语法；

（4）标记帮助程序使服务器端代码能够参与在 Razor 文件中创建和呈现 HTML 元素；

（5）对多种数据格式和内容协商机制的内置支持，使得 Web API 能够访问广泛的客户端，包括浏览器和移动设备；

（6）模型绑定自动将数据从 HTTP 请求映射到操作方法参数；

（7）模型验证自动执行客户端和服务器端验证。

ASP. NET Core 与流行的客户端框架和库无缝集成，包括 Blazor、Angular、React 和 Bootstrap。以 Blazor 为例，Blazor 是微软推出的基于.NET 平台以及 ASP. NET Core 技术的交互式客户 Web UI 框架，可以利用 C♯ 创建丰富的交互式 UI，而不需要使用 JavaScript，对于.NET 程序员较为友好，将 UI 呈现为 HTML 和 CSS，以获得广泛的浏览器支持，包括移动浏览器。Blazor 共享.NET 服务器端与客户端的应用逻辑，也可以使用基于.NET 平台提供的库生态系统，充分利用.NET 提供的性能优势、可靠性和安全性。

1.2.2 ASP.NET Core 与 ASP.NET

从 ASP. NET Core 的发展历程可以看出，ASP. NET 是微软公司为 Windows 提供的一个相对成熟的开发框架，它提供的是基于 Windows 系统下的 Web 应用服务，而 ASP.

NET Core 是一个跨平台的开源框架，可以在 Windows、macOS 和 Linux 系统上构建基于云的新式 Web 应用。可以说，ASP.NET Core 是在 ASP.NET 基础上发展而来的，很多概念是在 ASP.NET 延伸而来的，但二者在开发与运行方面上有一些区别：ASP.NET 通常基于 Windows 开发和使用，使用 Visual Studio 软件开发，支持 C♯、Visual Basic，F♯语言，运行环境采用 .NET Framework 开发模板；而 ASP.NET Core 的开发与应用不限制系统，可以在 Windows、macOS、Linux 甚至 Docker 下运行，开发软件包括 Visual Studio、Visual Studio Code、Visual Studio for Mac，开发语言为 C♯ 和 F♯。二者的比较如表 1-3 所示。

表 1-3　ASP.NET 4.x 与 ASP.NET Core 的不同

比　较　项	ASP.NET 4.x	ASP.NET Core
平台	Windows	Windows、macOS、Linux、Docker
开发模板	Web Forms、SignalR、MVC、Web API、WebHooks、Web Pages	Razor Pages
开发语言	C♯、Visual Basic、F♯	C♯、F♯
开发软件	Visual Studio	Visual Studio、Visual Studio Code、Visual Studio for Mac
版本控制	每台计算机一个版本	每台计算机多个版本
运行性能	良好	优于 ASP.NET 4.x
运行时	.NET Framework 运行时	.NET Core 运行时

1.3　创建第一个 ASP.NET Core 应用程序

【例 1-1】　创建第一个 ASP.NET Core 应用程序。

① 启动 Visual Studio 2019，选择"创建新项目"选项，如图 1-6 所示。

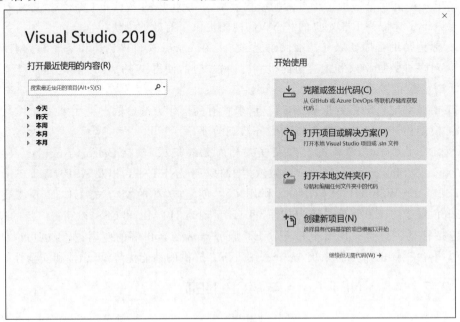

图 1-6　创建新项目

② 在"创建新项目"对话框中选择"ASP. NET Core Web 应用程序"选项，单击"下一步"按钮，如图 1-7 所示。

图 1-7 选择 ASP. NET Core Web 应用程序

③ 在"配置新项目"对话框中输入项目名称和位置，解决方案名称使用默认名称，单击"创建"按钮，如图 1-8 所示。

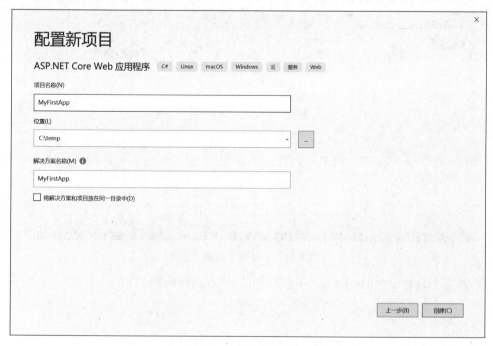

图 1-8 配置新项目

④ 在"创建新的 ASP．NET Core Web 应用程序"对话框中框架选择．NET Core 选项，版本选择 ASP．NET Core 3.1 选项，在应用程序模板列表中选择 API 选项，单击"创建"按钮，如图 1-9 所示。

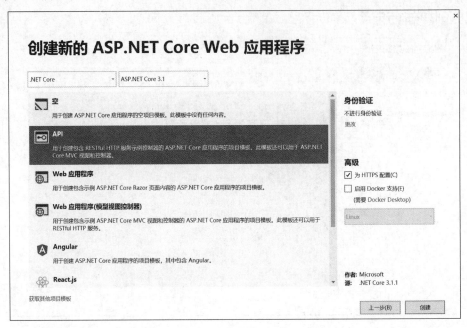

图 1-9　创建应用程序

⑤ 此时 ASP．NET Core 应用程序创建完成，如图 1-10 所示。

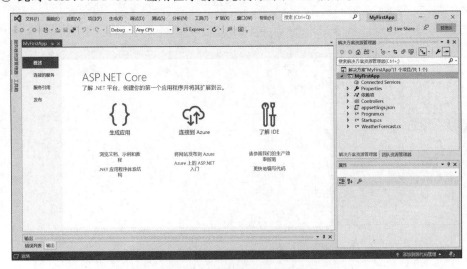

图 1-10　应用程序创建完成

⑥ 单击工具栏中的 IIS Express 按钮，调试、运行当前项目，如图 1-11 所示。

图 1-11　调试、运行当前项目

⑦ 运行当前项目,结果如图 1-12 所示,该结果为 API 模板自带的关于温度变化的程序运行结果。

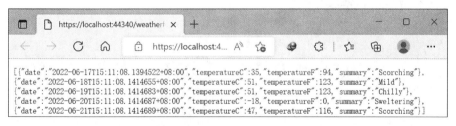

图 1-12　运行后结果

小　　结

本章主要介绍了.NET Core 框架的概念和特点,阐述了.NET Core 的体系结构和特性,同时还介绍了 ASP.NET Core 技术的发展和现状,最后通过一个实例创建了第一个 ASP.NET Core 应用程序。本章重点掌握 ASP.NET Core 应用程序的创建过程和方法。

习　　题

一、作业题

1. 简述.NET Core 框架的特点。

2. 简述.NET Core 的特性。

二、上机实践题

安装 Visual Studio 2019 社区版并创建 ASP.NET Core Web 应用程序,运行结果如图 1-13 所示。

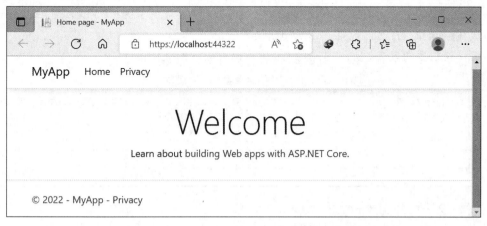

图 1-13　ASP.NET Core Web 应用程序运行结果

第2章 ASP.NET Core核心组件

ASP. NET Core 是一个跨平台的高性能开源框架,ASP. NET Core 支持包括 Web、物联网和移动端等多种现代应用程序,并可部署到云端或本地。本章将主要介绍 ASP. NET Core 核心组件的基础知识,包括 C# 新特性、Startup、依赖注入、中间件、配置、环境、路由的概念和应用。

本章主要学习目标如下:

- 掌握 Startup 类的概念和应用。
- 掌握依赖注入的概念和应用。
- 掌握配置的概念和应用。
- 掌握环境的概念和应用。
- 掌握路由的概念和应用。

2.1 .NET Core 中 C# 的新特性

2.1.1 .NET 框架

. NET 8.0 中,C# 编译器能够根据项目的一个或多个目标框架确定默认的语言版本。这种方式可以确保使用的框架与开发语言之间的兼容性,避免了因框架和语言版本不兼容而造成在编译和运行时出现难以诊断的错误。

编译器根据如表 2-1 所示的规则确定 C# 语言版本的默认值。

表 2-1 C# 编辑器默认语言版本

目 标 框 架	框 架 版 本	C# 语言版本的默认值
. NET	6. x	C# 10.0
. NET	5. x	C# 9.0
. NET Core	3. x	C# 8.0
. NET Core	2. x	C# 7.3

2.1.2 C# 新特性

默认情况下,Visual Studio 2017 或早期的 . NET Core SDK 版本中包含的 C# 编译器默认为 C# 7.0 版本,而. NET Core 5 及更高版本支持 C# 9.0。C# 8.0 仅在 . NET Core 3.x 及更高版本上才被支持,并且许多最新功能需要在. NET Core 3.x 中引入库和运行时后才能运行。

下面主要介绍 C♯ 8.0 的新特性。

1. 可空引用类型

C♯ 8.0 引入了可为空引用类型,与不可为空值类型都属于引用类型。通过将"?"应用到此类型可以对引用类型变量的属性做出声明,允许将变量声明为可为空的引用类型。例如,string? 表示可为空的 string。通过使用这种新类型可以让某些变量始终具有值或缺少值,从而满足特定情景的需要。

2. 异步流

C♯ 8.0 引入了异步流,它使用异步的方式处理数据流。异步流依赖于.NET Standard 2.1 中引入的以下三个新接口:

```
System.Collections.Generic.IAsyncEnumerable<T>
System.Collections.Generic.IAsyncEnumerator<T>
System.IAsyncDisposable
```

在.NET Core 3.0 以及更高版本中支持这些接口。

3. 范围和索引

C♯ 8.0 引入了范围和索引,此特性为访问序列中的单个元素或范围提供了简洁的语法。这个支持依赖于以下两种新类型和两个新运算符。

System.Index:表示一个序列索引。来自末尾运算符"^"的索引,指定一个索引与序列末尾相关。

System.Range:表示序列的子范围。范围运算符为"..",用于指定范围的开始和结束,如同操作数一样。

4. 接口成员的默认实现

从.NET Core 3.0 支持的 C♯ 8.0 版本开始,可以在声明接口成员时定义成员实现。定义类时,可以选择何时替代功能、何时使用默认功能以及何时不声明等。最常见的方式是将成员添加到已经由客户端发布并使用的接口。借助此功能,API 设计人员可以将方法添加到以后版本的接口中,而不会破坏与该接口当前实现的源文件或二进制文件的兼容性。此功能可使 C♯ 与面向 Android 或 Swift 的 API 进行互操作。

5. Switch 表达式

C♯ 8.0 引入了递归模式,它是一个可以包含其他模式的模式。可以利用 switch 表达式实现更为简洁的语法,同时对原有语法做了改进。其特性如下:

- 变量位于 switch 关键字之前。
- 不同的顺序让 switch 表达式和 switch 语句变得更加容易区分。
- 将 case 和:元素替换为=>。
- 将 default 事例替换为_弃元。
- 结构更简洁、直观。

6. 已知对象类型的新表达式

多数情况下当创建一个新对象时可以从上下文中知道其类型。在这种情况下可以省略类型的声明。例如:

```
Point[] point = {new (10,8), new (6,−2), new (9, 5) };
```

7. 平台依赖性

虽然 C♯ 8.0 语言的大多数特性可以在任何版本的.NET 上应用,但是其中一些特性具有平台依赖性。例如异步流 Async streams,范围 Range 和索引 Index 等都依赖于.NET Standard 2.1 并且可以在.NET Core 3.1 上实现,但在.NET Framework 4.8 中却不支持,也就是说如果将 C♯ 8.0 转换到.NET Framework 4.8 上时这些功能将不能被使用。

2.2　Startup

2.2.1　Startup 类

Program 类定义在 Program.cs 文件中。该类提供了应用程序运行时的入口,同时为.NET 提供了 Main()方法,还可用于配置托管环境,支持项目的启动和运行。

ASP.NET Core 应用程序中 Program 类负责启动应用程序,配置工作由 Startup 类完成。

在默认的项目模板中会创建一个 Startup 类,并通过 WebHostBuilder 的 UseStartup() 方法进行配置。Startup 类包含已配置应用所需的服务和已定义请求处理管道。服务是应用使用的组件,日志记录组件就是一项服务。请求处理管道由一系列中间件组成,中间件可以处理对静态文件的请求或将 HTTP 请求重定向到 HTTPS,每个中间件在 HttpContext 上执行异步操作,然后调用管道中的下一个中间件或终止请求。

Startup 类定义了两个方法：ConfigureServices()和 Configure()。

ConfigureServices()为可选方法,当需要向容器中添加服务时定义该方法。该方法只有一个参数,类型为 IServiceCollection。在 ConfigureServices()中注册服务,并通过依赖关系注入或 ApplicationServices 在整个应用中使用服务。

Configure()为必需方法,要求必须包含 IApplicationBuilder 类型的参数,用于指定应用响应 HTTP 请求的方式。

在应用启动时 ASP.NET Core 会调用 Startup.ConfigureServices()和 Startup.Configure()方法,其具体代码如下：

```
public class Startup
{
public void ConfigureServices(IServiceCollection services)
    {
        services.AddDbContext<RazorPagesMovieContext>(options =>
        options.UseSqlServer(Configuration.GetConnectionString("RazorPagesMovieContext")));
        services.AddControllersWithViews();
        services.AddRazorPages();
    }
public void Configure(IApplicationBuilder app)
    {
        app.UseHttpsRedirection();
        app.UseStaticFiles();
        app.UseRouting();
        .UseEndpoints(endpoints =>
    {
```

```
        endpoints.MapDefaultControllerRoute();
        endpoints.MapRazorPages();
    });
    }
}
```

2.2.2　Startup类工作原理

当应用程序启动时 ASP.NET Core 会创建一个 Startup 类的实例并调用 ConfigureServices()方法为应用程序创建服务,然后再调用 Configure()方法用于设置请求管道。ASP.NET Core 中 Startup 类工作原理如图 2-1 所示。

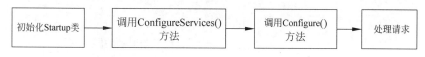

图 2-1　Startup 类工作原理

在 ASP.NET Core 应用程序中,Startup 类名可以是 Startup 也可以是自定义类名,但是必须包含 ConfigureServices()和 Configure()方法。还可以通过实现 IStartup 接口来定义 Startup 类,IStartup 接口定义如下:

```
public interface IStartup {
        void Configure(IApplicationBuilder app);
        IServiceProvider ConfigueServices(IServiceCollection services);
    }
```

2.3　依赖注入

2.3.1　依赖注入原理

依赖注入(Dependency Injection,DI)是一种方便、灵活创建应用和简化单元测试的技术,通过更改组件来更加方便地修改应用程序。ASP.NET Core 在类及其依赖关系之间采用控制反转技术。ASP.NET Core 为依赖关系注入提供配置、日志记录、选项模式和注册相关服务等功能。

ASP.NET Core 项目中的"服务"指用于应用程序功能扩展的"对象",程序初始化期间会把需要的对象实例添加到 ServiceCollection 集合中,并通过依赖注入提供给其他代码使用。在依赖关系注入中依赖项是指另一个对象所依赖的对象。

【例 2-1】　依赖模式示例。

① 打开 Visual Studio 2019,选择"创建新项目"选项,如图 2-2 所示。

② 在"创建新项目"对话框中选择"ASP.NET Core Web 应用程序"选项,单击"下一步"按钮,如图 2-3 所示。

③ 在"配置新项目"对话框中输入项目名称,选择存放路径后单击"创建"按钮,如图 2-4 所示。

④ 在"创建新的 ASP.NET Core Web 应用程序"对话框中选择"空"选项,单击"创建"按钮,如图 2-5 所示。

图 2-2　创建新项目

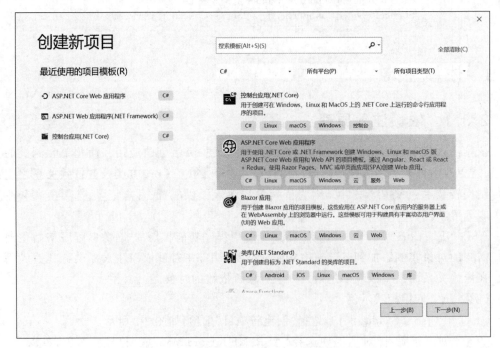

图 2-3　创建 ASP. NET Core Web 应用程序

⑤ 选择项目名称，右击，在弹出的快捷菜单中选择"添加"→"类"命令，如图 2-6 所示。

⑥ 在"添加新项"对话框中选择"类"选项，输入类的名称为 MyDependency，单击"添加"按钮，如图 2-7 所示。

图 2-4 配置新项目

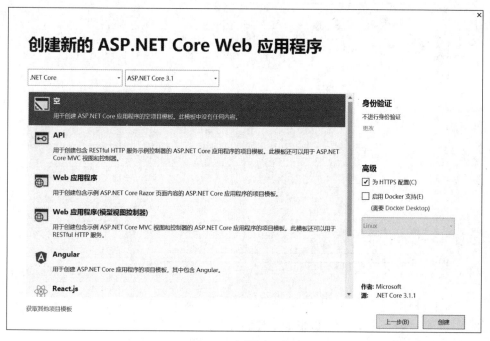

图 2-5 选择"空"选项

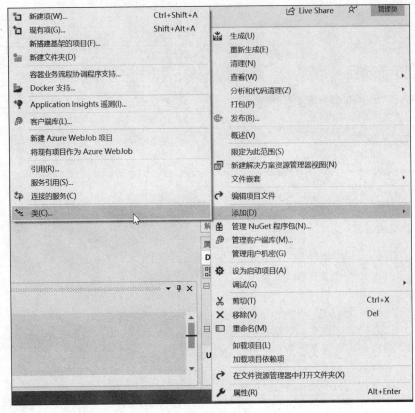

图 2-6　添加类操作

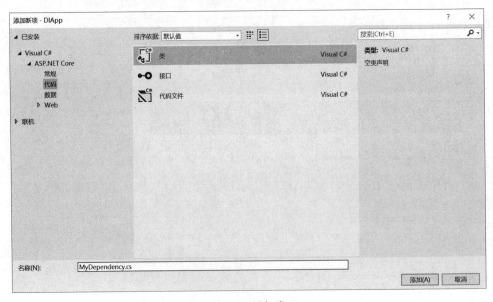

图 2-7　添加类

⑦ 打开 MyDependency 类，编辑如下代码：

```
public class MyDependency
{
```

```
        public void WriteMessage(string message)
        {
            Console.WriteLine("ASP.NET Core 基础教程");
        }
    }
}
```

⑧ 用同样方法再创建一个 IndexModel 类。代码如下：

```
public class IndexModel
{
    private readonly MyDependency _dependency = new MyDependency();
    public void OnGet()
    {
        _dependency.WriteMessage("C♯程序设计");
    }
}
```

在例 2-1 中，MyDependency 类就是 IndexModel 类的依赖项，即 IndexModel 类的创建依赖于 MyDependency 类。但是这种代码依赖会产生问题，应避免使用，主要原因有以下几点。

- 灵活性差，一旦在 IndexModel 类中引用不同的类则必须修改 IndexModel 类。
- 如果 MyDependency 具有依赖项，则必须由 IndexModel 类对其进行配置。在具有多个依赖于 MyDependency 类的系统中，配置代码将分散在整个应用内部。
- 此实现方式很难进行单元测试。

在 ASP.NET Core 应用开发中，可以通过依赖关系注入解决这些问题，主要有以下几种方式。

- 使用接口或基类将依赖关系实现抽象化。
- ASP.NET Core 提供了一个内置的服务容器 IServiceProvider，该服务支持构造函数注入，服务通常在 Startup.ConfigureServices 方法中注册。
- 最常见的依赖注入方法是构造函数注入技术，将服务以参数形式注入使用它的类的构造函数中。
- 使用依赖注入以后，框架负责创建和管理依赖关系的实例，并在不需要时将其释放。

【例 2-2】　依赖注入模式示例。

① 将例 2-1 中的 MyDependency 类抽象成接口 IMyDependency，并定义 WriteMessage() 方法。

```
public interface IMyDependency
{
    void WriteMessage(string message);
}
```

② IMyDependency 接口由具体类 MyDependency 实现，重写 WriteMessage() 方法。

```
public class MyDependency : IMyDependency
{
    public void WriteMessage(string message)
    {
        Console.WriteLine($"ASP.NET Core: {message}");
    }
}
```

③ 使用具体的 MyDependency 类型注册 IMyDependency 服务，并在 Startup 文件的 ConfigureServices()方法中调用 AddScoped()方法注册服务。

```
public void ConfigureServices(IServiceCollection services)
{
    services.AddScoped<IMyDependency, MyDependency>();
    services.AddRazorPages();
}
```

④ 定义一个 Index2Model 类，请求 IMyDependency 服务并调用 WriteMessage() 方法。

```
public class Index2Model : PageModel
{
    private readonly IMyDependency _myDependency;
    public Index2Model(IMyDependency myDependency)
    {
        _myDependency = myDependency;
    }
    public void OnGet()
    {
        _myDependency.WriteMessage("C#程序设计");
    }
}
```

在例 2-2 中，通过使用依赖注入模式，不使用具体 MyDependency 类型，仅使用它实现的 IMyDependency 接口。控制器不创建 MyDependency 的实例，而由 DI 容器创建，这样可以方便的更改控制器的实现。

2.3.2 服务生存期

在 ASP.NET Core 中的服务存在生存期。框架可以自动管理 ServiceCollection 容器内服务的生存期。生存期主要分为以下三种。

1. 暂时服务生存期

暂时服务生存期适合轻量级、无状态的服务。该服务在容器开始请求时创建，在请求结束时释放，通过调用 AddTransient()方法添加。

2. 作用域服务生存期

在 Web 应用中，作用域的生存期是指每个客户端请求或者连接创建的服务。在请求中或在请求结束时会释放服务，通过调用 AddScoped()方法添加。

3. 单例服务生存期

单例服务生存期在首次创建单例时创建，或者向容器直接提供实现实例时进行创建。该服务通过调用 AddSingleton()方法添加。

在设计能够进行依赖注入的服务时，应用遵循以下原则。

• 避免静态类和成员。可以把应用设计为单例服务，避免创建全局状态。

• 避免在服务中直接实例化依赖类，直接实例化会将代码耦合到特定实现。

• 不在服务中包含过多内容，确保设计规范，并易于测试。

• 遵循单一责任原则。如果一个类有很多已注入的依赖关系，则可以通过将某些职责移动到一个新类来重构类。

ASP.NET Core框架提供了适用于特定场景的服务注册扩展方法,如表2-2所示。

表2-2 服务注册扩展方法

方　　　法	自动对象释放	多种实现	传递参数
Add{LIFETIME}<{SERVICE},{IMPLEMENTATION}>()	是	是	否
Add{LIFETIME}<{SERVICE}>(sp＝＞new {IMPLEMENTATION})	是	是	是
Add{LIFETIME}<{IMPLEMENTATION}>()	是	否	否
AddSingleton<{SERVICE}>(new {IMPLEMENTATION})	否	是	是
AddSingleton(new {IMPLEMENTATION})	否	否	是

2.3.3 服务注入

在ASP.NET Core中服务可以注入Startup构造函数和Configure()方法。但是使用泛型主机(IHostBuilder)时,只能将以下服务注入Startup构造函数:

- IWebHostEnvironment。
- IHostEnvironment。
- IConfiguration。

任何向依赖注入容器注册的服务都可以通过以下方式注入Configure()方法:

```
public void Configure(IApplicationBuilder app, ILogger<Startup> logger) { ... }
```

【例2-3】 将服务注入Configure()方法。

① 打开Visual Studio 2019,创建一个空模型的ASP.NET Core应用程序。

② 打开Startup.cs文件,在Configure()方法参数中定义ILogger<TCategoryName>参数,并添加记录的日志信息,代码如下。

```
public void Configure(IApplicationBuilder app, ILogger<Startup> logger)
    {
        app.Run(async (context) => {
            logger.LogInformation("调用方法前");
            context.Response.ContentType = "text/html;charset=UTF-8";
            await context.Response.WriteAsync("ASP.NET Core 依赖注入");
            logger.LogInformation("调用方法后");
        });
    }
```

添加命名空间如下:

```
using Microsoft.Extensions.Logging;
```

③ 运行应用程序,其结果如图2-8所示。

图2-8 服务注入运行结果

2.4　中间件

2.4.1　中间件原理

在 ASP.NET Core 应用程序中,可以通过配置中间件来处理输入请求和控制输出响应,这种模式称为管道-过滤器模式。客户端程序将 HTTP 请求的处理过程划分为若干环节,每个环节称为中间件,将这些中间件串联起来,形成了请求管道。ASP.NET Core 请求管道包含一系列请求委托,依次调用请求委托处理 HTTP 请求,每个委托均可在下一个委托前后执行操作,请求委托用于生成请求管道,处理 HTTP 请求。可将一个单独的请求委托并行指定为匿名方法,或在可重用的类中对其进行定义,这些可重用的类和并行匿名方法即为中间件,所以中间件是一种装配到应用管道以处理请求和响应的软件,请求管道中的每个中间件组件负责调用管道中的下一个组件,运行原理如图 2-9 所示。

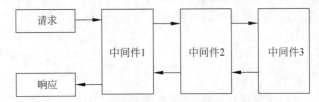

图 2-9　ASP.NET Core 管道-过滤器模式运行原理

在 ASP.NET Core 中请求处理管道由一系列中间件组件组成,可以使用 IApplicationBuilder 创建中间件管道。每个组件在 HttpContext 上执行操作,调用管道中的下一个中间件或终止请求。通过在 Startup.Configure 方法中调用 Use()扩展方法,向管道添加中间件组件。

【例 2-4】　配置请求处理管道中间件。

① 打开 Visual Studio 2019,使用空模板创建 ASP.NET Core 项目,打开 Startup 文件,配置请求处理管道的代码如下。

```
public void Configure(IApplicationBuilder app)
    {
        app.UseHttpsRedirection();
        app.UseStaticFiles();
        app.UseRouting();
        app.UseEndpoints(endpoints =>
        {
            endpoints.MapDefaultControllerRoute();
            endpoints.MapRazorPages();
        });
    }
```

② 在 ASP.NET Core 应用中设置了处理所有请求的单个请求委托,通过调用单个匿名函数以响应每个 HTTP 请求,配置代码如下。

```
public void Configure(IApplicationBuilder app)
    {
        app.Run(async context =>
```

```
        {
            await context.Response.WriteAsync("ASP.NET Core");
        });
    }
```

③ 在 ASP.NET Core 中，可以使用 Use()方法将多个请求委托链接在一起，用 next 参数表示管道中的下一个委托。配置代码如下。

```
public void Configure(IApplicationBuilder app)
    {
        app.Use(async (context, next) =>
        {
            await next.Invoke();
        });
        app.Run(async context =>
        {
            await context.Response.WriteAsync("ASP.NET Core");
        });
    }
```

例 2-4 中，如果不调用 next 参数则表示委托不将该请求传递给下一个委托，被称为"让请求管道短路"。在 ASP.NET Core 开发过程中经常需要短路。例如，静态文件中间件可以处理对静态文件的请求，并让管道的其余部分短路，从而起到终端中间件的作用。

2.4.2 常用中间件

在 ASP.NET Core 应用方案中常见的中间件组件有以下几种。

(1) 异常/错误处理：在开发环境中运行应用程序时，开发人员异常页中间件（UseDeveloperExceptionPage）负责报告应用运行时产生的错误。异常处理程序中间件（UseExceptionHandler）将捕获下述中间件引发的异常。

(2) HTTPS 重定向中间件（UseHttpsRedirection）：功能是将 HTTP 请求重定向到HTTPS。

(3) 静态文件中间件（UseStaticFiles）：功能是返回静态文件并进行静态文件显示。

(4) Cookie 策略中间件（UseCookiePolicy）：功能是使应用符合欧盟一般数据保护条例（GDPR）规定。

(5) 身份验证中间件（UseAuthentication）：功能是尝试对用户进行身份验证，然后才允许用户访问安全资源。

(6) 会话中间件（UseSession）：功能是建立和维护会话状态。如果使用会话状态，可在 Cookie 策略中间件之后和 MVC 中间件之前调用会话中间件。

(7) MVC（UseMvc）中间件：功能是将 MVC 添加到请求管道。

通常情况下，异常处理程序中间件 UseExceptionHandler 是添加到管道的第一个中间件组件，用于尽早捕获调用中发生的任何异常；应尽早在管道中调用静态文件中间件，以便公开访问由静态文件中间件服务的任何文件，例如 wwwroot 下的 CSS 和 Java Script 等文件。

在 Startup 文件中常用的中间件代码如下。

```
public void Configure(IApplicationBuilder app, IWebHostEnvironment env)
```

```
    {
        if (env.IsDevelopment())
        {
            app.UseDeveloperExceptionPage();
        }
        else
        {
            app.UseExceptionHandler("/Error");
            app.UseHsts();
        }
        app.UseHttpsRedirection();
        app.UseStaticFiles();
        app.UseCookiePolicy();
        app.UseRouting();
        app.UseAuthentication();
        app.UseAuthorization();
        app.UseSession();
        app.UseEndpoints(endpoints =>
        {
            endpoints.MapRazorPages();
        });
    }
```

2.4.3　中间件分支映射

　　向 Startup 文件 Configure()方法中添加中间件组件的顺序决定了针对请求调用这些组件的顺序以及响应的相反顺序。因此，顺序对于安全性、性能和功能至关重要。

　　添加到 HTTP 请求管道的中间件默认响应的是根 URL 请求，但是实际开发中需要根据不同的子 URL 调用不同的中间件，即中间件的分支映射。程序错误处理就是一个典型的分支映射。

　　【例 2-5】　中间件的分支映射。

　　根 URL 划分为两个分支，当访问根 URL 时，浏览器显示文本"中间件分支映射示例"，当访问/news 路径时返回文本"中间件分支映射 1"，当访问/detail 路径时返回文本"中间件分支映射 2"。

　　① 打开 Visual Studio 2019，使用空模板创建 ASP.NET Core 项目，打开 Startup 文件，修改代码如下。

```
private static void HandleMapTest1(IApplicationBuilder app)
    {
        app.Run(async context =>
        {
            await context.Response.WriteAsync("中间件分支映射 1");
        });
    }
    private static void HandleMapTest2(IApplicationBuilder app)
    {
        app.Run(async context =>
        {
            await context.Response.WriteAsync("中间件分支映射 2");
        });
```

```
    }
    public void Configure(IApplicationBuilder app)
    {
        app.Use(async (context, next) => {
            context.Response.ContentType = "text/html;charset=UTF-8";
            await next();
        });
        app.Map("/news", HandleMapTest1);
        app.Map("/detail", HandleMapTest2);
        app.Run(async context =>
        {
            await context.Response.WriteAsync("中间件分支映射示例");
        });
    }
```

② 运行应用程序,显示结果如图 2-10 所示。

图 2-10　显示运行结果

③ 在浏览器后面加/news,按 Enter 键,显示结果如图 2-11 所示。

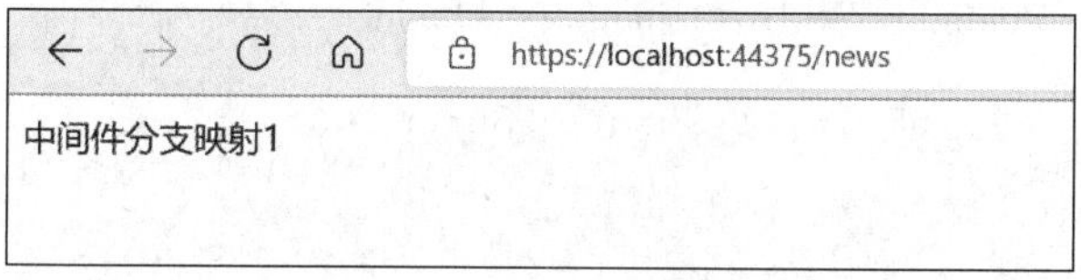

图 2-11　news 路径运行结果

④ 在浏览器后面加/detail,按 Enter 键,显示结果如图 2-12 所示。

图 2-12　detail 路径运行结果

2.5　配置

2.5.1　配置源

在 ASP.NET Core 应用中,ASP.NET Core 提供强大而且灵活的配置机制,它支持多种形式的配置源,包括文件(JSON、XML 和 INI 格式)、环境变量、Azure Key Vault、Azure 应用程序配置、内存中的 .NET 对象、命令行参数等。配置是使用一个或多个配置提供程序执行的,配置提供程序使用各种配置源从键值对读取配置数据。

1. 默认配置

打开 Visual Studio 2019,使用空模板创建 ASP. NET Core Web 项目,打开 Program.cs 类文件。在该文件中的 Program 类为. NET 提供了 Main()方法,作为程序的入口,通过 Main()方法来配置托管环境并选择完成 ASP. NET Core 应用程序的配置类,Program 类默认支持项目的启动和运行。该文件的代码如下。

```
using System;
using System.Collections.Generic;
using System.Linq;
using System.Threading.Tasks;
using Microsoft.AspNetCore.Hosting;
using Microsoft.Extensions.Configuration;
using Microsoft.Extensions.Hosting;
using Microsoft.Extensions.Logging;
namespace WebApplicationDemo
{
    public class Program
    {
        public static void Main(string[] args)
        {
            CreateHostBuilder(args).Build().Run();
        }
        public static IHostBuilder CreateHostBuilder(string[] args) =>
            Host.CreateDefaultBuilder(args)
                .ConfigureWebHostDefaults(webBuilder =>
                {
                    webBuilder.UseStartup<Startup>();
                });
    }
}
```

CreateDefaultBuilder 按照以下步骤为应用提供默认配置。

(1) ChainedConfigurationProvider 添加现有 IConfiguration 作为源。在默认配置示例中添加主机配置并将它设置为应用配置的第一个源。

(2) 使用 JSON 配置提供程序：通过 appsettings.json 提供。

(3) 使用 JSON 配置提供程序：通过 appsettings.Environment.json 提供。

(4) 应用在 Development 环境中运行时的应用机密管理器。

(5) 使用环境变量配置提供程序：通过环境变量提供。

(6) 使用命令行配置提供程序：通过命令行参数提供。

2. 项目配置

ASP. NET Core Web 项目中还有一个重要的配置文件是< projectname >.csproj,默认 Visual Studio 2019 隐藏此功能。

打开 Visual Studio 2019,新建项目,选择项目名称后右击,在弹出的快捷菜单中选择"编辑项目文件"命令。打开.csproj 文件后显示代码如下。

```
<Project Sdk="Microsoft.NET.Sdk.Web">
    <PropertyGroup>
    <TargetFramework>netcoreapp3.1</TargetFramework>
    </PropertyGroup>
</Project>
```

.csproj 文件用于配置.NET 项目,使用 XML 元素执行配置。其中,<Project>元素为根元素,表示一个配置文件;Sdk 属性默认设置为 Microsoft.NET.Sdk.Web,用来导入构建项目所需的包;<ProperGroup> 将相关配置属性分组并添加到文件中;<TargetFramework>指定项目构建过程中针对.NET Framework 版本,本例中为netcoreapp3.1。常见的 XML 元素还包括:

- <ItemGroup>:将相关配置项分组,并添加到文件中。
- <Folder>:对项目的文件夹进行处理。
- <PackageReference>:用于指定 NuGet 包的依赖项。

2.5.2 访问配置源

要访问配置需要使用 ConfigurationBuilder 类,该类生成了 IConfigurationBuilder 接口。IConfigurationBuilder 接口包含两个重要方法 Add()和 Build(),其中 Add()方法用于添加各类配置源,Build()方法把配置源信息构建为配置项,用于访问程序。

1. 访问 JSON 配置文件

【例 2-6】 访问配置源。

① 打开 Visual Studio 2019,使用 API 模板创建 ASP.NET Core 项目,如图 2-13 所示。

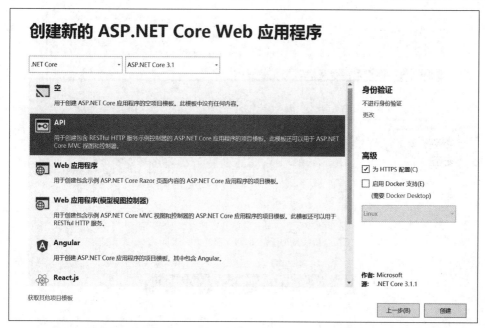

图 2-13　创建 ASP.NET Core 项目

② 选择项目名称,右击,在弹出的快捷菜单中选择"添加"→"新建项"命令,如图 2-14所示。

③ 在"添加新项"对话框中选择"JSON 文件"选项,命名为 appsettings1.json,单击"添加"按钮,如图 2-15 所示。

④ 打开 appsettings1.json 文件,添加如下代码。

```
{
```

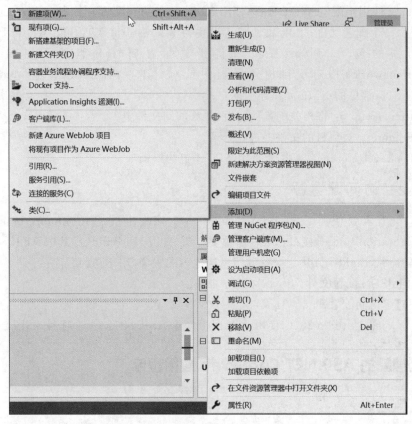

图 2-14　添加新建项

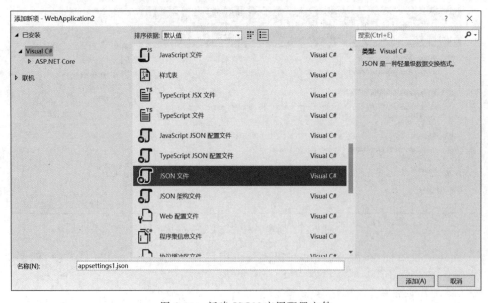

图 2-15　新建 JSON 应用配置文件

```
        "FontFamily": "Times New Roman",
        "FontSize": 24,
    "Editor": {
```

```
            "Background": "Red",
            "Foreground": "Black"
            }
        }
```

⑤ 打 开 Controllers 文 件 夹 下 的 WeatherForecastController. cs 文 件，为 了 访 问 appsettings1. json 的配置项信息，对该文件的 Get()方法进行编辑，代码如下。

```csharp
[HttpGet]
        public string Get()
        {
            var builder = new ConfigurationBuilder()
                .SetBasePath(Directory.GetCurrentDirectory())
                .AddJsonFile("appsettings1.json");
            var config = builder.Build();
            string s = "";
            foreach (var item in config.AsEnumerable())
            {
                s = s + ($"key:{item.Key},value:{item.Value}") + "\n";
            }
            string strfont = "字体样式:" + config["Fontfamily"];
            string strblackground = "背景色:" + config["Editor:Background"];
            string strfontsize = "字号为:" + config.GetValue<int>("FontSize");
            return s + "\n" + strfont + "\n" + strblackground + "\n" + strfontsize;
        }
```

当访问 JSON 文件中的配置项时，只需要访问相应键名即可，如 config ["FontSize"]。如果配置文件中包含层次结构的配置项，可以使用":"分隔结点名称，然后进行访问，如 config["Editor：Foreground"]，还可以使用 GetValue<T>方法对配置项的值指定具体类型，如 config. GetValue<int>("FontSize")。

⑥ 为 WeatherForecastController. cs 文件添加命名空间，代码如下。

```csharp
using System.IO;
using Microsoft.Extensions.Configuration;
```

⑦ 运行该项目，结果如图 2-16 所示。

图 2-16 访问 JSON 配置文件效果

2. 访问其他配置源

除了访问 JSON 文件之外，还可以访问 XML 文件、INI 文件、集合对象和系统环境变量等。

【例 2-7】 访问 XML 配置源。

① 打开 Visual Studio 2019，使用 API 模板创建 ASP. NET Core 项目。选择项目名称，

右击,在弹出的快捷菜单中选择"添加"→"新建项"命令。

② 在"添加新项"窗口中选择"XML 文件",名称为 config. xml,单击"添加"按钮,如图 2-17 所示。

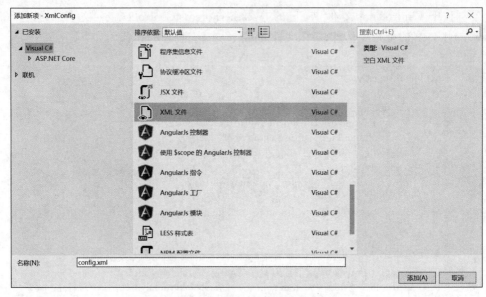

图 2-17 新建 XML 配置文件

③ 打开 config. xml 文件,编辑代码如下。

```xml
<?xml version="1.0" encoding="utf-8" ?>
    <config>
        <App>
            <Name>configApp</Name>
            <Version>1.0</Version>
        </App>
</config>
```

④ 打开 Controllers 文件夹下的 WeatherForecastController. cs 文件,对该文件的 Get() 方法进行编辑,代码如下。

```csharp
[HttpGet]
    public string Get()
        {
            var mySetting = new Dictionary<string, string>{ };
            mySetting.Add("Title", "标题信息");
            mySetting.Add("Content", "内容信息");
            mySetting.Add("Description", "描述信息");
            var builder = new ConfigurationBuilder()
                .SetBasePath(Directory.GetCurrentDirectory())
                .AddXmlFile("config. xml")
                .AddInMemoryCollection(mySetting);
            var config = builder.Build();
            string sconfig = "";
            foreach (var item in config.AsEnumerable())
            {
                sconfig=sconfig+( $ "key:{item.Key},value:{item.Value}")+"\n";
```

```
        }
        return sconfig+"\n"+ ("content:" + config["content"]);
    }
```

在上面的代码中,AddXmlFile()方法用于添加 XML 文件,AddInMemoryCollection()方法用于添加集合信息,AddEnvironmentVariables()方法用于添加当前系统的所有环境变量信息。

⑤ 为 WeatherForecastController.cs 文件添加命名空间,代码如下。

```
using System.IO;
using Microsoft.Extensions.Configuration;
```

⑥ 运行该项目,结果如图 2-18 所示。

图 2-18 访问 XML 配置文件运行效果

3. 访问内存中的数据源

配置数据不仅可以来源于 JSON、XML 文件,还可以来自内存中的对象。

【例 2-8】 访问内存中的对象。

① 打开 Visual Studio 2019,使用 API 模板创建 ASP.NET Core 项目。

② 打开 Controllers 文件夹下的 WeatherForecastController.cs 文件,对该文件的 Get()方法进行编辑,代码如下。

```
[HttpGet]
    public string Get()
    {
        var data = new Dictionary<string, string>
        {
            ["enviroment"] = "Debug",
            ["urls"] = "http://localhost:8000",
            ["contentRoot"] = Directory.GetCurrentDirectory()
        };
        var builder = new ConfigurationBuilder()
                .AddInMemoryCollection(data);
        var config = builder.Build();
        string sconfig = "";
        foreach (var item in config.AsEnumerable())
        {
            sconfig = sconfig + ( $ "key:{item.Key},value:{item.Value}") + "\n";
        }
        return sconfig;
    }
```

③ 为 WeatherForecastController.cs 文件添加命名空间,代码如下。

```
using System.IO;
```

using Microsoft.Extensions.Configuration;

④ 运行该项目,结果如图 2-19 所示。

图 2-19　访问内存中的对象运行效果

访问配置源时还应注意：当指定多个配置源时,系统会按照顺序加载每个配置源中的配置项；如果配置源中存在相同键名的配置项,则后面的将覆盖前面的值。配置项的键名不区分大小写,同一类型的配置源可以添加多个,当通过环境变量向应用添加配置项时,可以使用双下画线"__"取代":"表示配置项的层次关系,如"Editor__Background"。

2.6　环境

2.6.1　执行环境

执行环境是通过设置环境变量来指定应用的运行环境。ASP.NET Core 在应用启动时读取环境变量 ASPNETCORE_ENVIRONMENT,并将该值存储在 IWebHostEnvironment 中。通过依赖关系注入可以在应用中任何位置实现此操作。ASPNETCORE_ENVIRONMENT 可设置为任意值。

ASP.NET Core 框架提供以下三个值。

1. Development

当 ASPNETCORE_ENVIRONMENT 设置为 Development 时,表示为开发环境,即在开发阶段使用。此阶段可以启用在生产中不应公开的功能,例如,ASP.NET Core 模板在开发环境中启用了开发人员异常页面。

2. Staging

当 ASPNETCORE_ENVIRONMENT 的值设置为 Staging 时,表示应用程序正式应用之前使用,类似于预览版本。

3. Production（默认值）

当 ASPNETCORE_ENVIRONMENT 的值设置为 Production 时,表示为生产环境,即应用程序正式上线投入生产。生产环境应配置为最大限度地提高安全性、性能和可靠性。例如客户端资源打包和合并、禁用已禁用诊断错误页、启用友好错误页、启用生产记录和监视等。

2.6.2　设置环境

ASPNETCORE_ENVIRONMENT 环境变量在不同操作系统上设置略有不同,在Windows 和 macOS 下,环境变量和值不区分大小写,在 Linux 操作系统上要区分大小写。

1. launchSettings.json 文件

launchSettings.json 文件是用于对本地 ASP.NET Core 应用进行配置的,包括环境变量、开发端口等的设置。该文件位于 Properties 文件夹下,如图 2-20 所示。

打开该文件后可以看到如下代码。

```
" $ schema": "http://json.schemastore.org/launchsettings.json",
"iisSettings": {
    "windowsAuthentication": false,
    "anonymousAuthentication": true,
    "iisExpress": {
        "applicationUrl": "http://localhost:7148",
        "sslPort": 44386
    }
},
"profiles": {
    "IIS Express": {
        "commandName": "IISExpress",
        "launchBrowser": true,
        "launchUrl": "weatherforecast",
        "environmentVariables": {
            "ASPNETCORE_ENVIRONMENT": "Development"
        }
    },
    "WebApplication3": {
        "commandName": "Project",
        "launchBrowser": true,
        "launchUrl": "weatherforecast",
        "applicationUrl": "https://localhost:5001;http://localhost:5000",
        "environmentVariables": {
            "ASPNETCORE_ENVIRONMENT": "Development"
        }
    }
}
```

图 2-20 launchSettings.json 文件

在该文件中有两个结点,分别为 iisSettings 和 profiles。其中 iisSettings 结点用于设置 IIS 相关的选项;profiles 结点表示应用启动场景的配置,在本文件中的启动场景有两个,分别为 IIS Express 和 WebApplication3。

2. launchSettings.json 文件代码说明

1) iisSettings

windowsAuthentication:IIS 是否启用 Windows 身份进行验证。

anonymousAuthentication:IIS 是否启用匿名身份进行验证。

applicationUrl:指定 IIS 服务器的地址。

sslPort:指定 IIS 服务器的端口号。

2) profiles

commandName:启动当前应用程序的命令名称,包括 IIS Express 和 WebApplication3。

launchBrowser:是否在浏览器中启动。

launchUrl:如果 launchBrowser 的设置值为 true,则浏览器运行时的路径通过该属性进行指定。

environmentVariables：用来设定环境变量。该值为 Development、Staging 或 Production。

applicationUrl：应用程序启动时设置的 URL 列表，多个 URL 之间采用分号（；）进行分隔。

3. 应用场景配置

本配置文件中的应用场景有两个，分别为 IIS Express 和 WebApplication3。这两个场景分别对应 Visual Studio 调试按钮中的两个下拉选项，如图 2-21 所示。

图 2-21 开始调试菜单

1) IIS Express

IIS Express 是在 Visual Studio 2019 中启动应用时使用的默认配置。由于 commandName 键的值为 IIS Express，因此 IIS Express 将启动 Web 服务器。可以将启动配置文件设置为此项目或所包含的其他任何配置文件。

2) WebApplication3

配置文件名称是项目名称。当使用 dotnet run 命令启动应用时默认使用此配置文件。如果 commandName 键的值为 Project，则启动的是 Kestrel Web 服务器。

4. 编辑配置

Visual Studio 2019 提供了窗口模式进行环境参数的配置。在"解决方案资源管理器"中选择项目名称，右击，在弹出的快捷菜单中选择"属性"命令，打开项目属性"调试"选项卡，此选项卡可以用来编辑 launchSettings.json 文件。添加环境变量后，launchSettings.json 文件中会增加相应的配置信息，编辑界面如图 2-22 所示。

通常，用于测试的特定环境可以使用环境变量或平台设置的方式来设置，采用何种方式主要取决于操作系统。实际应用过程中读取到的最后一个环境设置将决定应用的环境，而且应用运行时无法更改，如果未设置环境，默认值为 Production。

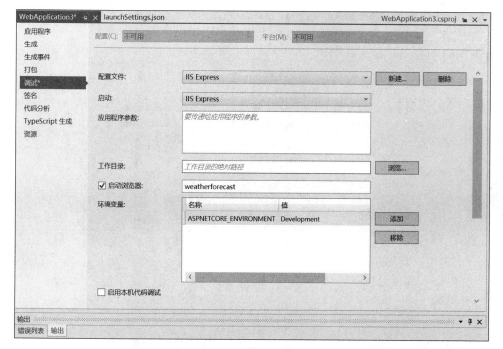

图 2-22 launchSettings.json 编辑页面

2.7 路由

2.7.1 路由原理

ASP.NET 的路由系统是通过注册路由模板与物理文件路径之间的映射关系从而实现请求地址和文件路径的分离,但是对于 ASP.NET MVC 而言,请求的目标不再是一个具体的物理 Web 文件,而是定义在控制器 Controller 中某个 Action() 方法,传统的路由系统对于 ASP.NET MVC 应用程序没有意义。目前,路由系统已经针对 ASP.NET Core 进行扩展。

路由系统主要包含两个功能:

- 负责匹配传入的 HTTP 请求,将这些请求发送到应用的可执行终结点(如控制器)进行处理。
- 通过使用应用中的终结点信息,路由生成映射到终结点(如视图)的 URL。

终结点指应用的可执行请求处理代码单元。在应用中进行定义,并在应用启动时进行配置。终结点匹配过程可以从请求的 URL 中提取值,并为请求处理提供这些值。

ASP.NET Core 应用可以使用以下内容配置路由:

- Controllers;
- Razor Pages;
- SignalR;
- gRPC 服务;
- 启用终结点的中间件;

* 通过路由注册的委托和 Lambda。

ASP.NET Core 的所有模板都可以生成路由。

【例 2-9】 生成路由。

① 打开 Visual Studio 2019，使用空模板创建 ASP.NET Core 项目。

② 打开 Startup 文件，查看 Configure 类代码如下。

```
public void Configure(IApplicationBuilder app, IWebHostEnvironment env)
    {
        if (env.IsDevelopment())
        {
            app.UseDeveloperExceptionPage();
        }
        app.UseRouting();
        app.UseEndpoints(endpoints =>
        {
            endpoints.MapGet("/", async context =>
            {
                await context.Response.WriteAsync("Hello World!");
            });
        });
    }
```

通过以上代码，可以发现路由是在 Configure()方法中的中间件管道中进行注册的，使用一对由 UseRouting()和 UseEndpoints()注册的中间件。

* UseRouting()向中间件管道添加路由匹配，此中间件会查看应用中定义的终结点集，并根据请求选择最佳匹配。
* UseEndpoints()向中间件管道添加终结点执行。它会执行所选择的终结点委托。

③ 运行当前程序，显示结果如图 2-23 所示。

图 2-23　运行结果

ASP.NET Core 使用 MapGet()方法进行单个路由匹配。当 HTTP GET 请求发送到根 URL 是"/"时，将执行显示的请求委托。Hello World! 会写入 HTTP 响应，显示结果如图 2-23 所示。如果请求方法不是 Get()或根 URL 不是"/"，则无路由匹配，显示结果为 HTTP 404。

2.7.2　路由应用

1. 注册路由和终结点中间件

ASP.NET Core 中的路由采用终结点映射的策略来实现，这个实现过程需要两个中间件的配合，即 Routing 路由中间件与 Endpoints 终结点中间件，在配置文件中对这两个中间件进行注册，其中 Routing 路由中间件在 Configure()方法中通过使用 UseRouting()方法注册，Endpoints 终结点中间件在 Configure()方法中通过 UseEndpoints()方法注册。示例代码如下。

```
public void Configure(IApplicationBuilder app, IWebHostEnvironment env)
{
    if (env.IsDevelopment())
    {
        app.UseDeveloperExceptionPage();
    }

    app.UseRouting();
    app.UseEndpoints(endpoints =>
    {
        endpoints.MapGet("/", async context => await context.Response.WriteAsync("get"));
        endpoints.MapPost("/", async context => await context.Response.WriteAsync("post"));
        endpoints.MapPut("/", async context => await context.Response.WriteAsync("put"));
        endpoints.MapDelete("/", async context => await context.Response.WriteAsync("delete"));
        endpoints.MapControllers();
    });
}
```

在 UseEndpoints()方法中对应用匹配和执行的终结点进行配置,使用 MapGet()、MapPost()方法将请求委托连接到路由系统,针对不同应用采用不同方法将框架功能连接到路由系统,具体如下。

- MapRazorPages:用于 Razor Pages 路由配置。
- MapControllers:用于控制器的路由配置。
- MapHub < THub >:用于 SignalR 的路由配置。
- MapGrpcService < TService >:用于 gRPC 的路由配置。

2. 常规路由

常规路由又称为传统路由,其本质为约定的路由。在一个 Web 应用程序运行时,首先浏览器发送一个请求给应用程序,此时应用程序中的控制器会处理传入的 HTTP 请求,该请求的 URL 会被映射到对应的控制器上,同时应用程序也会找到对应的操作方法。整个映射过程是由应用程序中已经定义完成的路由规则实现的。例如,浏览器向 http://localhost:4386/Home/Index 发出请求时,应用程序对该 URL 请求进行解析,解析的结果将映射到对应的 HomeController 控制器中的 Index()方法。示例代码如下。

```
public void Configure(IApplicationBuilder app, IWebHostEnvironment env)
{
    if (env.IsDevelopment())
    {
        app.UseDeveloperExceptionPage();
    }
    else
    {
        app.UseExceptionHandler("/Home/Error");
        app.UseHsts();
    }
```

```
app.UseHttpsRedirection();
app.UseStaticFiles();
app.UseRouting();
app.UseAuthorization();
app.UseEndpoints(endpoints =>
{
    endpoints.MapControllerRoute(
        name: "default",
        pattern: "{controller=Home}/{action=Index}/{id?}");
});
}
```

在 UseEndpoints 调用 MapControllerRoute()方法的过程中,可以创建单个常见路由模板。常见的路由模板如表 2-3 所示。

表 2-3 常见的路由模板

路 由 模 板	示例匹配 URL	请求 URL
hello	/hello	仅匹配单个路径 /hello
{Page=Home}	/	匹配并将 Page 设置为 Home
{Page=Home}	/Contact	匹配并将 Page 设置为 Contact
{controller}/{action}/{id?}	/Student/List	映射到 Student 控制器和 List 操作
{controller}/{action}/{id?}	/Student/List/1234	映射到 Student 控制器和 List 操作,并将 id 设置为 1234
{controller = Home}/{action = Index}/{id?}	/	映射到 Home 控制器和 Index()方法,id 将被忽略
{controller = Home}/{action = Index}/{id?}	/Student	映射到 Student 控制器和 Index()方法,id 将被忽略

大多数具有控制器和视图的路由应用均采用如下模板:

{controller=Home}/{action=Index}/{id?}

第一个路径段{controller=Home}映射到控制器名称。将 Home 定义为 controller 的默认值,如果参数的 URL 中不存在任何值,则使用默认值。

第二个路径段{action=Index}映射到操作名称。

第三个路径段{id?}用于可选的 id,id 用于映射到模型实体。通过在参数名称的末尾附加问号(?)可使路由参数成为可选项。

可选值和默认路由参数之间的差异是:

• 具有默认值的路由参数始终生成一个值。

• 仅当请求 URL 提供值时,可选参数才具有值。

此映射仅基于控制器和操作名称,不基于命名空间、源文件位置或方法参数。

其对应关系图如图 2-24 所示。

3. 属性路由

1) 属性路由的定义

属性路由就是使用属性来定义路由。属性路由可以更为灵活地控制 Web 应用程序中的 URL。可

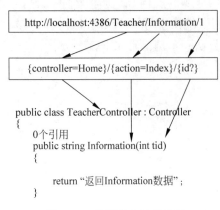

图 2-24 常规路由对应关系

以通过用路由的属性 Route 修饰控制器和操作来指定路由信息,即直接定义在控制器和操作方法中。

【例 2-10】　属性路由。

① 打开 Visual Studio 2019,使用 API 模板创建 ASP. NET Core 项目。

② 打开 Controllers 文件夹下的 WeatherForecastController. cs 文件,在 WeatherForecastController 类中添加如下代码。

```
[Route("[action]")]
public string MyRouter1()
{
    return "现在输出的是 MyRouter1。";
}
[Route("[action]")]
public string MyRouter2()
{
    return "现在输出的是 MyRouter2。";
}
```

③ 运行项目,在 URL 后面分别添加/MyRouter1,运行结果如图 2-25 所示。

图 2-25　方法属性路由运行结果

④ 将方法上面的路由移动到控制器 WeatherForecastController 上面,这样可以只设置一次,而不需要在每个方法前加标记。代码如下。

```
[ApiController]
[Route("[controller]")]
[Route("[action]")]
public class WeatherForecastController : ControllerBase
{
    public string MyRouter1()
    {
        return "现在输出的是 MyRouter1。";
    }
    public string MyRouter2()
    {
        return "现在输出的是 MyRouter2。";
    }
}
```

⑤ 运行该项目,在地址栏后面输入 https://localhost:44399/MyRouter1,按 Enter 键后看到的结果如图 2-26 所示。

图 2-26　控制器属性路由运行结果

注意，在控制器上面添加属性路由后，运行时直接在地址后面加方法名，不需要加 /weatherforecast。

2）路由约束

在使用属性路由时，对两个结构上的相同方法，如果只有一个参数，在实际运行时会发生异常错误问题，代码如下。

```
[Route("student/{telephone}")]
public contact GetStuByTel(string telephone) { ... }
[Route("student/{sname}")]
public Member GetStuBysname(string sname) { ... }
```

GetStuByTel()与GetStuBysname()方法均只有一个参数，实际运行时系统因不知道匹配哪一个方法会出现异常错误，为此需要在设置路由时加一个约束，以避免异常情况的发生，代码如下。

```
[Route("student/{telephone}:length(11) ")]
public contact GetStuByTel(string telephone) { ... }
```

上面代码在GetStuByTel()方法属性路由里面添加了约束条件 length(11)，即只有当传输的参数的长度是 11 位时才会匹配 GetStuByTel()方法。

除了 length()约束条件外，表 2-4 还列出了一些其他常用约束。

表 2-4　常用的约束条件

约 束 条 件	含 义	示 例
alpha	仅限字母，包括大小写	{example:alpha}
max/min	最大值/最小值	{example:min(1)}
maxlength/minlength	最大长度/最小长度	{example:minlength(5)}
range	在一定范围内的整数	{example:range(0,100)}
regex	与正则表达式匹配	{example:regex(^[1-9]\\d{5}$)}

3）参数默认值

通常在请求一个网址时会带有一些查询参数。如果不想带参数也可以通过添加默认参数的方法实现查询，代码如下所示。

```
[Route("students/{id:int=100}")]
public student Get(int id) { ... }
```

另一种方式为：

```
[Route("students/{id}")]
public student Get(int id=100) { ... }
```

上述代码分别在属性路由和方法中添加了默认值，在运行程序时输入下面的代码，结果都是一样的。

```
https://localhost:44399/students/
https://localhost:44399/students/100
```

4）路由优先级

对于存在多个属性路由的情况下，程序运行时匹配的路由是有优先级的，其优先级的规则如下：首先，判断属性路由中是否存在 RouteOrder 属性，该属性的值越小，则级别越高，默认属性路由的 RouteOrder 值为 0,即最高级。其次按路由模板的优先级进行匹配,该路由模板如下。

字符串>参数中带有约束条件的>参数中无约束条件的>参数中含有星号的

举例如下,判断下面属性路由的优先级。

```
public class HomeController : Controller
    {
        [Route("telephone", RouteOrder = 1)]    //RouteOrder 为 1,其他项都是 0
        public string GetTel() { ... }
        [Route("details")]                       //字符串
        public string GetDetails() { ... }
        [Route("{sid:int}")]                     //参数有约束条件
        public string Get(int sid) { ... }
        [Route("{studentName}")]                 //参数无约束条件
        public string StudentName(string studentName) { ... }
        [Route("{ * date:datetime}")]            //参数中含有 *
        public DateTime Get(DateTime date) { ... }
    }
```

该属性路由的执行顺序为 details>sid:int>studentName> * date:datetime >telephone。

小　结

本章主要介绍 ASP.NET Core 的核心组件,包括 C♯ 新特性、Startup、依赖注入、中间件、配置、环境以及路由的概念。通过一些简单的案例介绍了它们的使用方法。本章重点掌握 Startup、依赖注入、配置源、中间件和路由的应用。

习　题

一、作业题

1. 简述 Program 类的作用。

2. 简述 Startup 类的作用。

3. 简述 ASP.NET Core 的依赖注入模式。

4. 简述 ASP.NET Core 的中间件原理。

5. 简述在 ASP.NET Core 中的配置机制。

6. 简述 ASP.NET Core 的三种工作环境。

7. 简述 ASP.NET Core 路由的作用。

二、上机实践题

使用 Visual Studio 2019 创建 ASP.NET Core Web 应用程序,访问 JSON 配置源,JSON 文件内容如下。

```
{
        "FontFamily": "Calibri",
        "FontSize": 36,
    "Editor": {
```

```
        "Background": "Yellow",
        "Foreground": "Red"
    }
}
```

运行程序后的结果如图 2-27 所示。

```
key:FontSize, value:36
key:FontFamily, value:Calibri
key:Editor, value:
key:Editor:Foreground, value:Red
key:Editor:Background, value:Yellow

字体样式: Calibri
背景色: Yellow
字号: 36
```

图 2-27　程序运行结果

第3章

ASP.NET Core开发环境

Visual Studio 是微软公司推出一套支持 Visual Basic、Visual C♯ 和 Visual C++语言的集成开发环境（IDE），用于生成 ASP.NET Core Web 应用程序、XML Web Services、桌面应用程序和移动应用程序。本章将主要介绍 Visual Studio 2019 管理软件包工具 NuGet、JavaScript 和 CSS 的概念和部署以及日志管理。

本章主要学习目标如下：

- 掌握 NuGet 工具的应用。
- 掌握 JavaScript 文件的部署。
- 掌握 CSS 文件的部署。
- 掌握日志文件的配置。

3.1 管理软件包

3.1.1 NuGet 工具

ASP.NET Core 框架下开发的项目有时需要依赖不同类型的软件包。为了管理项目中的开源软件包，Visual Studio 2019 提供了图形工具——NuGet。NuGet 是用于微软 .NET 开发平台的软件包管理器，是 Visual Studio 的扩展。NuGet 包是具有 .nupkg 扩展的单个 ZIP 文件，此扩展包含编译代码（Dll）、与该代码相关的其他文件以及描述性清单（包含包版本号等信息）。在使用 Visual Studio 2019 进行项目的开发时，NuGet 可以使在项目中添加、移除和更新引用的工作变得更加快捷方便。通过 NuGet 可以很容易地访问到其他开发者发布的软件包，也可以创建、分享或者发布自己的包到 NuGet。微软的 EntityFramework、ASP.NET MVC 或第三方软件包（Json.NET、NUnit 等）都托管到 NuGet 上，该工具主要包含以下特性。

（1）NuGet 提供了专用于托管中心的 nuget.org 存储库。

NuGet 负责在 nuget.org 上维护中央存储库的各类包，还支持在云 Azure DevOps 上、私有网络中或者甚至直接在本地文件系统以私密方式托管包，这些包可以被 ASP.NET Core 开发者使用。

（2）NuGet 提供工具。

NuGet 为开发人员提供创建、发布和使用包所需的工具，包括 dotnet CLI、nuget.exe CLI、包管理器控制台、包管理器 UI、管理 NuGet UI、MSBuild。这些工具用于在 Visual Studio 项目中安装和管理包。

（3）管理依赖项。

大部分 NuGet 的用途就是代表系统管理依赖关系树或"关系图"。开发者仅需要关注在项目中如何直接使用包。如果这些包本身还使用了其他包，NuGet 还负责对所有这些下层依赖项进行管理。

（4）跟踪引用和还原包。

NuGet 使用引用列表维护系统所依赖的包，包括顶层和下层的依赖关系。当将某个主机中的包安装到系统中时，NuGet 都将在引用列表中记录包的标识符和版本号。

为了获取更简洁的开发环境并减少存储库容量，NuGet 提供还原所有引用程序包的方法。NuGet 提供可使用包的两种包管理格式。

① PackageReference。

PackageReference 始终由 .NET Core 项目使用，使用 PackageReference 结点的包引用可直接在项目文件中管理 NuGet 依赖项，即无须再提供单独的 packages.config 文件。

② packages.config。

一种 XML 文件，包含一个或多个<package>元素，每个元素用于一个引用。用于维护项目中所有依赖项的简单列表，包括其他已安装包的依赖项。

任何系统中所用的包管理格式取决于系统类型以及 NuGet 版本。若要确认当前使用的格式，只需在安装第一个包后在系统根目录中查找 packages.config。如果未找到该文件，则在该系统文件中查找<PackageReference>元素。

（5）NuGet 管理包缓存和全局包文件夹。

包缓存用于避免重复下载已安装的包，全局包文件夹允许多个项目共享同一个已安装的包，使安装和重新安装过程更为快捷。

3.1.2　NuGet 管理软件包

从 Visual Studio 2017 开始，NuGet 和 NuGet 包管理器与任何 .NET 相关的应用一起自动安装。通过在 Visual Studio 安装程序中选择"单个组件"→"代码工具"→"NuGet 包管理器"命令就可以单独安装。

【例 3-1】　查找和安装包。

① 打开 Visual Studio 2019，选择"创建新项目"选项，如图 3-1 所示。

② 在"创建新项目"对话框中选择"ASP.NET Core Web 应用程序"选项，单击"下一步"按钮，如图 3-2 所示。

③ 在"配置新项目"对话框中输入项目名称 WebApplicationDemo 并选择安装路径，然后单击"创建"按钮，如图 3-3 所示。

④ 在"创建新的 ASP.NET Core Web 应用程序"对话框中选择"Web 应用程序"选项，然后单击"创建"按钮，如图 3-4 所示。

⑤ 在打开的"解决方案资源管理器"中，右击 WebApplicationDemo 项目，在弹出的快捷菜单中选择"管理 NuGet 程序包"命令，如图 3-5 所示。

⑥ 选择"浏览"选项卡，按当前所选来源的下载量多少显示包，或者使用搜索框搜索特定包，再从列表中选择所需要的包，如图 3-6 所示。

⑦ 从下拉列表中选择所需的版本，然后单击"安装"按钮。Visual Studio 2019 随即将

图 3-1　创建新项目

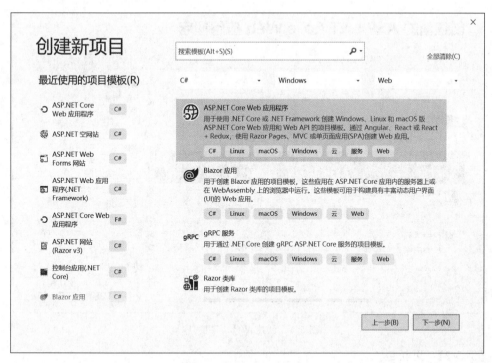

图 3-2　创建 ASP. NET Core Web 应用程序

包及其依赖项安装到项目中。安装完成后,添加的包将显示在"已安装"选项卡上,同时也出现在"解决方案资源管理器"的"引用"结点中。这表明可以使用 using 语句在项目中引用了,如图 3-7 所示。

图 3-3　配置新项目

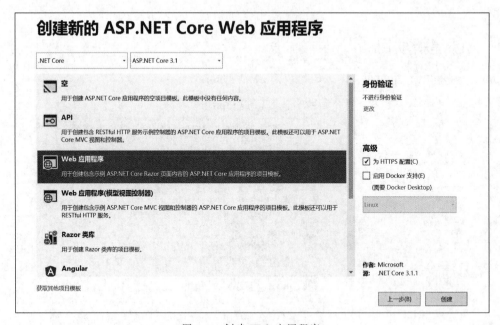

图 3-4　创建 Web 应用程序

【例 3-2】　更新包。

① 在"解决方案资源管理器"中，右击 WebApplicationDemo 项目，在弹出的快捷菜单中选择"管理 NuGet 程序包"命令。

② 选择"更新"选项卡，查看所选包源中可用更新的包。选中"包括预发行版"复选框，以便在更新列表中包含预发布版本的包，如图 3-8 所示。

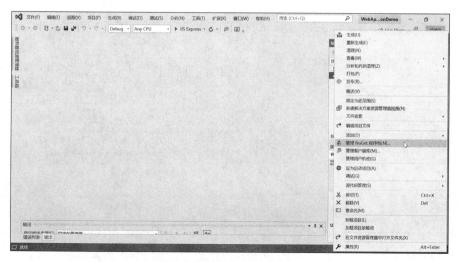

图 3-5　管理 NuGet 程序包

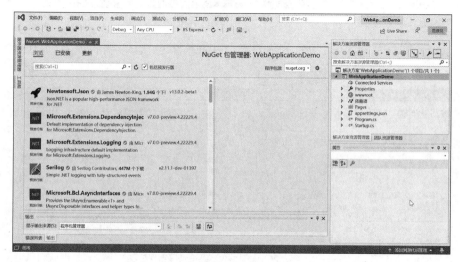

图 3-6　浏览包

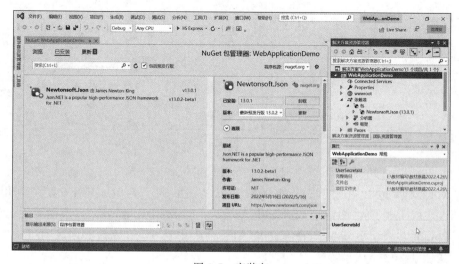

图 3-7　安装包

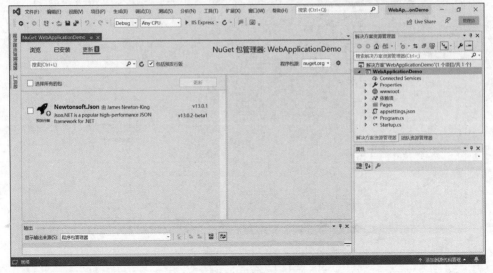

图 3-8　浏览更新包

③ 选择要更新的包，从右侧的下拉列表中选择所需的版本，然后单击"更新"按钮，如
图 3-9 所示。

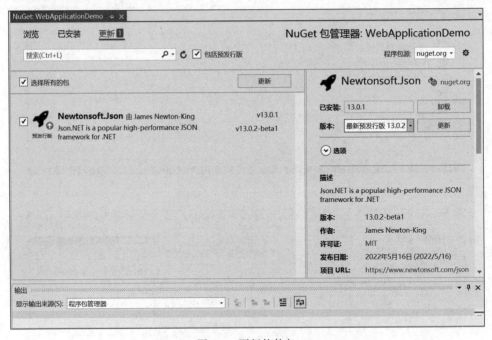

图 3-9　更新软件包

包更新过程中可能存在以下情况。

- 对于某些包，"更新"按钮处于禁用状态，并显示是"由 SDK 隐式引用"（或 AutoReferenced）的消息，表明该包是较大框架或 SDK 的一部分，不能单独更新。
- 若要将多个包更新到其最新版本，则在列表中选中，然后单击列表上方的"更新" 按钮。

- 支持从"已安装"选项卡更新单个包。在这种情况下包的详细信息包括"版本"选择和"更新"按钮。

【例 3-3】　管理包源。

① 若要更改 Visual Studio 2019 从中获取包的源，可从源选择器中选择一个源，如图 3-10 所示。

图 3-10　获取程序包源

② 在图 3-10 中单击"程序包源"右侧的设置图标，或使用菜单栏中的"工具"→"选项"命令打开"选项"对话框，选择"NuGet 包管理器"→"程序包源"命令，如图 3-11 所示。

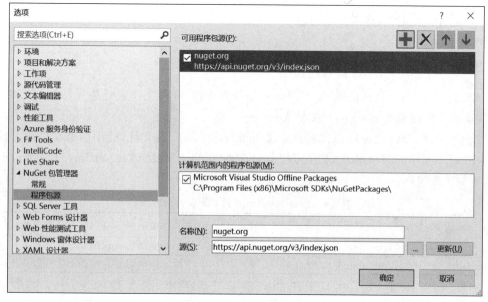

图 3-11　设置程序包源

③ 要添加源，单击＋按钮，编辑名称，在"源"控件中输入 URL 或路径，然后单击"更新"按钮。此时选择器下拉列表中就会显示刚添加的源。

若要更改包源，选中该包，在"名称"和"源"文本框中进行编辑，然后单击"更新"按钮。

若要禁用包源，则清除列表中名称左侧的复选框即可。

若要删除包源，首先选中该包，然后单击 ✖ 按钮完成删除。

Visual Studio 2019 会忽略包源的顺序，使用向上或向下箭头按钮不会更改包源的优先级顺序。

【例 3-4】　卸载包。

① 在"解决方案资源管理器"中右击 WebApplicationDemo 项目，在弹出的快捷菜单中选择"管理 NuGet 程序包"命令。

② 选择"已安装"选项卡，查看所选包源中可用更新的包。选中"包括预发行版"复选框，以便在更新列表中包含预发布版本的包。

③ 选择要卸载的包,从右侧的下拉列表中选择所需的版本,然后单击"卸载"按钮,如图 3-12 所示。

包卸载过程中存在以下情况。

- 如果选中"删除依赖项"复选框,当此包未在项目中的其他位置引用时则删除所有依赖包。
- 如果选中"在存在依赖项时仍强制卸载"复选框,则即使在项目中引用了该包也会被卸载。此复选框通常与"删除依赖项"一起使用,用于删除包及其安装的任何依赖项。应注意,使用此复选框可能会导致项目中的引用中断。

图 3-12　卸载包

3.2　JavaScript 和 CSS

3.2.1　静态文件

ASP. NET Core 允许向 Web 客户端提供静态文件,静态文件主要是 JavaScript 和 CSS 文件,这些文件存储在 wwwroot 文件夹内。

ASP. NET Core 允许用户创建自定义 JavaScript 和 CSS 文件,使用静态文件的方法为 StaticFileExtensions. UseStaticFiles(),命名空间为 Microsoft. AspNetCore. Builder,根据参数不同主要包括以下三个方法,如表 3-1 所示。

表 3-1　创建 JavaScript 和 CSS 文件的方法

UseStaticFiles(IApplicationBuilder)	为当前请求路径启用静态文件服务
UseStaticFiles(IApplicationBuilder,StaticFileOptions)	使用给定的选项启用静态文件服务
UseStaticFiles(IApplicationBuilder,String)	为给定请求路径启用静态文件服务

如果 ASP. NET Core 项目采用的空模板进行创建,则需要在 Startup 类中添加 UseStaticFiles(IApplicationBuilder),用于提供静态文件。

图 3-13　新建文件夹

3.2.2　部署 JavaScript 和 CSS

【例 3-5】　建立静态文件。

① 创建 ASP. NET Core Web 应用程序,项目名称为 JSCSSApp,模板选择"空"。

② 右击项目名称 JSCSSApp,在弹出的快捷菜单中选择"添加"→"新建文件夹"命令,文件夹的名称为 wwwroot。右击 wwwroot 文件夹,在文件夹中再创建一个 CSS 文件夹,如图 3-13 所示。

③ 右击 css 文件夹,在弹出的快捷菜单中选择"添加"→"新建项"命令,打开"添加新项-

JSCSSApp"对话框,选择"样式表"选项,在"名称"文本框中输入 site1.css,单击"添加"按钮,如图 3-14 所示。

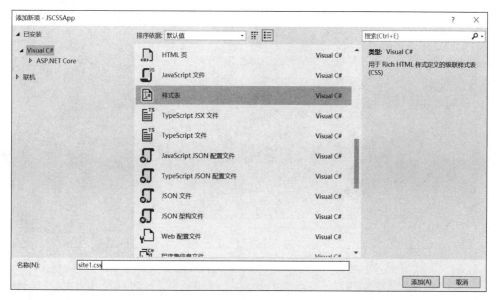

图 3-14　新建样式表

④ 打开 site1.css 文件,并输入如下代码:

```
h2{
    font-size:30pt;
    font-family:sans-serif;
}
table,td {
    border :3px dashed red;
    border-collapse :collapse;
    padding :4px;
    font-family :sans-serif;
}
```

重复上述步骤,在 css 文件夹下创建 site2.css 样式表文件,代码如下:

```
p {
    font-family: 'Segoe UI', Tahoma, Geneva, Verdana, sans-serif;
    font-size: 15pt;
    color: red;
    background-color: aqua;
    border: 1px, solid black;
    padding: 3px;
}
```

⑤ 在项目解决方案的 wwwroot 文件夹中创建一个 js 文件夹,选中 js 文件夹并右击,在弹出的快捷菜单中选择"添加"→"新建项"命令,在"添加新项-JSCSSApp"对话框中选择 JavaScript 文件,文件名称为 site1.js,如图 3-15 所示。

⑥ 打开 site1.js 文件,添加代码如下:

```
document.addEventListener("DOMContentLoaded", function ()
{
```

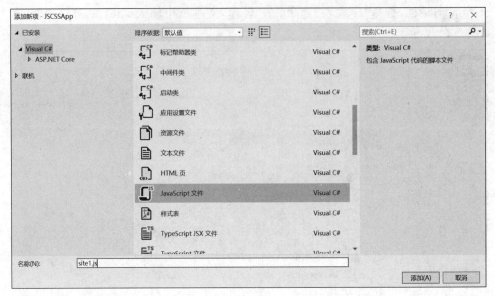

图 3-15　创建 JavaScript 文件

```
var element = document.createElement("p");
element.textContent = "第一个 js 文件";
document.querySelector("body").appendChild(element);
});
```

重复上述步骤，在 js 文件夹下创建 site2.js 样式表，代码如下：

```
document.addEventListener("DOMContentLoaded", function ()
{
var element = document.createElement("p");
element.textContent = "第二个 js 文件";
document.querySelector("body").appendChild(element);
});
```

⑦ 右击 wwwboot 文件夹，在弹出的快捷菜单中选择"添加"→"新建项"命令，打开"添加新项-JSCSSApp"对话框，选择"HTML 页"选项，在"名称"文本框中输入 index.html，单击"添加"按钮完成静态网页文件的添加。打开 index.html 文件，对该文件编辑如下：

```
<!DOCTYPE html>
<html>
<head>
    <link href="css/site1.css" rel="stylesheet" />
    <link href="css/site2.css" rel="stylesheet" />
    <script src="js/site1.js"></script>
    <script src="js/site2.js"></script>
</head>
<body class=" p-1 ">
    <h2>选修课人数统计</h2>
    <table>
        <thead>
            <tr><td>课程名称 </td><td>人数 </td></tr>
        </thead>
        <tbody>
            <tr>
```

```
                <td>计算机网络</td>
                <td>60 人</td>
            </tr>
            <tr>
                <td>数字媒体处理工具</td>
                <td>65 人</td>
            </tr>
            <tr>
                <td>计算机系统结构</td>
                <td>30 人</td>
            </tr>
        </tbody>
    </table>
</body>
</html>
```

⑧ 打开 Startup.cs 文件，对 Configure 文件进行编辑，代码如下所示：

```
if (env.IsDevelopment())
    {
        app.UseDeveloperExceptionPage();
    }
    app.UseDefaultFiles();
    app.UseStaticFiles();
```

⑨ 运行该程序，效果如图 3-16 所示。

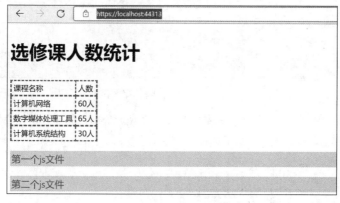

图 3-16　页面运行效果

3.2.3　静态文件打包和压缩

在 ASP.NET 中可以使用打包与压缩这两种技术来提高 Web 应用程序页面加载的性能。例 3-5 中，项目中包含 4 个静态文件，浏览器需要发送 4 次请求才能获得这些静态文件，可以通过打包方式减少请求次数。

打包是将多个文件(CSS、JavaScript 等资源文件)合并到单个文件中。文件合并后可减少 Web 资源文件从服务器访问的次数，这样也可提高页面载入的性能。

压缩是将各种不同的代码进行优化，以减少请求资源文件的体积。压缩的常见方法是删除不必要的空格和注释，并将变量名缩减为一个字符。

在 Visual Studio 2019 中，打包和压缩需要用到 Bundler&Minifier，需要开发人员进行

安装。

【例 3-6】 打包和压缩。

① 在 Visual Studio 2019 中，选择"扩展"→"管理扩展"命令，如图 3-17 所示。

图 3-17　管理扩展

② 在搜索栏中输入 bundle，选中 Bundler&Minifier 选项，单击"下载"按钮，如图 3-18 所示。

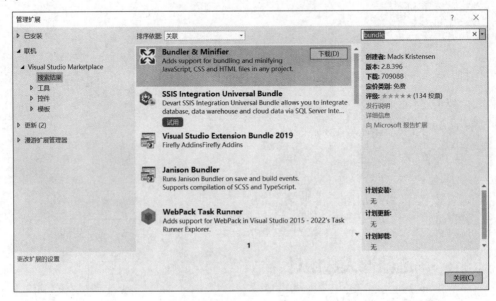

图 3-18　下载 Bundler&Minifier

③ 下载完成后程序会自动进行安装，在图 3-19 所示的对话框中单击 Modify 按钮以完成安装，之后重新启动 Visual Studio 2019。

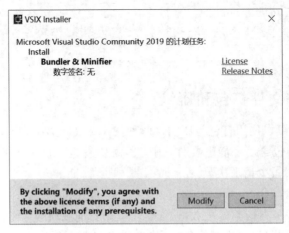

图 3-19　安装 Bundler&Minifier

④ Bundler&Minifier 扩展可以合并同类型的文件。打开例 3-5，选中 site1.css 和

site2.css,右击,在弹出的快捷菜单中选择 Bundler&Minifier→Bundle and Minify Files 命令,如图 3-20 所示。

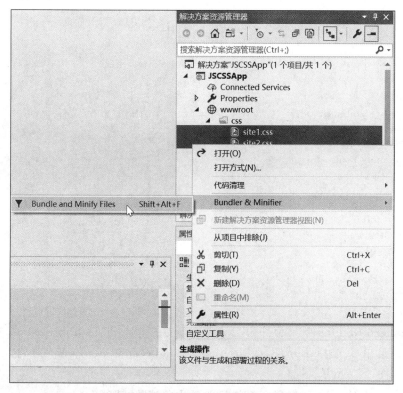

图 3-20　合并样式表文件

⑤ 在"另存为"对话框中将 CSS 文件存为 bundle.css,如图 3-21 所示。

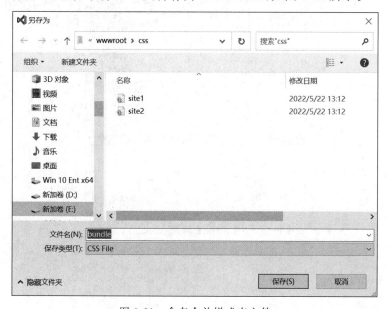

图 3-21　命名合并样式表文件

⑥ 单击"保存"按钮，在 wwwroot 文件夹下生成 bundle.css 文件，bundle.min.css 就是 site1.css 和 site2.css 合并的文件，这个文件所占空间很小，打开 bundle.min.css 文件，代码如下：

```
h2 {
    font-size: 30pt;
    font-family: sans-serif;
}
table, td {
    border: 3px dashed red;
    border-collapse: collapse;
    padding: 4px;
    font-family: sans-serif;
}

p {
    font-family: 'Segoe UI', Tahoma, Geneva, Verdana, sans-serif;
    font-size: 15pt;
    color: red;
    background-color: aqua;
    border: 1px, solid black;
    padding: 3px;
}
```

⑦ Bundler&Minifier 扩展合并为 JavaScript 文件。选中 site1.js 和 site2.js，右击，在弹出的快捷菜单中选择 Bundler&Minifier → Bundle and Minify Files，将文件保存为 bundle.js，如图 3-22 所示。

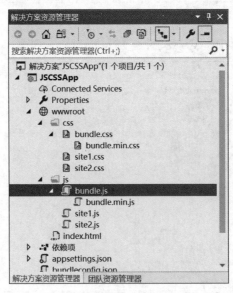

图 3-22　合并 JavaScript 文件

⑧ 打开 bundle.min.js 文件，代码如下：

```
document.addEventListener("DOMContentLoaded", function () {
var element = document.createElement("p");
element.textContent = "第二个 JavaScript 文件";
```

```
document.querySelector("body").appendChild(element);
});
document.addEventListener("DOMContentLoaded", function () {
var element = document.createElement("p");
element.textContent = "第一个 JavaScript 文件";
document.querySelector("body").appendChild(element);
});
```

通过 bundle.min.js 和 bundle.min.css 代码可以发现所有的空白符都已被删除,从而减少文件占用的空间。

⑨ 打开 wwwroot 下的 Index.html 文件,修改静态文件的引用文件如下:

```
<head>
    <link href="css/bundle.min.css" rel="stylesheet" />
    <script src="js/bundle.min.js"></script>
</head>
```

运行该网页,效果如图 3-16 所示。

⑩ Bundler&Minifier 扩展将文件的处理记录存放在 bundleconfig.json 文件中,bundleconfig.json 是 ASP.NET Core 项目提供的一个配置文件。默认情况下该文件存放在项目的根目录下。该文件定义了打包的配置选项,实现了自定义脚本文件(wwwroot/js/site.js)和样式表文件(wwwroot/css/site.css)的配置。其配置信息如下:

```
[
    {
        "outputFileName": "wwwroot/css/bundle.css",
        "inputFiles": [
          "wwwroot/css/site1.css",
          "wwwroot/css/site2.css"
        ]
    },
    {
        "outputFileName": "wwwroot/js/bundle.js",
        "inputFiles": [
        "wwwroot/js/site2.js",
        "wwwroot/js/site1.js"
        ]
    }
]
```

当在开发模式下运行应用程序时可以使用未压缩 CSS 和 JavaScript 脚本文件。在生产环境中可以使用压缩后的资源文件,这样可以提高应用程序的性能。

3.3 日志管理

日志管理在程序中应用十分广泛,可以根据日志提供的信息查看产生的错误,进而对程序进行调试。在本节中将介绍日志的建立和使用。

3.3.1 日志提供程序

日志提供程序的主要作用是将生成的日志通过多种方式进行显示和输出。ASP.NET

Core 支持以下 4 种内置日志记录提供程序。

1. Console

将日志通过控制台进行输出。

2. Debug

调试时在 Visual Studio 的 Debug 窗口中能够看到日志的输出。

3. EventSource

跨平台日志记录,此提供程序可以向事件跟踪器输出日志。

4. EventLog

能够在 Windows 的系统日志中看到输出日志。

下面代码演示了如何使用日志提供程序。

```
public static IHostBuilder CreateHostBuilder(string[] args) =>
        Host.CreateDefaultBuilder(args)
        .ConfigureLogging(logging =>
        {
            logging.ClearProviders();
            logging.AddConsole();
            logging.AddDebug();
            logging.AddEventSourceLogger();
            bool isWindows = RuntimeInformation.IsOSPlatform(OSPlatform.Windows);
            if (isWindows)
            {
                logging.AddEventLog();
            }
        })
```

在 CreateDefaultBuilder() 方法中默认通过调用 ConfigureLogging() 方法添加了 Console、Debug、EventSource Logger 和 EventLog(仅 Windows)共 4 种日志记录提供程序。如果不想使用默认添加的日志提供程序,也可以先通过 ClearProviders() 清除所有已添加的日志记录提供程序,然后再添加需要的。

3.3.2 日志分类

为了简化配置根据日志名称将把日志分成系统日志、EFCore 日志以及应用日志三种。

1. 系统日志

以 Microsoft 或 System 开始的日志,配置字段为 SystemLogLevel,默认级别为 Warning。

2. EFCore 日志

以 Microsoft.EntityFrameworkCore 开始的日志,配置字段为 EFCoreCommandLevel,默认级别为 Information。

3. 应用日志

除了系统日志及 EFCore 日志以外的日志。配置字段为 AppLogLevel,默认级别为 Information。

3.3.3 日志级别

日志在实际应用中是需要指定级别的。如在测试环境中希望看到更为详尽的信息,但在生产环境中只需要记录严重的错误就可以了。可以通过配置文件或 AddFilter()方法实现对日志的配置。

1.日志级别分类

在 ASP.NET Core 中提供了 6 种级别日志,按严重性从低到高进行排序,分别为 Trace（追踪）、Debug（调试）、Information（信息）、Warning（警告）、Error（错误）和 Critical（致命）。低于设置级别的日志不会输出。

1）Trace

该级别的日志经常用来记录程序员在调试系统时出现的一些信息。该信息最为详细,其中包括一些敏感数据,在生产环境中是禁用的。

2）Debug

该级别的日志记录了在开发和调试阶段出现的信息,因该信息量大,在生产环境中应该尽量避免启用 Debug 日志。

3）Information

该级别的日志记录了应用程序运行时产生的信息,平时应用较多。

4）Warning

该级别的日志记录了在应用程序中产生的异常的或者不确定的信息,导致这些信息产生的事件通常不会使程序出错,例如文件打开错误。

5）Error

该级别的日志记录了在应用程序中执行某个操作后导致错误产生的信息,这些操作通常无法处理但不会导致整个应用程序出错。

6）Critical

该级别的日志经常用来记录需要立即处理的事件,该事件会导致应用程序崩溃,如硬盘空间不足等。

2.日志过滤

当应用程序运行时会产生大量的日志信息,其中用户关心的信息可以进行记录和保存,对于那些不关心的信息则进行抛弃,这就要用到日志过滤功能。

1）日志配置方式

日志配置方式有两种:一种是编码方式,另一种是 JSON 文件配置方式。

（1）编码方式。

在 ConfigureLogging()方法中可以进行日志级别的设置。

```
Host.CreateDefaultBuilder(args)
.ConfigureLogging(builder =>
{
//删除所有的日志提供程序
builder.ClearProviders();
builder.AddConsole(loggerOptions => loggerOptions.IncludeScopes = true);
builder.SetMinimumLevel(LogLevel.Error);
})
```

上述代码中通过调用 ILoggingBuilder 接口的 SetMinimumLevel()方法实现了设置最低日志级别。该日志级别设置完成后所有低于该级别的日志将不会被处理和显示。例如设置的最低日志级别为 Error，那么 Warning、Information、Debug 和 Trace 级别的日志都不会被显示。

除了 SetMinimumLevel()方法能够实现最低日志级别外，AddFilter()方法也能够实现更为复杂的日志条件。下面的代码通过 ILoggerBuilder 接口设置了日志级别等于并高于 Warning 级别的日志。

```
Host.CreateDefaultBuilder(args)
    .ConfigureLogging(logging =>
    {
        logging.AddDebug().AddFilter("Microsoft", LogLevel.Warning);
    })
```

（2）JSON 文件配置方式。

默认情况下对日志的配置会通过 appsettings.json 文件来实现，该文件包含一个 Logging 节，在此节中不但可以对所有日志进行统一设置，而且还可以对每一种日志提供程序分别进行配置。

```
{
    "Logging": {
        "LogLevel": {
            "Default": "Debug",
            "Microsoft": "Error",
            "Microsoft.Hosting.Lifetime": "Debug"
        },
        "Console": {
            "LogLevel": {
                "Default": "Information"
            }
        },
        "Debug": {
            "LogLevel": {
                "Microsoft": "Debug"
            }
        },
        "EventSource": {
            "LogLevel": {
                "Default": "Warning",
                "Microsoft": "Warning",
                "Microsoft.Hosting.Lifetime": "Warning"
            }
        }
    }
}
```

在上述代码中 Logging.LogLevel 结点为全局配置项，该配置对所有日志提供者都起作用。在 LogLevel 中的字段，如 Default、Microsoft 等表示日志的类别。

- Default：如果分类日志没有在 LogLevel 中进行配置，则应用 Default 的配置。
- Microsoft：以 Microsoft 开头的所有类别的日志应用此项配置。

- Microsoft. Hosting. Lifetime：此类别较 Microsoft 更为具体，凡以 Microsoft. Hosting. Lifetime 开头的日志均应用当前配置。

2）日志过滤规则

日志的过滤规则由日志记录提供程序的全名、日志类别和日志级别这三个因素进行设置。虽然允许设置多条过滤规则，但日志框架最终只保留一个最优规则，其他都会忽略掉。

规则定义如下：首先在框架中寻找与日志记录提供程序一致的配置，如果不存在则使用 LogLevel 下的通用配置。如果有与日志提供程序一致的配置再查询该配置下是否存在最长前缀的配置与之相匹配，如果没有则应用 default 配置。如果找到了多条匹配项则只保留最后一条。如果没有选择任何规则则使用 MinimumLevel 这个配置项，该配置项的默认值为 Information。

3.3.4　日志建立接口文件

在创建日志过程中通常会用到 ILogger 和 ILoggerFactory 两个接口来进行日志文件的建立。其实现过程分别为：

- 注入 ILogger 接口，调用相应方法。
- 注入 ILoggerFactory，调用 ILoggerFactory. CreateLogger(string categoryName)方法创建 ILogger，调用相应方法。

其实现的源码如下。

```
public class MyLog
    {
        ILogger < MyLog > _log1;
        ILogger _log2;
        public MyLog(ILogger < MyLog > logger, ILoggerFactory loggerFactory)
        {
            _log1 = logger;
            _log2 = loggerFactory. CreateLogger("loggerFactoryTest") ; ;
        }
        public void ShowLog()
        {
            _log1. LogInformation("Show _log1");
            _log2. LogInformation("Show _log2");
        }
    }
```

3.3.5　日志消息模板

在应用程序开发过程中，为了使得同一类的日志在输出信息格式上保持一致，可以使用日志消息模板来实现。在该模板中，通过占位符来替换不同的数据。代码如下所示。

```
string parm = "调试";
_logger. LogError("现在的时间是 {time}，日志的级别为{logger}", DateTime. Now, parm);
```

上面代码中的{time}和{logger}均为占位符，而 DateTime. Now 和 parm 是分别提供值的参数。该语句的运行结果如下。

现在的时间是 2022/6/5 13:58:26，日志的级别为调试

3.3.6　日志应用

1. 在控制台应用程序中创建日志框架

下面介绍在 ASP．NET Core 控制台应用程序中创建日志框架的过程。

【例 3-7】　创建控制台日志。

① 打开 Visual Studio 2019 应用程序，选择"创建新项目"选项，如图 3-23 所示。

图 3-23　创建新项目

② 在"创建新项目"对话框中选择"控制台应用"选项，单击"下一步"按钮，如图 3-24 所示。

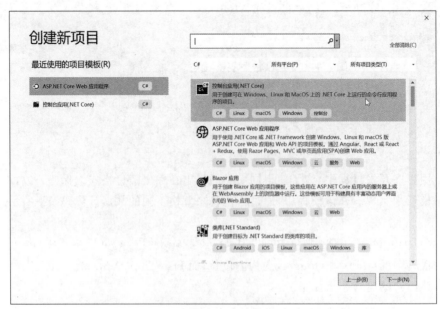

图 3-24　创建控制台应用项目

③ 在"配置新项目"对话框中输入项目名称 ConsoleApp,选择项目存储位置后单击"创建"按钮,如图 3-25 所示。

图 3-25 配置新项目

④ 打开"解决方案资源管理器",右击"依赖项",在弹出的快捷菜单中选择"管理 NuGet 程序包"命令,如图 3-26 所示。

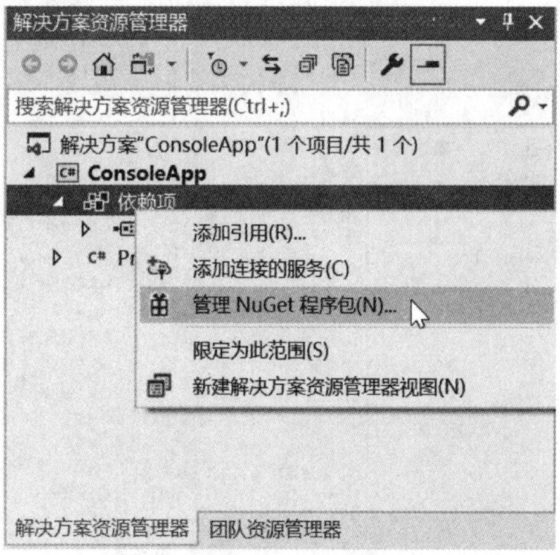

⑤ 在打开的"NuGet 包管理器"中分别安装 Microsoft. Extensions. Loggin 和 Microsoft. Extensions. Logging. Console,如图 3-27 所示。

⑥ 打开 Program. cs 文件并在主函数中输入如下代码。

图 3-26 选择"管理 NuGet 程序包"命令

```
var services = new ServiceCollection();
services. AddLogging(builder =>
{
    builder
        . ClearProviders()
        . AddConsole()
        . AddFilter("Microsoft", LogLevel. Debug)
        . AddFilter("System", LogLevel. Debug)
        . SetMinimumLevel(LogLevel. Debug);
});
var provider = services. BuildServiceProvider();
var logger = provider. GetRequiredService < ILogger < Program >>();
logger. LogTrace(0, "现在输出的是 logger 追踪日志信息");
logger. LogDebug(1, "现在输出的是 logger 调试日志信息");
logger. LogInformation(2, "现在输出的是 logger 常用日志信息");
```

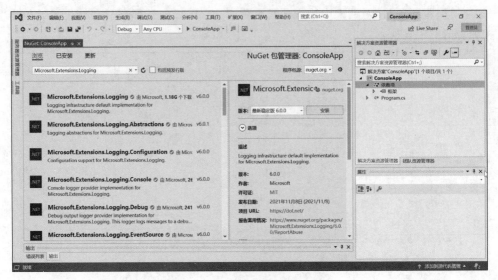

图 3-27　安装程序包

```
logger.LogWarning(3, "现在输出的是 logger 警告日志信息");
logger.LogError(4, "现在输出的是 logger 错误日志信息");
logger.LogCritical(5, "现在输出的是 logger 致命日志信息");
Console.WriteLine("控制台下的日志输出!");
```

在该文件中加入代码运行所需要的命名空间。

```
using Microsoft.Extensions.DependencyInjection;
using Microsoft.Extensions.Logging;
```

⑦ 运行该程序,显示结果如图 3-28 所示。

图 3-28　控制台输出结果

2. 在 ASP.NET Core API 应用程序中创建日志框架

下面介绍在 ASP.NET Core API 应用程序中创建日志框架的过程。

【例 3-8】　创建 ASP.NET Core API 应用程序日志。

① 打开 Visual Studio 2019 应用程序,创建 ASP.NET Core Web 应用程序,如图 3-29 所示。

② 在"配置新项目"对话框中输入项目名称 LogWebApp,单击"创建"按钮,如图 3-30 所示。

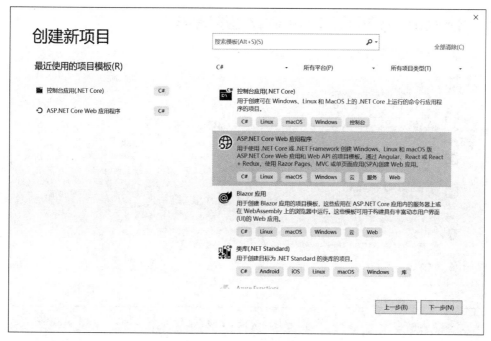

图 3-29 创建新项目

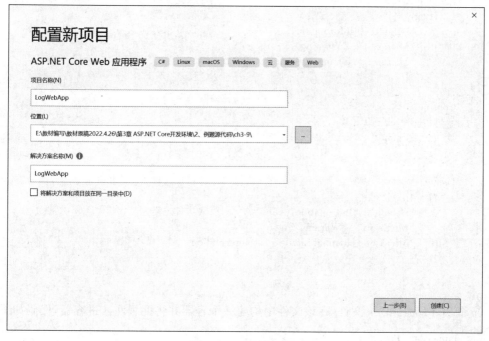

图 3-30 配置新项目

③ 在"创建新的 ASP. NET Core Web 应用程序"对话框中选择 API 项目,单击"创建"按钮,如图 3-31 所示。

④ 在新建立的 API 项目中微软提供了一个天气情况的示例。下面在该示例的基础上完成日志的建立和输出。打开 appsettings. json 文件并修改,完成日志配置。代码如下。

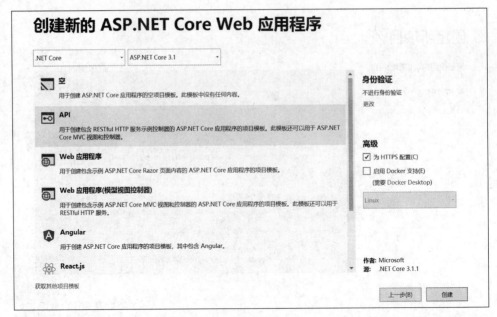

图 3-31   选择 API 项目

```
{
    "Logging": {                                        //日志配置结点
        "LogLevel": {                                   //默认筛选器
            "Default": "Information",                   //默认日志类别
            "Microsoft": "Warning",
            "Microsoft.Hosting.Lifetime": "Information"
        }
    },
    "Console": {
        "LogLevel": {
            "Default": "Error"
        }
    },
    "Debug": {                                          //针对日志提供程序 Debug 的配置
        "LogLevel": {
            "Default": "Information",                   //默认日志类别
            "Microsoft": "Warning",
            "Microsoft.Hosting.Lifetime": "Information"
        }
    }
}
```

⑤ 打开 Program.cs 文件，在该文件中构建一个容器并将配置注入进容器，代码如下。

```
public class Program
{
    public static void Main(string[] args)
    {

        var configBuilder = new ConfigurationBuilder().AddJsonFile("appsettings.json").
        Build();
        CreateHostBuilder(args).Build().Run();
```

```
    }
    public static IHostBuilder CreateHostBuilder(string[] args) =>
        Host.CreateDefaultBuilder(args)
          .ConfigureLogging((hostingContext, logging) =>
          {
              logging.ClearProviders();
              logging.AddConfiguration(hostingContext.Configuration.GetSection("Debug"));
              logging.AddDebug();
          })
          .ConfigureWebHostDefaults(webBuilder =>
            {
                webBuilder.UseStartup<Startup>();
            });
    }
```

上述代码中使用 AddConfiguration()方法给日志添加配置,指定 appsettings.json 文件根结点下面的 Debug 结点作为日志输出的配置项。使用 AddDebug()方法将日志在调试窗口中进行显示输出。

由于 ASP.NET Core Web 框架已经自带了日志包,因此无须再引入。为该页面添加命名空间,代码如下。

```
using Microsoft.AspNetCore.Hosting;
using Microsoft.Extensions.Configuration;
using Microsoft.Extensions.Hosting;
using Microsoft.Extensions.Logging;
```

⑥ 打开根目录下 WeatherForecast.cs 文件,该文件用来实现创建日志对象并打印日志。修改代码如下。

```
[ApiController]
    [Route("[controller]")]
    public class WeatherForecastController : ControllerBase
    {
        private static readonly string[] Summaries = new[]
        {
            "Freezing", "Bracing", "Chilly", "Cool", "Mild", "Warm", "Balmy", "Hot",
"Sweltering", "Scorching"
        };
        private readonly ILogger<WeatherForecastController> _logger;
        public WeatherForecastController(ILogger<WeatherForecastController> logger)
        {
            _logger = logger;
        }
        [HttpGet]
        public IEnumerable<WeatherForecast> Get()
        {
            string Message = $"当前时间:{DateTime.Now.ToLongTimeString()}";
            _logger.LogTrace(0, "现在显示的是跟踪日志信息,{Message}", Message);
            _logger.LogDebug(1, "现在显示的是调试日志信息,{Message}", Message);
            _logger.LogInformation(2, "现在显示的是常规日志信息,{Message}", Message);
            _logger.LogWarning(3, "现在显示的是警告日志信息,{Message}", Message);
            _logger.LogError(4, "现在显示的是错误日志信息,{Message}", Message);
            _logger.LogCritical(5, "现在显示的是致命日志信息,{Message}", Message);
            var rng = new Random();
```

```
return Enumerable.Range(1, 5).Select(index => new WeatherForecast
{
    Date = DateTime.Now.AddDays(index),
    TemperatureC = rng.Next(-20, 55),
    Summary = Summaries[rng.Next(Summaries.Length)]
})
.ToArray();
    }
}
```

⑦ 运行该项目。打开调试窗口，显示结果如图 3-32 所示。

```
LogWebApp.Controllers.WeatherForecastController: Information: 现在显示的是常规日志信息, 当前时间: 12:58:43
LogWebApp.Controllers.WeatherForecastController: Warning: 现在显示的是警告日志信息, 当前时间: 12:58:43
LogWebApp.Controllers.WeatherForecastController: Error: 现在显示的是错误日志信息, 当前时间: 12:58:43
LogWebApp.Controllers.WeatherForecastController: Critical: 现在显示的是致命日志信息, 当前时间: 12:58:43
```

图 3-32　调试窗口输出结果

之前在 appsettings.json 文件中配置的日志提供程序为 Debug，同时默认日志类别为
Information，因此显示的日志信息级别为 Information 及以上。

3. 第三方日志类库 NLog

NLog 是一个应用在 .NET Core 项目中的日志记录类库，它的配置方式简单灵活，日志
支持输出的方式有多种，如文本文件、Windows 系统日志、数据库、控制台、邮箱等。在实际
使用时可以根据不同情况进行配置，使调试诊断信息按照配置好的方式发送到一个或多个
输出目标中。下面介绍 NLog 的操作过程。

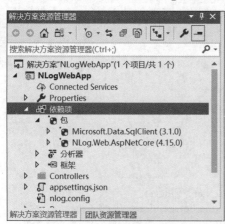

图 3-33　调试窗口输出结果

【例 3-9】　使用 NLog 将日志分别输出到文件
和数据库。

① 新建 ASP.NET Core Web 应用程序，项目
名称为 NLogWebApp，选择 API 项目模板。

② 安装 NLog 包。如果输出的目标是文件，则
需安装 NLog.Web.AspNetCore(4.15.0)；如果输
出的目标是数据库，则需安装 Microsoft.Data.
SqlClient(3.1.0)，如图 3-33 所示。

③ 添加配置文件。右击项目名称 NLlogWebApp，
在弹出的快捷菜单中选择“添加”→“新建项”命令，
在打开的“添加新项-NLogWebApp”对话框中选择
“Web 配置文件”选项，并在“名称”文本框中输入
nlog.config，如图 3-34 所示。

④ 打开 nlog.config 文件，输入如下配置代码。

```
<?xml version="1.0" encoding="utf-8"?>
<nlog xmlns="http://www.nlog-project.org/schemas/NLog.xsd" xmlns:xsi="http://www.w3.
org/2001/XMLSchema-instance" autoReload="true" throwExceptions="false" internalLogLevel=
"false" internalLogFile="NlogRecords.log">
<!-- enable asp.net core layout renderers -->
<extensions>
    <add assembly="NLog.Web.AspNetCore"/>
</extensions>
```

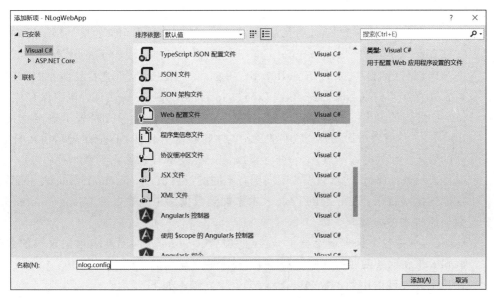

图 3-34　添加 nlog.config 配置文件

```xml
<!--输出目标-->
<targets>
    <!-- 1.将日志消息写入文件-->
    <target name="log_file" xsi:type="File"
        fileName="${basedir}/Logs/${shortdate}/${shortdate}.txt"
        layout="${longdate} | ${event-properties:item=EventId_Id:whenEmpty=0} |
${uppercase:${level}} | ${logger} | ${message} ${exception:format=tostring}"
        archiveFileName="${basedir}/archives/${shortdate}-{#####}.txt"
        archiveAboveSize="102400"
        archiveNumbering="Sequence"
        concurrentWrites="true"
        keepFileOpen="false" />
    <!-- 2.将日志消息写入数据库-->
    <target name="database" xsi:type="Database" dbProvider="Microsoft.Data.SqlClient.
SqlConnection, Microsoft.Data.SqlClient"
        connectionString="data source=tjau;initial catalog=TestDB; Persist Security Info=True;
integrated security=true">
        <commandText>
        insert into NLogTable([Date], [Events], [Level], [Information]) values (getdate(), @
Events, @logLevel, @Information);
        </commandText>
        <parameter name="@Events" layout="${callsite}" />
        <parameter name="@logLevel" layout="${level}" />
        <parameter name="@Information" layout="${message}" />
    </target>
</targets>
<!--定义使用哪种方式输出-->
<rules>
    <logger name="*" minlevel="Debug" writeTo="log_file" />
    <logger name="*" minlevel="Trace" writeTo="database" />
</rules>
</nlog>
```

说明：

- 在 nlog 根结点有一个 internalLogLevel 属性，该属性的作用是如果 NLog 没有配置好或存在异常，则当 internalLogLevel 设定的值为 Trace 或 Debug 时，NLog 会产生一个内部自己的日志文件 NlogRecords.log，可以打开此文件查看具体原因，该文件通常保存在当前项目根目录，也可以通过 internalLogFile 属性自行设定保存位置。
- target 是数据输出的配置结点。在文件结点中，xsi:type＝"File"表示输出到文件；fileName 表示为添加的日志文件命名，文件名通常为日期；layout 表示写入日志文件的格式。在数据库结点，xsi:type＝"Database"表示日志输出到数据库；dbProvider 属性表示数据库适配器，数据库不同则有不同的设置值；connectionString 表示配置数据库连接字符串；commandText 表示添加到数据库中的命令脚本；parameter 表示数据库脚本的参数。
- rules 结点是各个日志记录器 Logger 的配置。name 后的属性表示记录器的名称；minlevel 表示最低匹配规则；writeTo 表示最终输出的目标。
- 在该配置文件中用到了数据表，该数据表建立脚本如下。

```
CREATE TABLE [dbo].[NLogTable](
[LogId] [int] IDENTITY(1,1) NOT NULL,
[Date] [datetime] NOT NULL,
[Events] [nvarchar](200) NULL,
[Level] [nvarchar](100) NULL,
[Information] [nvarchar](max) NULL,
) ON [PRIMARY]
```

⑤ 右击 nlog.config 文件，在弹出的快捷菜单中选择"属性"命令，将"复制到输出目录"属性值设置为"始终复制"，如图 3-35 所示。

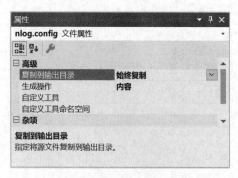

图 3-35　设置 nlog.config 属性

⑥ 打开 Controllers 目录下的 WeatherForecastController.cs 文件，在 WeatherForecastController 类中添加如下代码。

```
private readonly Logger _log = LogManager.GetCurrentClassLogger();
```

该方法用于获取 Logger 实例。在 Get()方法中添加如下命令。

```
_log.Trace("现在输出的是追踪信息");
_log.Debug("现在输出的是调试信息");
_log.Info("现在输出的是常规信息");
_log.Warn("现在输出的是警告信息");
```

```
_log.Error("现在输出的是错误信息");
_log.Fatal("现在输出的是致命信息");
```

通过上述命令完成不同级别的日志的记录。

⑦ 运行当前项目,打开项目文件所在目录下的 bin\Debug\netcoreapp3.1\Logs 文件夹,在该文件夹中存储以日期命名的文件夹,打开该文件夹会发现有以日期命名的日志文件,打开该文件后显示的内容如图 3-36 所示。

图 3-36　日志输出到文件

打开数据库中的数据表 NLogTable 文件,显示的记录日志内容如图 3-37 所示。

	LogId	Date	Events	Level	Information
▶	1	2022-06-07 22:39:26.213	WebApplication1.Controllers.WeatherForecastController.Get	Trace	现在输出的是追踪信息
	2	2022-06-07 22:39:26.350	WebApplication1.Controllers.WeatherForecastController.Get	Debug	现在输出的是调试信息
	3	2022-06-07 22:39:26.403	WebApplication1.Controllers.WeatherForecastController.Get	Info	现在输出的是常规信息
	4	2022-06-07 22:39:26.547	WebApplication1.Controllers.WeatherForecastController.Get	Warn	现在输出的是警告信息
	5	2022-06-07 22:39:26.620	WebApplication1.Controllers.WeatherForecastController.Get	Error	现在输出的是错误信息
	6	2022-06-07 22:39:26.713	WebApplication1.Controllers.WeatherForecastController.Get	Fatal	现在输出的是致命信息
*	NULL	NULL	NULL	NULL	NULL

图 3-37　日志输出到数据库

可以看到,通过 NLog 将日志分别输出到了文本文件和数据表中。之所以二者输出的记录数不同,是因为在 nlog.config 配置文件中文件输出的级别为 Debug,而数据库输出的级别为 Trace。

小　结

本章的主要内容包括管理软件包工具 NuGet 的使用、JavaScript 和 CSS 的部署以及日志的管理和应用。在进行 ASP.NET Core 项目的开发中经常会用到 NuGet 技术,读者能够通过 NuGet 工具完成软件包的安装、更新和卸载。JavaScript 和 CSS 在页面布局中必不可少,读者应能够熟练掌握它们的合并与部署。最后通过案例介绍了 ASP.NET Core 自身所带日志框架的应用以及第三方工具 NLog 的使用。

习　题

一、作业题

1. 简述 Visual Studio 2019 如何管理软件包。

2. 简述 NuGet 的特性。

3. 简述如何在 ASP.NET Core Web 项目中部署 JavaScript 和 CSS。

二、上机实践题

1. 通过创建日志工厂对象的方式重新完成例 3-7 的控制台输出。

2. 根据图 3-38 所示的数据表结构，要求通过 NLog 完成日志的数据表信息输出。

列名	数据类型	允许 Null 值
Id	int	☐
LogDate	datetime	☑
LogLevel	varchar(500)	☑
LogType	varchar(500)	☑
Message	varchar(5000)	☑
MachineName	varchar(500)	☑
MachineIp	varchar(500)	☑
RequestController	varchar(500)	☑
RequestAction	varchar(500)	☑
RequestMethod	varchar(1000)	☑
RequestHeaders	varchar(5000)	☑
RequestPostBody	varchar(2000)	☑
RequestQuery	varchar(1000)	☑
RequestUrl	varchar(500)	☑

图 3-38　数据表结构

第4章

ASP.NET Core MVC框架

ASP.NET Core MVC 是微软公司推出的一种软件架构模式。它把系统分成 M（模型）、V（视图）和 C（控制器）三部分。在软件开发中应用 MVC 模式可以简化软件开发的复杂度，使系统更加容易测试和维护。本章将主要介绍 MVC 应用程序的建立以及模型、视图、控制器等部件的基本概念和具体的使用方法。

本章主要学习目标如下：
- 掌握 MVC 应用程序的建立方法。
- 掌握模型、视图和控制器的使用。
- 掌握 MVC 数据的传递方法。

4.1 ASP.NET Core MVC 简介

4.1.1 何谓 MVC

所谓的 MVC 是模型（Model）、视图（View）和控制器（Controller）的缩写，是一种设计模式。它将数据处理、页面显示和业务逻辑三者分离开来，从而使得程序的结构更易于理解，有助于程序的模块化，便于开发团队人员之间实现协同开发、共同合作。

早在 1974 年 Trygve Reenskaug 就提出了 MVC 模式的概念，接着该模式在 20 世纪 80 年代由施乐帕罗奥多研究中心（Xerox PARC）发明并应用在 Smalltalk 程序设计语言里面。MVC 把整个应用程序分成了 Model、View 和 Controller 三部分，这三者之间相对独立，是一种松散的耦合关系，同时这种分割也让系统的可维护性、可扩展性和可重用性得到加强。图 4-1 是三者的关系图。

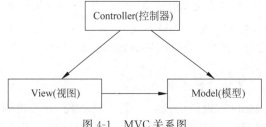

图 4-1　MVC 关系图

模型：也称作数据模型。一个应用程序在业务处理中必然会涉及对数据的相关操作，把这些数据和对数据处理的方法封装在一起，就构成了数据模型。对数据的处理主要体现在对数据库进行的增加、删除、修改和查询，对数据结构的定义和对数据格式的验证三方面。

从图 4-1 可以看出,控制器和视图的运行需要模型的支持,但模型却独立于两者,不管数据如何被调用和通过何种方式被显示。

视图:负责页面的显示。控制器获取数据后传给视图,视图按照自己定义的模式把这些数据进行显示。如显示的结果可以是一段文字,还可以是一个图表。

控制器:接收用户发过来的请求。控制器会根据接收的内容决定调用系统中的某个模型对数据进行处理,数据处理结束后再由控制器调用某个视图用以显示处理结果。

MVC 的优点:

首先,MVC 实现了分层,三层相互独立且层与层之间的依赖很少,这有利于开发者只关注某一层,特别适合大型软件的开发。

其次,MVC 中的一个模型可以对应多个视图。例如在某个项目中,访问应用程序的终端有可能是台式计算机,也有可能是手机即用 WAP 方式来访问。这两者显示的效果一定是不同的,但它们所对应的模型是同一个。在这个项目中模型无须做任何修改就可以支持这些访问要求。

最后,模型具有的可移植特性。如在某系统中数据库的需求发生了改变,从 MSSQL 转到了 MySQL,这时只需改变模型部分,控制器和视图不需改变即可正常运行。

4.1.2　MVC 发展历史

2007 年 10 月,微软在 ASP. NET 平台上发布了一个新的开发平台,被称为 ASP. NET MVC 框架,并对开发者公布了 MVC 框架的源码。MVC 框架支持 HTML 和 CSS 标准化、RESTful Web 服务、基于开源工具构建(如 jQuery)、接受设计约定、采用竞争对手的最佳实践等新的理念,反映了 Web 应用开发的趋势。随后,微软陆续发布了 ASP. NET MVC 的各种版本。

1. ASP.NET MVC 1.0

ASP. NET MVC 1.0 中视图接收用户输入,把命令传到控制器;控制器处理命令,更新模型;模型被更新后,会通知视图需要更新;视图更新后向用户显示信息。

2. ASP.NET MVC 2.0

ASP. NET MVC 2.0 在 1.0 版本基础上优化 MVC 流程,增加新的特性,如允许组织多个逻辑层;支持使用 strongly-typed helpers 修改和展示数据;支持使用声明式注解定义模型的验证规则进行服务器端验证,自动产生基于模型验证的客户端验证。

3. ASP.NET MVC 3.0

ASP. NET MVC 3.0 增加了大量新的特性,使得代码更加简化,并且可以深度扩展。如 Razor 视图引擎、全局的 Action 过滤器和 ViewBag 属性、JavaScript 和 Ajax 改进、默认启用客户端验证、内置的 JSON 绑定支持、ValidationAttribute 类、NuGet 集成等。

4. ASP.NET MVC 4.0

ASP. NET MVC 4.0 在之前版本基础上,增加了支持 ASP. NET Web API、移动项目模板、显示模式、jQuery Mobile、视图切换器和浏览器替代、异步控制器的任务支持、Azure SDK 数据库迁移、空项目模板、将控制器添加到任何项目文件夹等功能。

5. ASP.NET MVC 5.0

相对于 ASP. NET MVC 4.0,MVC 5.0 进一步进行优化,如 WebApi 2.0、属性路由(Attribute Routing)、进一步增强对 JavaScript 库的支持,包括 Bootstrap 等。

4.1.3 ASP.NET Core MVC

在微软还没有推出 ASP. NET Core MVC 之前，主流的 Web 开发框架是 ASP. NET Web Forms。该框架自 2002 年推出以来一直备受青睐，迅速取代了 ASP 这种 Web 开发方式。ASP. NET Web Forms 的优势有如下几点：具有快速开发的能力；所见即所得；易于开发数据量大的程序；支持多种控件和第三方控件；具有与事件驱动模型相似的开发模式等。随着人们对 ASP. NET Web Forms 认识的进一步深入，发现该开发模式也存在一些问题，如前台界面代码与后台程序代码很难分离；ViewState 的存在使得页面保存的数据量偏多，占用带宽严重；很难进行单元测试等。

以上这些问题在 ASP. NET Core MVC 中得到了很好的解决。同时 ASP. NET Core MVC 还简化了开发的复杂部分，不再有生命周期、回传事件和服务器控件等概念。虽然保留了 ASP. NET Web Forms 的部分特征如管道的灵活性，但它仍然被看作一种全新的开发模式。

4.2 ASP.NET Core MVC 应用程序

与传统的 ASP. NET Web Forms 运行方式不同，当用户通过浏览器发出访问命令后，MVC 接收请求并执行路由，接着创建控制器，控制器接收用户传来的数据并执行相应的业务数据处理程序，最后将处理结果传给视图并由视图生成 HTML 来显示。

4.2.1 MVC 应用程序的创建

下面通过创建一个实例来了解使用 Visual Studio 2019 创建 MVC 项目的过程。

【例 4-1】 创建 MVC 项目。

① 打开 Visual Studio 2019，选择"创建新项目"选项，如图 4-2 所示。

图 4-2 新建项目

② 在"创建新项目"对话框中选择 "ASP. NET Core Web 应用程序"选项，单击"下一步"按钮，如图 4-3 所示。

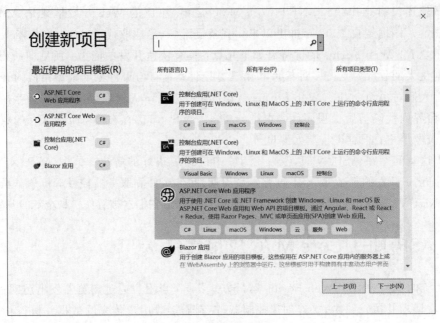

图 4-3　创建新项目

③ 在"配置新项目"对话框中输入项目名称和解决方案名称，并选择存放位置，然后单击"创建"按钮，如图 4-4 所示。

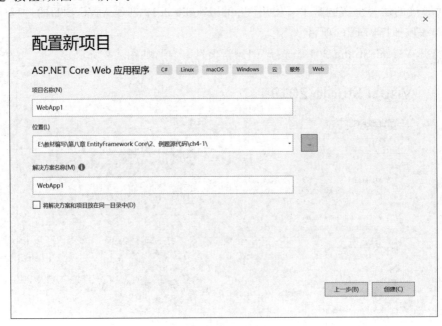

图 4-4　配置新项目

④ 在打开的"创建新的 ASP. NET Core Web 应用程序"对话框中选择"Web 应用程序（模型视图控制器）"选项，单击"创建"按钮，如图 4-5 所示。

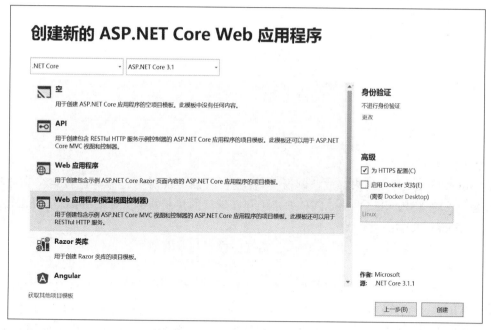

图 4-5　创建 Web 应用程序

⑤ 此时由 Visual Studio 2019 创建的 ASP. NET Core MVC 项目已完成,如图 4-6 所示。

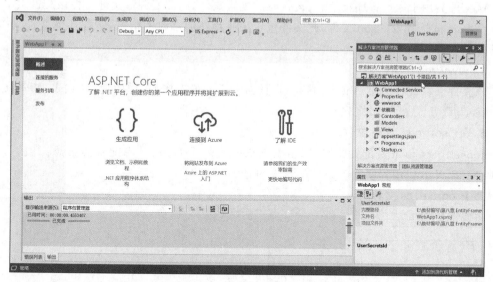

图 4-6　完成 MVC 项目的创建

⑥ 单击工具栏上的 IIS Express 调试运行按钮,查看运行结果,如图 4-7 所示。

4.2.2　MVC 应用程序的结构

用 Visual Studio 2019 创建完成一个 MVC 应用程序后,系统会自动生成一些文件和文件夹,如图 4-6 所示,下面进行详细介绍。

图 4-7　默认 MVC 项目运行结果

1. Controllers 文件夹

Controllers 文件夹用来存放控制器类,控制器可以实现对一组操作进行定义和分组。在新建完成的 ASP. NET Core MVC 项目中存在默认的控制器类文件 HomeController. cs。

2. Models 文件夹

Models 文件夹用来存放模型文件,包括视图模型和域模型类。

3. Views 文件夹

Views 文件夹用来保存视图和分视图,视图文件的扩展名为 cshtml,该文件可在标记中使用 C♯语言。视图文件存放在以控制器命名的文件夹中,此文件夹存储在应用根目录的 Views 文件夹内。当用户在客户端通过浏览器发出请求命令时,控制器会确定使用某个视图来生成网页并返回给用户。

4. Properties 文件夹

该文件夹用于存放程序集信息、运行时的配置文件、内部资源等文件。在该文件夹下存在一个 launchSettings. json 文件,此文件包含一些程序启动时的信息,例如环境变量、URL 和开发端口等。

5. wwwroot 文件夹

该文件夹存放视图层(Views)HTML 页面引用的静态资源,如图片、样式表、脚本文件 (JavaScript)等。

6. appsettings. json 文件

appsettings. json 是配置文件,常用于数据库连接字符串、日志配置等信息,其前身是 ASP. NET Web 应用程序的 WebConfig 文件。

7. Program. cs 文件

主要源码如下。

```
public class Program
{
    public static void Main(string[] args)
    {
        CreateHostBuilder(args).Build().Run();
    }
    public static IHostBuilder CreateHostBuilder(string[] args) =>
        Host.CreateDefaultBuilder(args)
            .ConfigureWebHostDefaults(webBuilder =>
            {
                webBuilder.UseStartup<Startup>();
            });
}
```

在 Program.cs 文件中包含一个 Main() 方法，该方法是程序的主入口。在 Main() 方法中调用了 CreateHostBuilder() 方法，该方法返回一个 IHostBuilder 接口，而此接口是应用程序启动的核心接口。

ASP.NET Core 模板项目使用 Kestrel 作为默认的 Web 服务器。Main() 方法所执行的代码就是创建并启动该服务器。

8. Startup.cs

该文件是默认文件，包含服务配置、定义请求处理管道、配置依赖注入、中间件等信息。在此文件中有两个重要方法，分别是 ConfigureServices() 方法和 Configure() 方法。

ConfigureServices() 方法是进行依赖注入的，在 MVC 框架中 ASP.NET Core 默认添加的依赖为 services.AddControllersWithViews()。

Configure() 方法用来进行中间件的设置。在此方法中系统默认添加的中间件如下。

1）UseHttpsRedirection()

作用：项目启动时自动产生一个 HTTPS 对应的端口，当请求 HTTP 链接时会自动跳转到 HTTPS 对应的端口下。

2）UseStaticFiles()

作用：可以访问 wwwroot 下的图片、样式表、脚本文件等静态文件。

3）UseRouting()

作用：查看应用程序中定义的端点集合，并根据请求选择最佳匹配。

4）UseAuthorization()

作用：对匹配到的路由进行拦截并对用户进行身份验证操作。

5）UseEndpoints()

作用：针对 UseRouting 中间件匹配到的路由进行委托方法的执行等操作。

9. < Project >.csproj

该文件指定项目一些基本配置项，如绑定项目的依赖项。

10. Connected Services

该文件用于添加一些服务，功能类似于 ASP.NET 添加 Web Service 或者 WCF Service 的引用。

4.2.3 MVC 配置规则

（1）控制器类名称都以 Controller 结束，例如 HomeContrlller.cs、AdminController.cs 等。

（2）视图保存在 Views\Controllername 文件夹中，例如 PersonContrlller 类关联的视图保存在 Views\Person 文件夹中，在 Views 文件夹中省略了控制器的 Controller 部分。

（3）布局通常包含页眉、导航和菜单元素以及页脚，页眉和页脚通常包含许多元数据元素的模板标记以及脚本。布局文件命名要求在文件中加下画线字符"_"，保存在 Views\Shared 文件夹中，例如_layout.cshtml。默认情况下，Views 文件夹中的_ViewStart.cshtml 会被所有视图引用。

4.2.4 MVC 应用程序的执行过程

MVC 应用程序的执行过程如图 4-8 所示。

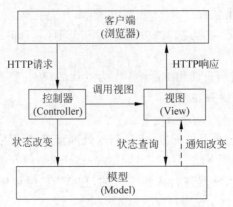

图 4-8　MVC 应用程序的执行过程

（1）用户从浏览器中输入网址来向服务器发送一个 HTTP 请求。

（2）这个请求被控制器接收。

（3）控制器对业务逻辑及数据进行处理后再调用模型，通知模型进行状态更新，然后再调用视图文件。

（4）如果模型状态发生改变，模型会告知相对应的视图。

（5）视图接到模型发出的状态改变消息后，会对模型进行查询并重新获取模型中的数据，然后再将结果返回给浏览器进行显示。

4.2.5　模型

在 MVC 应用程序中，模型指处理业务逻辑的部件，它负责对数据进行各种增加、删除、修改和查询的工作。在程序运行时，控制器和视图都需要调用模型以完成各种业务处理。

模型中的数据不仅来自数据库，像 XML 文档、Web Service 或者活动目录等都可以是模型获取数据的对象。模型除了对数据进行编辑外，还可以对用户输入的数据进行校验。

【例 4-2】　创建模型。

① 新建 MVC 项目，项目文件名为 mvcAPP，如图 4-9 所示。

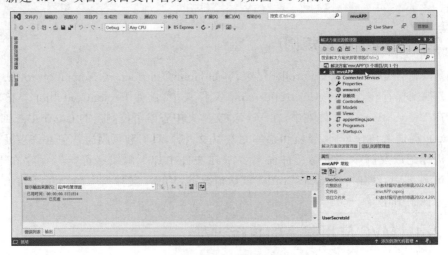

图 4-9　新建 MVC 项目

② 选择"解决方案资源管理器"中的 Models 文件夹,右击,在弹出的快捷菜单中选择选择"添加"→"类"命令,打开"添加新项-mvcAPP"对话框,如图 4-10 所示。选择中间的"类"选项,在"名称"文本框中输入 Goods.cs,最后单击"添加"按钮。

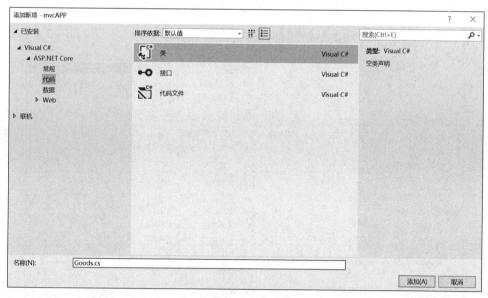

图 4-10 新建 MVC 项目

③ 该商品模型包含了一组表示数据的类和管理该数据的逻辑。打开类文件 Goods.cs 并在其中加入如下代码。

```
public class Goods
{
    public int bh { set; get; }
    public string gname { set; get; }
    public string price { set; get; }
    public string number { set; get; }
    private List<Goods> _Goods;
    public Goods Getgoods(int gbh)
    {
        return _Goods.FirstOrDefault(a => a.bh == gbh);
    }
}
```

至此,模型文件建立完成。

4.2.6 控制器

MVC 中的控制器主要负责响应客户端的请求并执行相应的行为,通知模型做数据处理工作,最后将某个视图返回给用户。下面在例 4-2 的基础上继续添加控制器。

① 选择 Controllers 文件夹,右击,在弹出的快捷菜单中选择"添加"→"控制器"命令,如图 4-11 所示。

② 在打开的对话框中选择"MVC 控制器-空"选项,单击"添加"按钮,如图 4-12 所示。

③ 输入控制器名称 GoodsController,单击"添加"按钮,如图 4-13 所示。注意,控制器

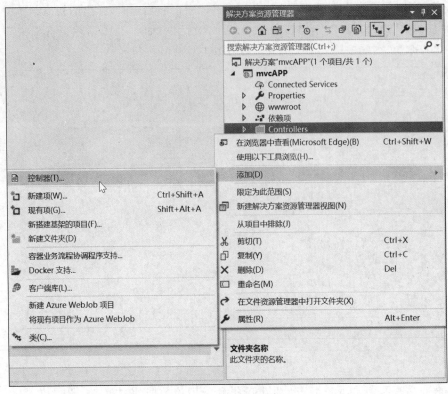

图 4-11　添加控制器 1

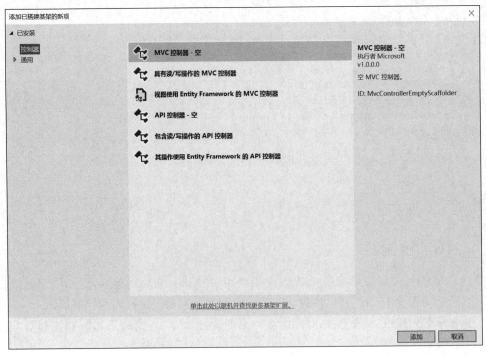

图 4-12　添加控制器 2

名称的末端一定以 Controller 结束。

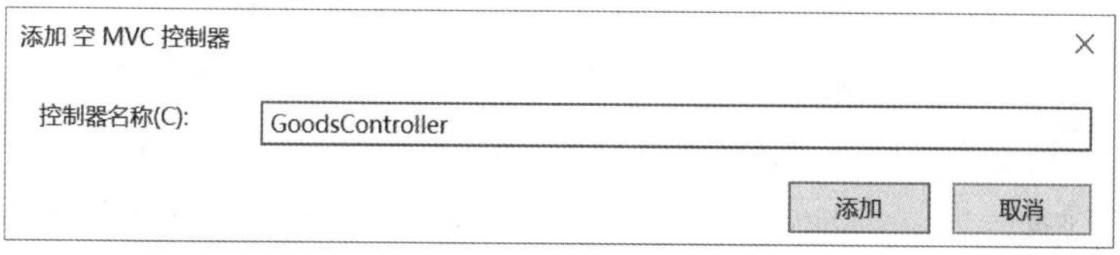

图 4-13　添加控制器 3

④ 打开控制器 GoodsController，看到的代码如下。

```
using System;
using System.Collections.Generic;
using System.Linq;
using System.Threading.Tasks;
using Microsoft.AspNetCore.Mvc;
namespace mvcAPP.Controllers
{
    public class GoodsController : Controller
    {
        public IActionResult Index()
        {
            return View();
        }
    }
}
```

在上面的代码中，IActionResult 是控制器返回的类型，它可以返回所有直接继承和间接继承的类型。ActionResult 直接继承了 IActionResult，而 JsonResult、RedirectResult、FileResult、ViewResult、ContentResult 均继承了 ActionResult，所以这些继承也是 IActionResult 的间接类型。表 4-1 列出了 IActionResult 的返回类型。

表 4-1　IActionResult 的返回类型

返回类型	说　明	示　例
ViewResult	返回一个方法为 View 的视图结果	return View();
RedirectResult	跳转到另外一个 URL，对应方法为 Redirect()	return Redirect("Index");
JsonResult	返回一个 JSON 结果，对应方法为 Json()	return Json(new {name = "json" });
ContentResult	返回文本内容	return Content("ASP.NET Core MVC");
FileResult	返回一个文件	return File(new byte[] { },"image/jpg");

4.2.7　视图

在 MVC 框架中，视图的主要作用就是为用户显示操作界面和程序运行的结果。

1. 视图文件的目录结构

视图文件按照约定被保存在 Views 文件夹下，如图 4-14 所示。

在图 4-14 中，Views 文件夹中包含了 Home 和 Shared 文件夹，其中的 Shared 是共享文件夹，里面一般存放视图运行时可能调用的布局页（Layout Page）和分部页（Partial Page）等，这些文件没有专门的控制器与之相对应。

图 4-14　Views 文件夹

Home 则是除了 Shared 文件夹外由用户手动建立的或由系统自动建立的文件夹。这些文件夹的名称与相对应的控制器的名称去掉 Controller 后一一对应。在 Home 文件夹里面的文件，如 Index.cshtml 等则是具体呈现给用户的视图文件，它们的文件主名与控制器中的方法名称相对应。

_ViewStart.cshtml 是用来指定布局页的文件。当新建一个视图文件时，如不指定具体的布局页，默认就是_ViewStart.cshtml 中指定的文件。下面是_ViewStart.cshtml 文件中的代码，它指定 Shared 文件夹下的_Layout.cshtml 作为新视图文件的布局页。

```
@{
    Layout = "_Layout";
}
```

在 Views 文件夹下的_ViewImports.cshtml 负责存放要引用的命名空间。其默认代码如下。

```
@using mvcAPP
@using mvcAPP.Models
@addTagHelper *, Microsoft.AspNetCore.Mvc.TagHelpers
```

2．视图文件的建立

下面介绍 Visual Studio 2019 建立视图的两种方法。

1）通过快捷菜单中的"添加视图"命令创建视图

① 打开例 4-2 中的 GoodsController 控制器并找到默认的 Index()方法，选中 Index()，右击，在弹出的快捷菜单中选择"添加视图"命令，如图 4-15 所示。

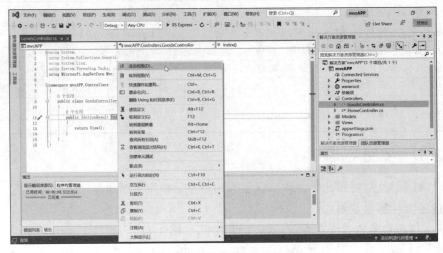

图 4-15　利用快捷菜单方式添加视图

② 在打开的"添加 MVC 视图"对话框中单击"添加"按钮，如图 4-16 所示。

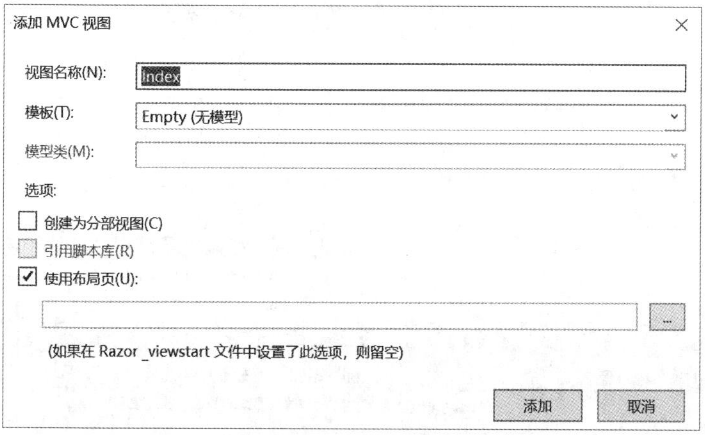

图 4-16 添加 MVC 视图

在图 4-16 的对话框中有一个"模板"选项,此项可以供用户选择一个视图模板。表 4-2是对模板的说明。

表 4-2 模板的说明

模 板 名 称	描 述 信 息
Create	创建视图,带有添加数据的页面
Delete	创建视图,带有删除数据的页面
Details	创建视图,带有一个显示详细信息的页面
Edit	创建视图,带有一个具有编辑数据的页面
Empty	创建一个不具有任何数据的视图
List	创建视图,带有一个数据列表的页面并包含编辑、删除、详细的链接

③ 添加完成视图后可打开 Views 目录下的 Goods 文件夹查看新建立的 Index. cshtml 文件,如图 4-17 所示。

2) 在 Views 文件夹下直接创建视图

① 打开例 4-2 的项目,进入 Views 文件夹,选择 Goods 文件夹,右击,在弹出的快捷菜单中选择"添加"→"视图"命令,如图 4-18 所示。

② 在"添加视图"对话框中,"视图名称"一项中要输入与控制器相对应的方法的名称,如 GoodsController 中的 Index()方法名。如图 4-16所示,然后单击"添加"按钮即可完成视图的添加。

图 4-17 完成添加

③ 运行程序,在浏览器网址后面输入/goods,按 Enter 键,然后就会看到刚建立的 Index 视图,如图 4-19 所示。

3. 强类型视图

一般情况下,视图显示的信息需要控制器提供。控制器向视图发送的数据若以模型(Model 类型)对象的形式传递,那么这个接收模型的视图就称作强类型视图。强类型视图可以使得在控制器和视图之间传递数据更方便,而不需要进行任何的数据转换。

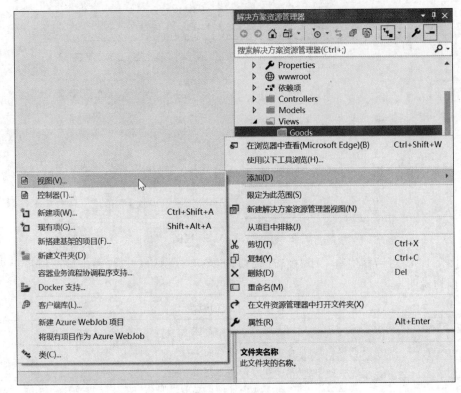

图 4-18　添加视图

图 4-19　Index 视图

【例 4-3】　建立强类型视图。

① 用 Visual Studio 2019 建立一个空的项目，项目名称为 strongview。

② 在 Models 文件夹中添加名为 course 的类，打开该类文件，输入如下代码。

```
public class course
    {
        //课程编号
        public string courseid { set; get; }
        //课程名称
        public string coursename { set; get; }
        //任课教师
        public string teacher { set; get; }
    }
```

③ 选择 Controllers 文件夹，添加 CourseController 控制器并打开该文件，在 Index()方法中添加如下代码。

```
Models.Course kc = new Models.Course();
kc.courseid = "202201";
kc.coursename = "ASP.NET Core 程序设计";
```

```
kc.teacher = "王梅";
return View(kc);
```

④ 为 Index()方法添加视图,如图 4-20 所示。

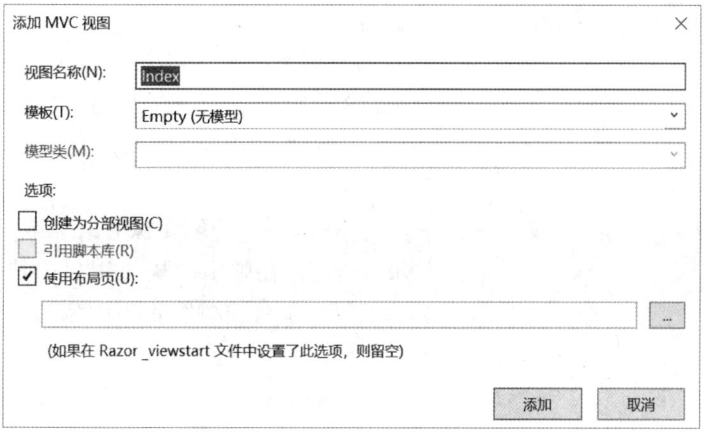

图 4-20　添加视图

⑤ 在"解决方案资源管理器"中,打开位于 Views 下的 course 文件夹中的 Index. cshtml 文件并填写如下代码。

```
@model strongview.Models.Course
@{
    Layout = null;
    }
<!DOCTYPE html>
<html>
<head>
        <meta name="viewport" content="width=device-width" />
        <title>Index</title>
</head>
<body>
    <div>
        <h3>课程信息</h3>
        课程编号: @Model.courseid<br />
        课程名称: @Model.coursename<br />
        任课教师: @Model.teacher<br />
    </div>
    </body>
</html>
```

⑥ 运行该程序,可以看到如图 4-21 所示的页面。

4. Layout 布局

在 MVC 中 Layout 是一个布局系统,它的功能等同于原来的母版页,但它的语法更加简洁和灵活。

图 4-21　运行视图

为了使整个网站风格统一,可以建立一个模板页面以供其他页面调用。这个模板页中可以包含一个或多个占位符,这些占位符在程序运行时用于显示其他视图内容。

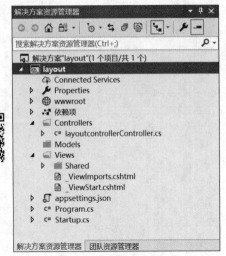

图 4-22　添加文件夹

Layout 中常用到两个方法,其中@RenderBody()用于显示调用该母版页的视图的内容,在整个布局页中只能出现一次;@RenderSection()显示指定节中的内容,可以出现多次,显示的内容应该在使用了布局页的子页面中进行定义。

【例 4-4】 Layout 的使用。

① 创建一个名为 layout 的 ASP. NET Core MVC 空项目。

② 在"解决方案资源管理器"中选中项目名称 layout,右击,在弹出的快捷菜单中选择"添加"→"新建文件夹"命令,文件夹分别为 Controllers、Models 和 Views,然后在 Controllers 文件夹下建立 layoutcontroller 控制器,在 Views 目录下建立 Shared 文件夹,如图 4-22 所示。

③ 在 Views 下的 Shared 文件夹中添加布局视图文件_layoutviews,如图 4-23 所示。

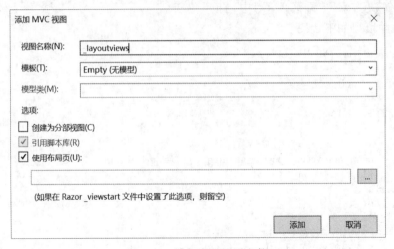

图 4-23　添加布局视图文件

④ 在_layoutviews 文件中输入如下代码。

```
<!DOCTYPE html>
<html>
<head>
    <meta name="viewport" content="width=device-width" />
    <title>@ViewBag.Title</title>
</head>
<body>
    <div>
        <h1>母版页内容</h1>
            @RenderBody()
            <footer>@RenderSection("layoutfooter")</footer>
    </div>
```

```
</body>
</html>
```

⑤ 打开 Controllers 文件夹中的 layoutController 控制器文件,为 Index()方法添加一个视图。在"添加 MVC 视图"对话框中选中"使用布局页"复选框,然后再单击路径后面的选择按钮,选择 Views 下的 Shared 文件夹里面的_layoutviews.cshtml 文件,单击"添加"按钮,如图 4-24 所示。

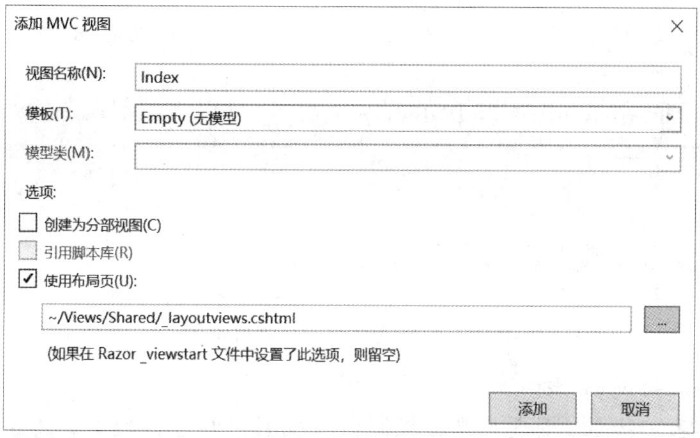

图 4-24　添加布局页

⑥ 打开 Views 下的 layout 文件夹中的 index.cshtml 文件,添加如下代码。

```
@{
  ViewData["Title"] = "Index";
  Layout = "~/Views/Shared/_layoutviews.cshtml";
}
<strong>
    引用模板页的视图页,当前显示内容将替换母版页中@RenderBody()所在的位置
</strong>
@section layoutfooter{
<strong>
引用模板页的视图页,当前显示内容将替换母版页中@RenderSection("layoutfooter")所在的位置
</strong>
}
```

⑦ 打开 Startup.cs 文件,找到 ConfigureServices()方法并添加如下命令。

```
services.AddControllersWithViews();
```

找到 Configure()方法并修改如下:

```
if (env.IsDevelopment())
        {
            app.UseDeveloperExceptionPage();
        }
        else
        {
            app.UseExceptionHandler("/Home/Error");
            // The default HSTS value is 30 days. You may want to change this for production
            //scenarios, see https://aka.ms/aspnetcore-hsts
            app.UseHsts();
```

```
    }
    app.UseHttpsRedirection();
    app.UseStaticFiles();
    app.UseRouting();
    app.UseAuthorization();
    app.UseEndpoints(endpoints =>
    {
        endpoints.MapControllerRoute(
            name: "default",
            pattern: "{controller=Layout}/{action=Index}/{id?}");
    });
```

⑧ 运行该程序,结果如图 4-25 所示。

图 4-25　Layout 布局页运行结果

5. ViewData 与 ViewBag

ViewData 与 ViewBag 都是用来在控制器与视图之间进行数据的传递。ViewData 可以把任意数据放入其中,方法为 ViewData["值"],它是一种静态类型对象,在使用过程中需要对其值进行转换;ViewBag 是一种动态类型对象,在使用时不需要进行转换,使用方法为 ViewBag.值。下面通过完成例 4-5 说明二者用法的不同。

【例 4-5】　ViewData 与 ViewBag。

① 新建 ASP.NET Core MVC 项目 view。

② 打开 HomeControllers 控制器,并在 Index()方法中输入如下代码。

```
ViewData["Data_Info"] = "这是 ViewData 传递的数据";
ViewData["Data_Date"] = DateTime.Now;
ViewBag.Bag_Info = "这是 ViewBag 传递的数据";
ViewBag.Bag_Date = DateTime.Now;
return View();
```

③ 修改视图文件 Index.cshtml,代码如下。

```
@{
    Layout = null;
}
<H3>ViewData 显示的信息<br /></H3>
@ViewData["Data_Info"]<br />
今天是:@(((DateTime)ViewData["Data_Date"]).DayOfWeek)<p />
<br />
<h3>ViewBag 显示的信息<br /></h3>
@ViewBag.Bag_Info<br />
今天是:@ViewBag.Bag_Date.DayOfWeek<p />
```

④ 运行该程序,显示的结果如图 4-26 所示。

实际上 ViewBag 就是在 ViewData 基础上添加了 Dynamic 控制。因此,它们的值可以互相访问,且只在当前方法中有效。

图 4-26　ViewData 与 ViewBag

4.2.8　模型绑定

在 MVC 应用程序中,控制器中的方法经常要与 HTTP 请求之间进行数据的传输,模型绑定(ModelBinder)就是将两者之间的数据进行转换后自动关联在一起。这样能够提高软件的开发效率,使开发工作变得更加简单。

模型绑定功能一般是由 DefaultModelBinder(模型绑定器)来实现的,它可以完成绑定的类型有简单类型、复合类型、集合类型以及字典类型。

1. 简单类型绑定

MVC 中的方法可以通过参数接收表单中传递过来的数据,方法中的参数可以是字符串、变量、实体或者是 List 类型。注意,若想绑定成功则方法中的参数名要与表单中控件的 name 属性名一致。

【例 4-6】　简单模型绑定。

① 新建 ASP.NET Core MVC 项目,项目名称为 ModelBinder。

② 打开控制器 HomeController,修改 Index()方法如下。

```
public IActionResult Index()
    {
        return View();
    }
    [HttpPost]
    public IActionResult Index(string name)
    {
        ViewBag.info = "您输入的姓名是:" + name;
        return View();
    }
```

③ 修改 Views 下的 Home 文件夹中的 Index 视图文件,代码如下。

```
@using (Html.BeginForm("Index","Home"))
{
    @:请输入姓名: < input name="name" id="id" type="text" />
        < input type="submit" value="提交" />
        < strong >@ViewBag.Info </ strong >
}
```

④ 运行程序,输入姓名后单击"提交"按钮,结果如图 4-27 所示。

图 4-27　简单类型绑定

2．复合类型绑定

如果某个类型不能被 TypeConverter 类所转换，那么它一定是复合类型。复合类型的数据绑定是通过 DefaultModelBinder 类获取所有公开属性，然后再加以绑定实现的。

【例 4-7】　复合类型绑定。

① 建立 ASP.NET Core MVC 项目，项目名称为 ModelBinder2。

② 在 Models 文件夹中建立 Student 模型文件，并输入如下代码。

```
namespace modelbinder2.Models
{
    public class student
    {
        public int stuid { get; set; }
        public string stuname { get; set; }
        public course stucourse { get; set; }
    }
    public class course
    {
        public int courseid { get; set; }
        public string coursename { get; set; }
        public float score { get; set; }
    }
}
```

③ 打开 HomeController 控制器，编辑 Index()和 Combind()方法如下。

```
public IActionResult Index()
    {
        return View("Combind");
    }
public IActionResult Combind(student model)
    {
        ViewBag.stuid = "学生编号为:" + model.stuid;
        ViewBag.stuname = "学生姓名为:" + model.stuname;
        ViewBag.score = "学生成绩为:" + model.stucourse.score;
        return View("Index");
    }
```

④ 通过 Combind()方法生成视图文件并编辑代码如下。

```
@{
    Layout = null;
}
@using (Html.BeginForm("Combind", "Home"))
{
    @:学生编号:@Html.TextBox("stuid")< br />
```

```
    @:学生姓名:@Html.TextBox("stuname")< br />
    @:学生成绩:@Html.TextBox("stucourse.score")< br />
    <input type="submit" name="submit" value="提交" />
}
```

⑤ 修改 Index 视图文件代码如下。

```
@{
    Layout = null;
}
@ViewBag.stuid< br />
@ViewBag.stuname< br />
@ViewBag.score< br />
```

⑥ 运行该程序,输入相关数据后单击"提交"按钮,结果如图 4-28 和图 4-29 所示。

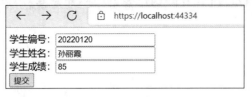

图 4-28 提交数据

图 4-29 显示结果

3. 集合类型绑定

默认的绑定器还可以实现任意集合类型的绑定,如 IList < student >、ICollection < student >、IEnumerable < student >、List < student >和 student[]等。

【例 4-8】 集合类型绑定。

建立 List 控制器并修改 Index()方法,代码如下。

```
public IActionResult Index()
    {
        return View();
    }
    [HttpPost]
    public IActionResult Index(List < student > model)
    {
        ViewBag.stuid = "学生编号为:" + model[0].stuid;
        ViewBag.stuname = "学生姓名为:" + model[0].stuname;
        ViewBag.score = "学生成绩为:" + model[0].stucourse.score;
        return View();
    }
```

创建 List 控制器的 Index()方法视图文件并修改代码如下。

```
@using (Html.BeginForm("Index", "List"))
{
    @:学生编号:@Html.TextBox("model[0].stuid")< br />
```

```
@:学生姓名:@Html.TextBox("model[0].stuname")< br />
@:学生成绩:@Html.TextBox("model[0].stucourse.score")< br />
< input type="submit" name="submit" value="提交" />
}
@ViewBag.stuid
< br />
@ViewBag.stuname
< br />
@ViewBag.score
< br />
```

从上面的代码可以看出，Index()方法的参数变成：

List< student > model

在引用模型时用 model 加上中括号和索引作为前缀，索引必须从 0 开始，并且必须连续。

至此，项目建立完成，读者可自行调试运行。

4. 字典类型绑定

【例 4-9】　字典类型绑定。

① 新建 ASP.NET Core MVC 项目，添加 Dictionary 控制器并修改 Index()方法如下。

```
public IActionResult Index()
{
    return View();
}
[HttpPost]
public IActionResult Index(Dictionary< string, student > model)
{
    ViewBag.stuid = "学生编号为:" + model["stu"].stuid;
    ViewBag.stuname = "学生姓名为:" + model["stu"].stuname;
    ViewBag.score = "学生成绩为:" + model["stu"].stucourse.score;
    return View();
}
```

② 修改 Dictionary 视图文件，代码如下。

```
@using (Html.BeginForm("Index", "Dictionary"))
{
    @:学生编号:@Html.TextBox("[0].Value.stuid")< br />
    @:学生姓名:@Html.TextBox("[0].Value.stuname")< br />
    @:学生成绩:@Html.TextBox("[0].Value.stucourse.score")< br />
    < input type="submit" name="[0].key" value="stu" />
}
@ViewBag.stuid< br />
@ViewBag.stuname< br />
@ViewBag.score< br />
```

至此，项目建立完成，读者可自行调试运行。

4.2.9　MVC 中的数据传递

在 ASP.NET MVC 中，控制器和视图之间经常会传递数据。因此，熟练、灵活地掌握这两层之间的数据传递方法非常重要。

1. 从控制器向视图传递数据

从控制器向视图传递数据的方法主要有 ViewData、ViewBag 和 TempData,其中前两种在控制器一节已做了介绍,下面主要介绍 TempData 的用法。

TempData 不仅能够在视图和方法间进行数据传递,而且在方法和方法之间也能传递数据,且数据只能被传递一次。实际上 TempData 就是一个临时数据,它被保存在 Session 中,控制器获得 Session 中的数据后会立即清除 Session 里面的值。TempData 使用格式为 TempData["值"]。下面通过一个实例来说明 TempData 的使用。

【例 4-10】 TempData 的使用。

① 新建 ASP. NET Core MVC 项目,项目名称为 tempdatacontrollers。

② 在 Controllers 中添加 tempdatacontrollers 控制器,并输入如下代码。

```
public class TempdataController : Controller
    {
        // GET: tempdata
        public IActionResult Index()
        {
            TempData["data"] = "这是从 Index()方法中传递过来的数据";
            return RedirectToAction("message");
        }
        public IActionResult message()
        {
            return View();
        }
    }
```

③ 分别添加 Index()和 message()方法的视图文件 Index. cshtml 和 message. cshtml。

④ 在 message. cshtml 视图文件中输入如下代码。

```
@{
    Layout = null;
}
<h2>现在显示的是 message 页面的内容</h2>
@(TempData["data"])
```

⑤ 运行程序,在浏览器地址后面输入 TempData 并按 Enter 键,结果如图 4-30 所示。

图 4-30 使用 TempData 进行数据传输

2. 从视图向控制器传递数据

从视图向控制器传递数据的方法有两种:使用 Request. Form 读取数据和使用模型直接读取表单数据。下面通过例 4-11 说明这两种方法的使用。

【例 4-11】 从视图向控制器传递数据。

① 建立一个名称为 V2C 的 MVC 项目。

② 打开 Controllers 文件夹并对 HomeController 控制器进行修改,代码如下。

```
public IActionResult Index()
{
    return View("RequestForm");
}
public IActionResult RequestForm()
{
    ViewBag.rfstuid = Request.Form["stuid"];
    ViewBag.rfstuname = Request.Form["stuname"];
    return View();
}
```

③ 为 RequestForm()方法添加视图，并编辑代码如下。

```
@using (Html.BeginForm("RequestForm", "Home"))
{
    <div>学号:@Html.TextBox("stuid")</div>
    <div>姓名:@Html.TextBox("stuname")</div><br />
    <input type="submit" value="提交" /><br />
    @ViewBag.rfstuid <br />
    @ViewBag.rfstuname <br />
}
```

其中 Html.BeginForm("RequestForm","Home")方法中的第一个参数表示接收表单的行为名称，第二个参数表示接收表单的控制器名称。

④ 运行程序，输入学号"20220416"和姓名"韩德章"后单击"提交"按钮，结果如图 4-31 所示。

图 4-31　Request.Form 读取数据

⑤ 现在介绍第二种数据传递的方法。继续当前项目，在 Models 文件夹中建立 Student 模型文件，并输入如下代码。

```
public class student
{
    public string stuid { get; set; }
    public string stuname { get; set; }
}
```

⑥ 在 HomeController 控制器中继续添加 modeldata()方法,代码如下。

```
public IActionResult modeldata(Student stu)
    {
        ViewBag.mdstuid = stu.stuid;
        ViewBag.mdstuname = stu.stuname;
        return View();
    }
```

⑦ 为 modeldata()方法添加视图并编写代码如下。

```
@using (Html.BeginForm("modeldata", "Home"))
{
<div>学号:@Html.TextBox("stuid")</div>
<div>姓名:@Html.TextBox("stuname")</div><br />
    <input type="submit" value="提交" /><br />
@ViewBag.mdstuid <br />
@ViewBag.mdstuname <br />
}
```

⑧ 运行程序,在浏览器地址后面添加/Home/modeldata 并按 Enter 键,结果如图 4-32 所示。

图 4-32 通过模型传送数据

4.2.10 MVC 中的过滤器

过滤器通常是指请求处理管道中特定阶段之前或之后的代码,可以处理的内容包括授权、响应缓存、防盗链、本地化、国际化等。

1. 过滤器类型

在 ASP.NET Core 中有如下 5 种过滤器。

(1) 授权过滤器(Authorization Filters):该过滤器位于所有过滤器的顶端,优先级别最高,主要作用是在管道中提供用户请求权限过滤,对不满足权限的用户将禁止请求继续传递。

(2) 资源过滤器(Resource Filters):在授权过滤器之后第一个处理请求的过滤器,该过滤器可以改变绑定模型,还可以在资源过滤器中实现缓存以提高性能。

（3）异常过滤器（Exception Filters）：当一个 ASP. NET Core MVC 应用程序运行时引发了异常，异常过滤器可以捕获该异常并进行处理。该过滤器最为常用，作用于全局范围。

（4）操作过滤器（Action Filters）：在执行 APS. NET Core MVC 应用程序中，有时为了在调用行为之前或之后执行一些逻辑处理工作，这时就会用到操作过滤器。该过滤器可以对传入的参数和结果进行设置或修改。

（5）结果过滤器（Result Filters）：在操作即将返回结果到客户端之前或者之后进行执行。

这些不同类型的过滤器执行顺序依次为授权过滤器、资源过滤器、异常过滤器、操作过滤器和结果过滤器。

2. 过滤器的注册方式

过滤器的注册方式分为如下三种。

（1）Action 注册方式。针对控制器中的某个方法并在方法上面标注特性，属于局部注册方式，例如：

```
[Authorize]
public IActionResult Index()
{
        return View();
}
```

（2）Controller 注册方式。针对一个控制器里面的所有方法并在控制器上面进行标注，例如：

```
[Authorize]
public class HomeController : Controller
    {
        public IActionResult Index()
        {
            return View();
        }
}
```

（3）全局注册方式。作用在所有控制器、行为和 Razor Page 上面，例如：

```
public void ConfigureServices(IServiceCollection services)
    {
        //全局注册异常过滤器
        services. AddControllersWithViews(option=> {
            option. Filters. Add<ExecptionFilter>();
        });
    }
```

3. 过滤器应用

现在许多 Web 应用程序在使用时都要进行登录，这里的登录指的就是用户要经过验证授权才可以访问。下面通过例 4-12 来进行说明。

【例 4-12】 登录验证。

① 打开 Visual Studio 2019，新建一个 ASP. NET Core MVC 项目，项目名称为 AFilters。

② 打开 Startup.cs 文件,在 ConfigureServices()方法中添加依赖,代码如下。

```
//配置 Session
services.AddSession(options =>
        {
                options.IdleTimeout = TimeSpan.FromMinutes(30);
                options.Cookie.HttpOnly = false;
        });
//添加 Authentication 服务
services.AddAuthentication(CookieAuthenticationDefaults.AuthenticationScheme)
        .AddCookie(options =>
        {
                options.LoginPath = new PathString("/Home/login");
        });
```

在 Configure()方法中添加 authentication 中间件,启用验证。代码如下。

```
app.UseAuthentication();
```

③ 打开 Controllers 文件夹下的 HomeController 控制器文件并添加 Login()方法,代码如下。

```
public IActionResult Login()
        {
                return View();
        }
        [HttpPost]
        public IActionResult Login(string name)
        {
                var claims = new List<Claim>();
                var indentity = new ClaimsIdentity(claims, "login");
                var principal = new ClaimsPrincipal(indentity);
                HttpContext.SignInAsync(CookieAuthenticationDefaults.AuthenticationScheme, principal);
                //验证是否授权成功
                if (principal.Identity.IsAuthenticated)
                {
                        return Redirect("/home/index");
                }
                else
                {
                        return Redirect("/home/login");
                }
        }
```

④ 分别为 Index()和 Login()方法添加视图,在 Index 视图中添加代码如下。

```
@{
    Layout = null;
}
<h3>过滤器演示</h3>
<hr />
<h2>登录成功!</h2>
@ViewBag.info_index
```

在 Login 视图中添加代码如下。

```
@{
```

```
        Layout = null;
    }
    <h2>模拟登录</h2>
    <hr />
    <div class="row">
        <div class="col-md-8">
            <section id="loginForm">
                @using (Html.BeginForm("Login", "Home", "", FormMethod.Post, true, ""))
                {
                    <div class="form-group">
                        <div class="col-md-offset-2 col-md-10">
                            <input type="submit" value="登录" class="btn btn-default" />
                        </div>
                    </div>
                }
            </section>
        </div>
    </div>
</div>
```

⑤ 运行程序。

因为 Index()方法没有加任何的限制，所以程序能够正确运行，结果如图 4-33 所示。

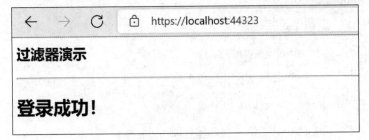

图 4-33 不加验证运行时的结果

⑥ 为 Index()方法添加验证，代码如下。

```
[Authorize(AuthenticationSchemes = CookieAuthenticationDefaults.AuthenticationScheme)]
    public IActionResult Index()
    {
        return View();
    }
```

重新运行程序，结果转到 Login 视图，如图 4-34 所示。

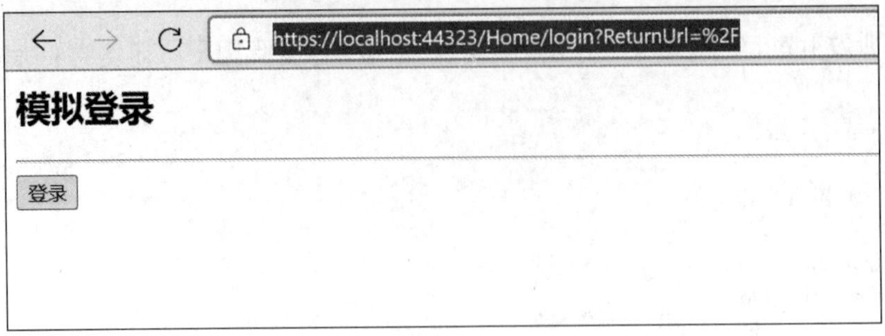

图 4-34 加验证运行时的结果

因为 Index()方法加了 Authorize 标记，当系统验证失败时会跳到 Startup. cs 中的 home 目录下的 Login 页面运行。

⑦ 单击图 4-34 中的“登录”按钮进行登录，登录过程将建立 Cookie 并通过验证，最后将转到 Index 视图，即图 4-33 窗口显示结果。

小　　结

本章主要介绍了 ASP. NET MVC 框架的基本概念及其应用。首先通过一个简单的案例介绍了 MVC 应用程序的建立过程，然后分别介绍了模型、视图和控制器的概念和使用方法，接着又介绍了在程序开发中经常使用的模型绑定的定义和实现以及数据在控制器和视图间传值的具体实现过程，最后介绍了 MVC 中过滤器的使用。

习　　题

一、作业题

1. 什么是 MVC？它具有哪些特点？
2. 简述 MVC 模式中模型、视图、控制器的作用。
3. 由控制器向视图传值都有哪些方法？

二、上机实践题

使用 Visual Studio 2019，采用 MVC 模式创建 ASP. NET Core Web 应用程序，可以显示学生个人信息，包含学生学号、学生姓名、家庭地址、联系方式等信息，如图 4-35 所示。

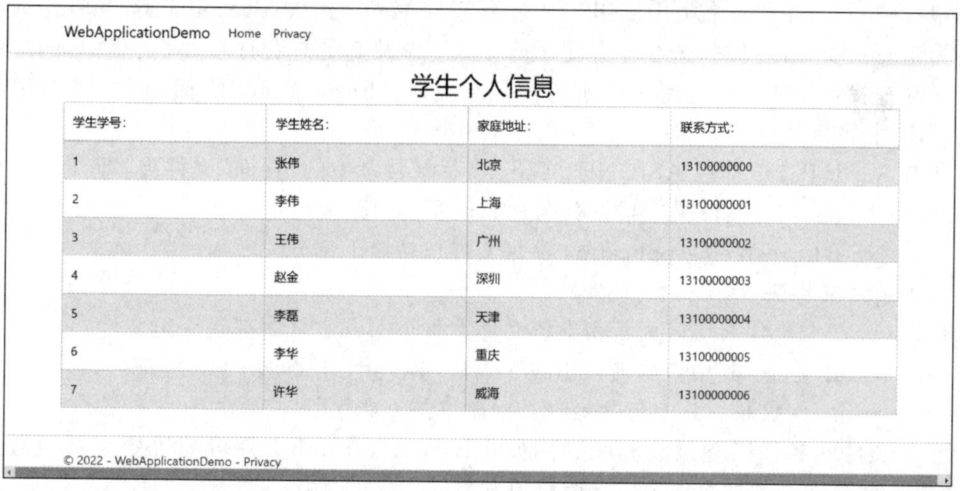
WebApplicationDemo　Home　Privacy

学生个人信息

学生学号:	学生姓名:	家庭地址:	联系方式:
1	张伟	北京	13100000000
2	李伟	上海	13100000001
3	王伟	广州	13100000002
4	赵金	深圳	13100000003
5	李磊	天津	13100000004
6	李华	重庆	13100000005
7	许华	威海	13100000006

© 2022 - WebApplicationDemo - Privacy

图 4-35　学生个人信息

Razor Pages

Razor Pages 是在 ASP. NET Core 中创建基于页面或基于窗体的应用程序的首选方法。基于 Razor Pages 的编码方式比使用控制器和视图更为轻松和高效。本章主要介绍 Razor Pages 项目、模型对象、布局、Razor 语法的概念和应用。

本章主要学习目标如下：
- 掌握 Razor Pages 项目的创建。
- 掌握模型对象的概念和应用。
- 掌握布局的概念和应用。
- 掌握 Razor 语法的概念和应用。

5.1 Razor Pages 简介

Razor Pages 简化了传统的 MVC 模式，通过使用视图与模型来完成网页的渲染和业务逻辑的处理。模型里包含了数据和方法，通过绑定技术与视图建立联系，即 Razor Pages 将操作组合在一起，并在一个类中调用一个名为 PageModel 的 ViewModel 类，并将此类链接到名为 Razor 页面的视图，这往往会使 Razor Pages 及其处理程序更小、更集中，同时可以更轻松地查找和处理更改应用程序所需的所有文件。Razor Pages 页面是 MVC 框架的一种简化应用，可以使以页面为中心的编码方案更简单、高效。

所有 Razor Pages 都在 ASP. NET Core 项目根目录中的"页面"文件夹，即/Pages 目录中。Razor Pages 在此文件夹中根据其名称和位置使用路由约定。

ASP. NET Core Web Application 项目文件包括以下部分。

1. Pages 文件夹

Pages 文件夹包含 Razor 页面和支持文件。每个 Razor 页面都是一组文件。

（1）cshtml 文件：其中包含使用 Razor 语法的 C♯代码的 HTML 标记。

（2）cshtml. cs 文件：其中包含处理页面事件的 C♯代码。

支持文件的名称以下画线开头。例如，_Layout. cshtml 文件可配置所有页面通用的 UI 元素。此文件设置页面顶部的导航菜单和页面底部的版权声明。

2. wwwroot 文件夹

wwwroot 文件夹包含静态文件，如 HTML 文件、JavaScript 文件和 CSS 文件。

3. appSettings. json

此文件包含项目配置信息，如连接字符串。

4. Program. cs

此文件包含程序的入口点。

5. Startup.cs

此文件包含配置应用行为的代码。

5.2　创建 Razor Pages

【例 5-1】　创建 Razor Pages Web 项目。

① 打开 Visual Studio 2019 应用程序,选择"创建新项目"选项,如图 5-1 所示。

图 5-1　创建新项目

② 选择"ASP.NET Core Web 应用程序"选项,单击"下一步"按钮,如图 5-2 所示。

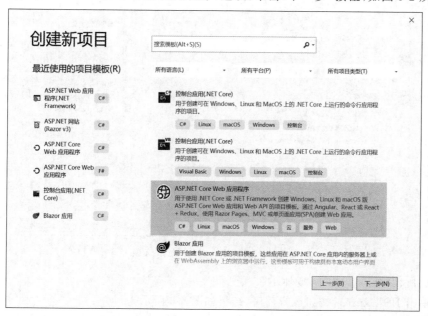

图 5-2　选择 ASP.NET Core Web 应用程序

③ 在"配置新项目"对话框中输入项目名称 RazorPagesdemo，单击"创建"按钮，如图 5-3 所示。

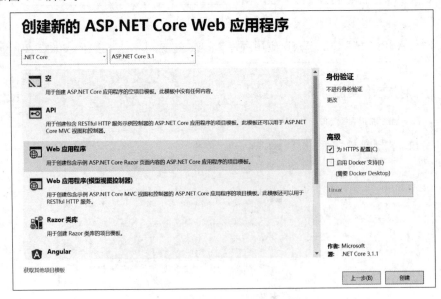

图 5-3　配置新项目

④ 在"创建新的 ASP. NET Core Web 应用程序"对话框中依次在下拉列表中选择 . NET Core 和 ASP. NET Core 3.1 选项，同时选择"Web 应用程序"选项，然后单击"创建"按钮，如图 5-4 所示。

图 5-4　选择"Web 应用程序"选项

⑤ 项目创建完成，如图 5-5 所示。

⑥ 单击 IIS Express 按钮运行程序，结果如图 5-6 所示。

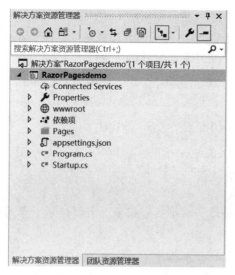

图 5-5　项目创建完成

图 5-6　应用程序运行结果

5.3　Razor 基本语法

5.3.1　Razor 语法

Razor 是一种将服务器端的代码嵌入客户端网页中的标记语法。Razor 语法由 Razor 标记、C♯ 语言和 HTML 组成，Razor 文件的扩展名为.cshtml。Razor 默认的语言为 HTML，同时支持 C♯ 和 Visual Basic，可以使用@符号从 HTML 切换到 C♯。Razor C♯ 的内联表达式（变量和函数）以@开始，代码语句用分号结束。变量使用 var 关键字声明，字符串用引号括起来。

5.3.2　Razor 表达式

Razor 能够对 C♯ 表达式进行运算并渲染为 HTML 输出。当@符号后跟 Razor 保留关键字时为 Razor 特定标记，否则会表示为 C♯ 表达式。

若要对@标记中的符号进行转义，即在 HTML 中显示@，则需使用第二个@符号，例如：

<p>@@wswk2001@sina.com</p>

该代码在 HTML 中呈现单个@符号：

```
<p>@wswk2001@sina.com</p>
```

Razor 可以避免由于 HTML 内容中包含邮件地址@符号，而误将@符号处理为转义字符。以下示例中的电子邮件地址将通过分析而保持不变：

```
<a href="mailto:wswk2001@sina.com">wswk2001@sina.com</a>
```

1. 隐式 Razor 表达式

隐式 Razor 表达式以@开始，后面为 C♯代码：

```
<p>现在时间是:@DateTime.Now</p>
<p>今年是否为闰年:@DateTime.IsLeapYear(2022)</p>
```

2. 显式 Razor 表达式

显式 Razor 表达式由@带一对小括号组成。若要显示上个月的时间，则可以使用以下标记：

```
<p>上月的时间: @(DateTime.Now-TimeSpan.FromDays(30))</p>
```

Razor 将计算@后的小括号中的所有内容，并将其显示输出。

【例 5-2】 Razor 表达式。

① 创建 RazorPagedemo 项目后，打开 Pages 文件夹下的 Index.cshtml 页面，输入 Razor 表达式内容，代码如下。

```
<div class="text-center">
    <p>@@wswk2001@sina.com</p>
    <p>现在时间是:@DateTime.Now</p>
    <p>今年是否为闰年:@DateTime.IsLeapYear(2022)</p>
    <p>上月的时间: @(DateTime.Now - TimeSpan.FromDays(30))</p>
</div>
```

② 运行该程序，结果如图 5-7 所示。

图 5-7　Razor 表达式运行结果

隐式表达式通常不能包含空格，@后面必须紧跟有效的标识符或关键字、"("或"{"等。
③ 在本例中再添加一行代码，如下。

```
<p>上月时间: @DateTime.Now - TimeSpan.FromDays(30)</p>
```

运行后结果如图 5-8 所示。

可以看出，因为去掉了括号，代码只输出了 @DateTime.Now 表达式的值，@DateTime.Now 后面的语句原样输出了。

3. 表达式编码

C♯表达式计算结果是字符串时会采用 HTML 编码；如果为 IHtmlContent，则通过

图 5-8 结果对比

IHtmlContent.WriteTo 渲染到页面；如果不是 IHtmlContent，则通过 ToString 转换为字符串并在渲染前进行编码。

【例 5-3】 表达式编码。

① 新建 RazorPagedemo 项目，打开 Pages 文件夹下的 Index.cshtml 页面，输入如下代码。

```
< div class = "text-center">
    @("< span > Razor Pages 是一种新型的 Web 框架</ span>")
</ div>
```

运行后显示结果如图 5-9 所示。

图 5-9 表达式编码运行结果

② 如果想以 HTML 标记进行输出，则需要加上 Html.Raw()方法，将上面代码修改如下。

```
< div class = "text-center">
    @Html.Raw("< span > Razor Pages 是一种新型的 Web 框架</ span>")
</ div>
```

再次运行该程序，结果如图 5-10 所示。

图 5-10 使用 Html.Raw()方法运行结果

5.3.3 Razor 代码块

1. 代码块定义

Razor 代码块包含在@{…}中，代码块内的 C # 代码不会渲染到页面中。与表达式不同，Razor 页面中的代码块和表达式将共享同一个作用域并按顺序定义。

【例 5-4】 Razor 代码块。

① 创建 RazorPagedemo 项目，打开 Pages 文件夹下的 Index.cshtml 页面，输入 Razor

代码块内容，如下所示。

```
<div class="text-center">
    @{
        var quote = "课程名称：C++程序设计";
    }
    <p>@quote</p>
    @{
        quote = "课程名称：ASP.NET Core程序设计";
    }
    <p>@quote</p>
</div>
```

② 运行该程序，结果如图 5-11 所示。

图 5-11　Razor 代码块运行结果

③ 在代码块中，可以使用标记将本地函数声明为模板化方法，代码如下所示。

```
<div class="text-center">
    @{
        void RenderName(string name)
        {
            <p>姓名：<strong>@name</strong></p>
        }
        RenderName("李志伟");
        RenderName("赵宏杰");
    }
</div>
```

④ 运行该程序，结果如图 5-12 所示。

图 5-12　函数模板化运行结果

2. 隐式转换

代码块中的默认语言是 C♯，但 Razor 可随时将页面切换到 HTML，并且代码块内 HTML 标记能够被正确渲染和执行。

【例 5-5】　隐式转换。

① 创建 RazorPagedemo 项目,打开 Pages 文件夹下的 Index. cshtml 页面,输入如下代码。

```
<div class="text-center">
    @{
        var inScore = "A+";
        <p>王洪明同学在本次考试中的成绩为 @inScore </p>
    }
</div>
```

② 运行该程序,结果如图 5-13 所示。

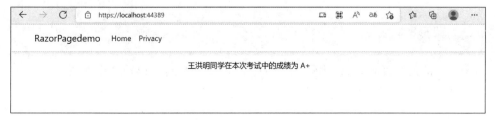

图 5-13 Razor 隐式转换运行结果

3. 带分隔符的显式转换

如果要在代码块中定义需要渲染的 HTML 的子区域,应用 Razor <text>标记包含要渲染的字符。使用此方法可渲染未使用 HTML 标记的 HTML 内容,用于在渲染内容时控制空格。此语句仅渲染标记之间的内容,标记之前或之后的空格不会显示在 HTML 中。

【例 5-6】 带分隔符的显式转换。

① 创建 RazorPagedemo 项目,打开 Pages 文件夹下的 Index. cshtml 页面,输入如下代码。

```
<div class="text-center">
        @{
            var tree1 = "杨树";
            var tree2 = "柳树";
            var tree3 = "槐树";
        }
        <text>北方常见的树种有:@tree1 @tree2 @tree3 </text>
</div>
```

② 运行该程序,结果如图 5-14 所示。

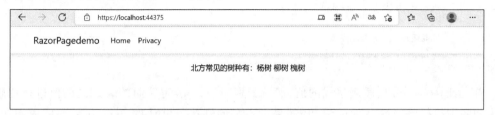

图 5-14 带分隔符的显式转换运行结果

5.3.4 Razor 控制语句

控制语句是对代码块的扩展,用于对程序流程的控制。

1. 条件结构

条件语句用到的命令包括 @if、else if、else 和@switch。

几种常见的条件结构如下。

1）标准 if 结构

语法如下：

```
@if(表达式)
    {
        代码块 1;
    }else
        {
        代码块 2;
        }
```

当表达式的值为真时，执行代码块 1 中的语句，否则执行代码块 2 中的语句。

2）嵌套 if 结构

语法如下：

```
@if(表达式 1)
    {
        代码块 1;
    }else if (表达式 2)
        {
            代码块 2;
        }
    else
        {
            代码块 3;
        }
```

当表达式 1 的值为真时执行代码块 1 中的语句，否则继续判断表达式 2 的值，当表达式 2 的值为真时执行代码块 2，否则执行代码块 3。

3）switch 结构

语法如下：

```
@switch (表达式)
    {
        case 1:表达式 1;break;
        case 2:表达式 2;break;
        …
        case n:表达式 n;break;
        default:表达式 n+1;break;
    }
```

首先计算 switch 后面表达式的值，然后分别与 case 语句后面的表达式的值进行比较，如果相同则执行该 case 后面的语句，如果都不相同则执行默认的 default 后面的语句。该语句适合于三种及三种以上的多分支情况。

【例 5-7】 已知学生成绩，当成绩大于或等于 85 分时为优秀，当成绩大于或等于 60 分并且成绩小于 85 分时为合格，当成绩小于 60 分时为不合格，用 if 和 switch 两种方法编写代码并输出结果。

① 创建 RazorPagedemo 项目，打开 Pages 文件夹下的 Index.cshtml 页面，输入如下代码。

```
<div class="text-center">
    @{
        var cj = 85;
    }
    @if (cj < 60)
    {
        <p>该同学成绩为"不合格"</p>
    }
    else if (cj >= 60 && cj < 85)
    {
        <p>该同学成绩为"合格"</p>
    }
    else
    {
        <p>该同学成绩为"优秀"</p>
    }

    @switch (cj / 10)
    {
        case 10:
        case 9:
        case 8:<p>该同学成绩为"优秀"</p>; break;
        case 7:
        case 6:<p>该同学成绩为"合格"</p>; break;
        default: <p>该同学成绩为"不合格"</p>;break;
    }
</div>
```

② 运行该程序，结果如图 5-15 所示。

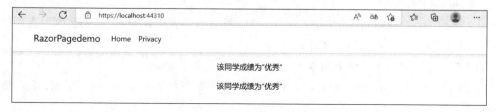

图 5-15　条件语句运行结果

2. 循环结构

循环结构用到的命令包括@for、@foreach、@while 和@do…while。

几种常见的循环结构如下。

1) for 结构

语法如下：

```
@for([初始化表达式];[条件表达式];[迭代表达式])
{
    语句块;
}
```

该结构语句运行时首先执行初始化表达式且只执行一次，接着执行条件表达式，如果为真则执行语句块,语句块执行结束后执行迭代表达式,然后再回到条件表达式进行判断。如果为假则结束 for 循环。

2) foreach 结构

语法如下:

```
@foreach(类型 变量名 in 集合名)
{
    语句块;
}
```

该结构语句可以遍历集合中的所有元素。每次进行循环遍历时该语句就会从集合中取出一个新的元素值放到只读变量中去,然后执行语句块。当集合中的所有元素都已经被访问到,整个表达式的值即为假值,控制流程就会从 foreach 中退出。

3) while 结构

语法如下:

```
@while(条件表达式)
{
    语句块;
}
```

该结构语句首先判断条件表达式的值,如果该值为真则执行语句块,否则退出该 while 循环。

4) do…while 结构

语法如下:

```
@do
{
    语句块;
} while (条件表达式);
```

该结构语句首先执行语句块中的语句,然后判断条件表达式的值,如果该值为真则继续执行语句块,否则退出该 while 循环。

【例 5-8】 使用 for 结构语句求 1～100 中所有素数之和。

① 创建 RazorPagedemo 项目,打开 Pages 文件夹下的 Index. cshtml 页面,输入如下代码。

```
<div class="text-center">
    @{
        var sum = 0;
        var flag = true;
    }
    @for (var i = 2; i <= 100; i++)
    {
        flag = true;
        @for (var j = 2; j < i - 1; j++)
        {
            if (i % j == 0)
            {
                flag = false;
                break;
```

```
            }
        }
        if (flag)
        {
            sum = sum + i;
        }
    }
    <p>1～100 中素数的和为 @sum </p>
    </div>
```

② 运行该程序,结果如图 5-16 所示。

图 5-16　for 循环语句运行结果

5.3.5　Razor 复合语句

在 C♯ 中,using 语句用于确保对象被正确释放。在 Razor 中,可使用相同的机制来创建包含附加内容的 HTML 帮助程序。

【例 5-9】　Razor 复合语句。

① 创建 RazorPagedemo 项目,打开 Pages 文件夹下的 Index. cshtml 页面,输入如下代码。

```
<div class="text-center">
    @using (Html. BeginForm())
    {
        <div>
            <p>
                用户名:<input type="text" id="user" value="">
            </p>
            <p>
                密 码:<input type="text" id="password" value="">
            </p>
            <p>
                <button>登录</button>
            </p>
        </div>
    }
</div>
```

在上面的代码中,HTML 帮助程序使用@using 语句呈现<form>标记。

② 运行该程序,结果如图 5-17 所示。

5.3.6　Razor 异常处理

Razor 异常处理与 C♯ 语法相似,使用@前缀声明即可。语法如下。

```
@try
```

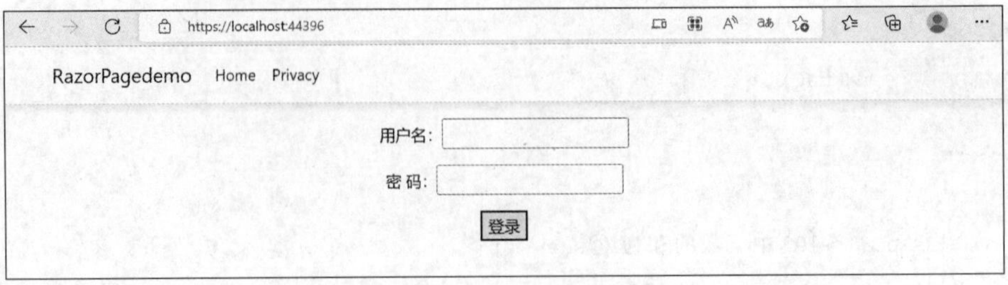

图 5-17　复合语句运行结果

```
{
    //可能导致异常的语句
}
catch (Exception ex)
{
    //处理异常的语句
}
finally
{
    //清理代码
}
```

【例 5-10】　Razor 异常处理。

① 创建 RazorPagedemo 项目，打开 Pages 文件夹下的 Index. cshtml 页面，输入如下代码。

```
<div class="text-center">
    @try
    {
        throw new InvalidOperationException("异常操作");
    }
    catch (Exception ex)
    {
        <p>出现错误的信息：@ex. Message</p>
    }
    finally
    {
        <p>执行清理代码</p>
    }
</div>
```

② 运行该程序，结果如图 5-18 所示。

图 5-18　异常语句运行结果

5.3.7　Razor 注释语句

（1）Razor 支持 C♯和 HTML 语法的注释，如符合 C♯语法规定的单行和多行注释方式：

```
@{
    // <p>单行注释</p>
    /* <p>
        多行
        注释
    </p>
    */
}
```

符合 HTML 语法规定的注释方式：

<!--HTML 语句注释-->

（2）Razor 自身特有的注释。

语法格式为：

@*注释的内容*@

该注释支持单行和多行，示例如下。

```
@{
    @* <p>单行注释</p> *@
    @* <p>
            多行
            注释
        </p>
    *@
}
```

5.4 Razor 页面实现

在本节中将通过一个图书管理的例子来说明如何创建基于 Razor 页面添加、修改和删除页面的实现过程。

5.4.1 添加模型

对于简单的 Razor 应用只要在文档中加入@page 指令，并将其放在 Pages 目录下就可以通过 URL 进行访问。如果涉及复杂的业务逻辑就需要创建页面模型类编写独立的代码，使得视图和代码分离。页面模型类需要从 Page Model 类派生，通过约定的方法与视图交互，页面视图通过 handler 的路由参数调用这些方法，方法的命名规则如下。

On<HTTP method><handler name>[Async]

- 方法以 On 开始。
- HTTP method 参数为 GET、POST、DELETE 等。
- handler name 为方法的正式名称，可以直接作为路由参数 handler 的值。
- Async 表示为异步方法，此项为可选项。

【例 5-11】 建立图书管理页面图书模型。

① 在 Visual Studio 2019 中新建 Razor Pages 项目，项目的名称为 books。

② 在项目名称下新建一个 data 目录，在该目录下新建 Bookinfo 实体类并添加以下代码。

```
public class Bookinfo
{
        public int bid { get; set; }
        public string bname { get; set; }
        public string ISBN { get; set; }
        public string author { get; set; }
        public string press { get; set; }
        public DateTime pubtime { get; set; }
}
```

③ 在 data 目录下新建 IBookinfoRepository 接口文件，添加 Get()、Add()、Update()和 Delete()四个方法，代码如下所示。

```
public interface IBookinfoRepository
{
    List < Bookinfo > List();
    Bookinfo Get(int id);
    bool Add(Bookinfo bookinfo);
    bool Update(Bookinfo bookinfo);
    bool Delete(int id);
}
```

④ 在 data 目录下新建 BookinfoRepository 类，实现 IBookinfoRepository 接口，并且使用静态变量保存的数据，模拟数据库中的数据，代码如下所示。

```
public class BookinfoRepository : IBookinfoRepository
{
        private static List < Bookinfo > books = new List < Bookinfo > {
                new Bookinfo{ bid = 1, bname = "ASP. NET 程序设计基础教程", ISBN =
"9787302322108", author="陈长喜", press="清华大学出版社", pubtime=DateTime.Parse("2013-
08-01")},
                new Bookinfo{ bid = 2, bname = "ASP. NET 程序设计高级教程", ISBN =
"9787302476351", author="陈长喜", press="清华大学出版社", pubtime=DateTime.Parse("2017-
10-01")}
        };
        public bool Add(Bookinfo bookinfo)
        {
            books. Add(bookinfo);
            return true;
        }
        public bool Delete(int id)
        {
            var book = books.FirstOrDefault(s => s.bid == id);
            if (book != null)
            {
                books. Remove(book);
            }
            return true;
        }
        public Bookinfo Get(int id)
        {
            return books. FirstOrDefault(s => s. bid == id);
```

```
        }
        public List < Bookinfo > List( )
        {
            return books;
        }
        public bool Update(Bookinfo bookinfo)
        {
            var book = books. FirstOrDefault(s => s. bid == bookinfo. bid);
            if (book != null)
            {
                books. Remove(book);
            }
            books. Add(bookinfo);
            return true;
        }
    }
```

至此,books 模型文件建立完成,其目录结构如图 5-19 所示。

图 5-19 books 模型文件的目录结构

5.4.2 显示页面

【例 5-12】 在例 5-11 的基础上添加列表图书页面。

① 在项目 Pages 目录下新建 Bookinfo 文件夹。选择 Bookinfo 文件夹,右击,在弹出的快捷菜单中选择"添加"→"Razor 页面"命令,如图 5-20 所示。

② 在"添加已搭建基架的新项"对话框中选择 Razor 页面,单击"添加"按钮,如图 5-21 所示。

③ 在"添加 Razor 页面"对话框中添加 Razor 页面的名称为 List,并在下面的"选项"中选中"生成 PageModel 类"复选框,单击"添加"按钮,如图 5-22 所示。

④ 打开 List. cshtml 页面,填写如下代码。

```
< table class = "table">
    < tr >
        < th >序号</ th >
        < th >书名</ th >
        < th > ISBN </ th >
```

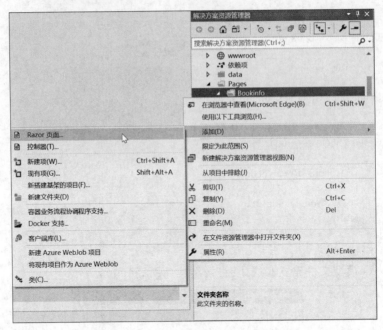

图 5-20　选择"添加"→"Razor 页面"命令

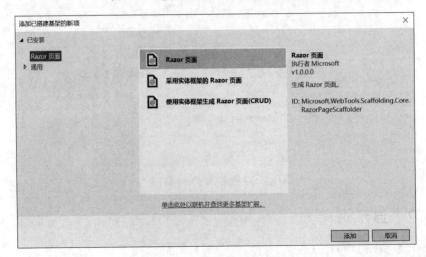

图 5-21　选择 Razor 页面

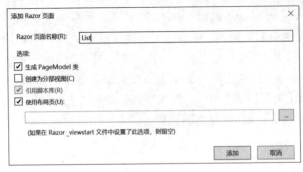

图 5-22　添加 Razor 页面

```
            <th>作者</th>
            <th>出版社</th>
            <th>出版时间</th>
            <th></th>
        </tr>
        @foreach (var book in Model.bookinfo)
        {
    <tr>
        <td>@book.bid</td>
        <td>@book.bname</td>
        <td>@book.ISBN</td>
        <td>@book.author</td>
        <td>@book.press</td>
        <td>@book.pubtime</td>
        <td>
            <a class="btn btn-primary" asp-page="Add">添加</a>
            <a class="btn btn-primary" asp-page="Update" asp-route-id="@book.bid">修改</a>
            <a class="btn btn-danger" href="/bookinfo/delete?id=@book.bid">删除</a>
        </td>
    </tr>
        }
</table>
```

⑤ 打开 List.cshtml.cs 文件，修改 ListModel 类代码，如下所示。

```
public class ListModel : PageModel
    {
        public void OnGet()
        {
            bookinfo = _bookinfoRepository.List();
        }
        private readonly IBookinfoRepository _bookinfoRepository;
        public List<Bookinfo> bookinfo { get; set; }
        public ListModel(IBookinfoRepository bookinfoRepository)
        {
            _bookinfoRepository = bookinfoRepository;
        }
    }
```

⑥ 打开 Startup.cs 文件，在 ConfigureServices()方法中注册 repository，代码如下所示。

```
public void ConfigureServices(IServiceCollection services)
    {
        services.AddRazorPages();
        //注册 repository
        services.AddScoped<IBookinfoRepository, BookinfoRepository>();
    }
```

⑦ 调试、运行该程序，在现有浏览器地址后面输入/bookinfo/list 并按 Enter 键，结果如图 5-23 所示。

List.cshtml.cs 文件即 ListModel 类，该类具备 MVC 中的 Controller 和 Model 的概念，其包含的数据可以用来生成 Razor 视图；包含方法可以用来处理业务逻辑，此方法可以认为是 Controller 中的 Action。

图 5-23　图书信息显示页面

以上示例中，使用 Razor Pages 的 asp-page 属性实现页面跳转，如：

＜a class＝"btn btn-primary" asp-page＝"Add"＞添加 ＜/a＞

在 a 元素上添加了 asp-page＝"Add"，表示单击添加链接会跳转到 Add 页面。

使用 Razor Pages 的 asp-route-id 属性可以完成页面间的参数传递。例如"修改"按钮，需要跳转至 Update 页面并且传递一个 id 参数，代码如下所示。

＜a class＝"btn btn-primary" asp-page＝"Update" asp-route-id＝"@book.bid"＞修改＜/a＞

5.4.3　添加页面

【例 5-13】　在例 5-12 的基础上添加图书信息页面。

① 打开例 5-12 项目后在 Bookinfo 文件夹中添加 Razor 页面，页面名称为 Add。

② 打开 Add.cshtml 添加页面并填写如下代码。

```
＜form method＝"post"＞
    ＜div class＝"form-group"＞
        ＜label＞序号＜/label＞
        ＜input type＝"number" asp-for＝"bookinfo.bid" class＝"form-control" /＞
    ＜/div＞
    ＜div class＝"form-group"＞
        ＜label＞书名＜/label＞
        ＜input type＝"text" asp-for＝"bookinfo.bname" class＝"form-control" /＞
    ＜/div＞
    ＜div class＝"form-group"＞
        ＜label＞ISBN＜/label＞
        ＜input type＝"number" asp-for＝"bookinfo.ISBN" class＝"form-control" /＞
    ＜/div＞
    ＜div class＝"form-group"＞
        ＜label＞作者＜/label＞
        ＜input type＝"text" asp-for＝"bookinfo.author" class＝"form-control" /＞
    ＜/div＞
    ＜div class＝"form-group"＞
        ＜label＞出版社＜/label＞
        ＜input type＝"text" asp-for＝"bookinfo.press" class＝"form-control" /＞
    ＜/div＞
    ＜div class＝"form-group"＞
        ＜label＞出版时间＜/label＞
        ＜input type＝"text" asp-for＝"bookinfo.pubtime" class＝"form-control" /＞
    ＜/div＞
    ＜div class＝"form-group"＞
```

```
            <button type="submit" class="btn btn-primary" asp-page-handler="Save">保存
</button>
            <a asp-page="list" class="btn btn-dark">取消</a>
        </div>
</form>
```

③ 打开 Add.cshtml.cs 文件,修改 AddModel 类代码,如下所示。

```
public class AddModel : PageModel
    {
        public void OnGet()
        {
        }
        private readonly IBookinfoRepository _bookinfoRepository;
        public AddModel(IBookinfoRepository bookinfoRepository)
        {
            _bookinfoRepository = bookinfoRepository;
        }
        [BindProperty]
        public Bookinfo bookinfo { get; set; }
        public IActionResult OnPostSave()
        {
            _bookinfoRepository.Add(bookinfo);
            return RedirectToPage("List");
        }
    }
```

④ 调试、运行该程序,在现有浏览器地址后面输入/bookinfo/add 并按 Enter 键,结果如图 5-24 所示。

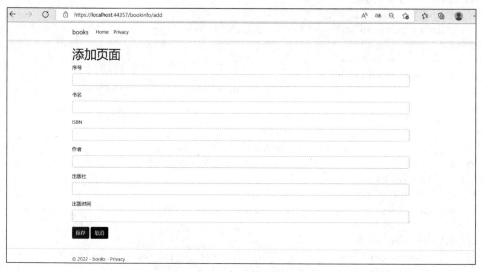

图 5-24　添加图书信息页面

在"添加页面"页面中输入相关数据后单击"保存"按钮,系统将保存当前数据并返回到 List 显示页面。

在 Add.cshtml 页面中通过使用 asp-page-handler="Save"映射模型中的 OnPostSave() 方法。

```
public IActionResult OnPostSave()
        {
                _bookinfoRepository.Add(bookinfo);
                return RedirectToPage("List");
        }
```

添加的图书信息需要从前端传递到后端并进行提取，使用 BindProperty 来完成提交的表单数据与模型属性之间的映射，实现简单的前后端绑定。其代码如下。

```
[BindProperty]
        public Bookinfo bookinfo { get; set; }
```

5.4.4　修改页面

【例 5-14】　在例 5-13 的基础上实现修改图书信息页面。

① 打开例 5-13 项目后在 Bookinfo 文件夹中添加 Razor 页面，页面名称为 Update。

② 打开 Update.cshtml 修改页面并填写如下代码。

```
<form method="post">
    <div class="form-group">
        <label>序号</label>
        <input type="number" asp-for="book.bid" class="form-control" />
    </div>
<div class="form-group">
    <label>书名</label>
    <input type="text" asp-for="book.bname" class="form-control" />
</div>
<div class="form-group">
    <label>ISBN</label>
    <input type="number" asp-for="book.ISBN" class="form-control" />
</div>
<div class="form-group">
        <label>作者</label>
        <input type="text" asp-for="book.author" class="form-control" />
</div>
<div class="form-group">
    <label>出版社</label>
    <input type="text" asp-for="book.press" class="form-control" />
</div>
<div class="form-group">
    <label>出版时间</label>
    <input type="text" asp-for="book.pubtime" class="form-control" />
</div>
<div class="form-group">
        <button type="submit" class="btn btn-primary" asp-page-handler="Edit">保存</button>
        <a asp-page="list" class="btn btn-dark">取消</a>
    </div>
</form>
```

③ 打开 Update.cshtml.cs 文件，修改 UpdateModel 类代码，如下所示。

```
public class UpdateModel : PageModel
    {
        [BindProperty]
```

```
public Bookinfo book { get; set; }
public void OnGet(int id)
{
    book = _bookinfoRepository.Get(id);
}
private readonly IBookinfoRepository _bookinfoRepository;
public UpdateModel(IBookinfoRepository bookinfoRepository)
{
    _bookinfoRepository = bookinfoRepository;
}
public IActionResult OnPostEdit()
{
    _bookinfoRepository.Update(book);
    return RedirectToPage("list");
}
```

④ 调试、运行该程序,在现有浏览器地址后面输入/bookinfo/list并按 Enter 键,显示图书列表页面,在该页面中单击序号为 1 的记录中的"修改"按钮跳转到修改页面,结果如图 5-25 所示。

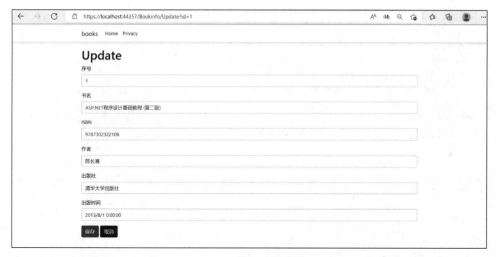

图 5-25 修改图书信息

⑤ 在图书修改页面将书名"ASP.NET 程序设计基础教程"修改为"ASP.NET 程序设计基础教程(第二版)",然后单击"保存"按钮,程序将返回图书列表页面,此时会看到已完成序号为 1 的记录中的书名被修改,如图 5-26 所示。

5.4.5 删除页面

【例 5-15】 在例 5-14 的基础上实现删除图书信息页面。

① 打开例 5-14 项目后在 Bookinfo 文件夹中添加 Razor 页面,页面名称为 Delete。

② 打开 Delete.cshtml 删除页面并填写如下代码。

```
<h2 class="text-danger">
    确定删除?
</h2>
```

图 5-26 完成图书信息修改

```html
< form method="post">
    < div class="form-group">
        序号：@Model.Bookinfo.bid
    </div>
    < div class="form-group">
        书名：@Model.Bookinfo.bname
    </div>
    < div class="form-group">
        ISBN：@Model.Bookinfo.ISBN
    </div>
    < div class="form-group">
        作者：@Model.Bookinfo.author
    </div>
    < div class="form-group">
        出版社：@Model.Bookinfo.press
    </div>
    < div class="form-group">
        出版时间：@Model.Bookinfo.pubtime
    </div>
    < div class="form-group">
        < button type="submit" class="btn btn-primary" asp-page-handler="Delete" asp-route-id="@Model.Bookinfo.bid">删除</button>
        < a asp-page="list" class="btn btn-dark">取消</a>
    </div>
</form>
```

③ 打开 Delete.cshtml.cs 文件，修改 DeleteModel 类代码如下。

```csharp
public class DeleteModel : PageModel
    {
        public Bookinfo Bookinfo { get; set; }
        public void OnGet(int id)
        {
            Bookinfo = _bookinfoRepository.Get(id);
        }
        private readonly IBookinfoRepository _bookinfoRepository;
        public List<Bookinfo> bookinfo { get; set; }
        public DeleteModel(IBookinfoRepository bookinfoRepository)
        {
            _bookinfoRepository = bookinfoRepository;
        }
        public IActionResult OnPostDelete(int id)
        {
```

```
            _bookinfoRepository.Delete(id);
            return RedirectToPage("list");
        }
    }
```

④ 调试、运行该程序，在现有浏览器地址后面输入/bookinfo/list 并按 Enter 键，显示图书列表页面，在该页面中单击序号为 1 的记录中的"删除"按钮跳转到删除页面，结果如图 5-27 所示。

图 5-27　删除图书信息页面

单击"删除"按钮将删除当前记录并返回列表页。

5.5　Razor 中的布局

5.5.1　布局文件

大多数 Web 应用都具有一个通用布局，在页面间切换时为用户提供一致性体验。该布局通常包括应用导航或菜单元素以及页脚等常见的用户界面元素。应用中的页面也经常使用常见的 HTML 结构，如脚本和样式表。所有这些共享元素都可以在布局文件中定义，然后在 Web 应用内使用的视图都可以引用该布局文件，减少视图中的重复代码。项目解决方案中可以定义多个布局，其中不同的视图可以指定不同的布局。

Razor Pages 应用程序的默认布局文件名为 _Layout.cshtml，该文件存在于项目根目录中 Pages/Shared 文件夹下，如图 5-28 所示。

图 5-28　Razor 布局文件

5.5.2 布局规则

1. 指定布局

指定的布局可以使用完整路径和部分名称。例如/Pages/Shared/_Layout. cshtml 或 _Layout。使用部分名称时，Razor 视图引擎首先搜索处理程序方法（或控制器）所在的文件夹，然后搜索 Shared 文件夹。

HTML 可以将某个位置指定的布局模板应用到整个项目的多个页面中。布局模板中会使用标签 @RenderBody()和@RenderSection()，RenderBody 是一个占位符，它可以显示子页面的全部内容，其代码如下所示。

```
< div class="container">
    < main role="main" class="pb-3">
        @RenderBody()
    </main>
</div>
```

布局可以通过调用 RenderSection 来选择引用一个或多个节。节通过方法来组织某些页面元素放置的位置，即在母版页中占一个位置来解决页面不同布局的问题。每次调用 RenderSection()时可通过 required 指定该部分是必需还是可选，其中 required 默认为 true，表示引用这个布局页的所有 View 必须含有该 Section，若设为 false 则表示可以有也可以没有，示例代码如下。

```
< script type="text/javascript" src="~/scripts/global. js"></script>
@RenderSection("Scripts", required: false)
```

2. 导入共享指令

在视图和页面中可以使用 Razor 指令导入命名空间。由多个视图共享的操作可以在 _ViewImports. cshtml 文件中进行指定，代码如下所示。

```
@using layout
@namespace layout. Pages
@addTagHelper *, Microsoft. AspNetCore. Mvc. TagHelpers
```

_ViewImports 文件不支持函数和节定义，但是支持以下指令：@addTagHelper、@removeTagHelper、@tagHelperPrefix、@using、@model、@inherits、@inject，代码如下。

```
@using WebApplication1
@using WebApplication1. Models
@using WebApplication1. Models. AccountViewModels
@using WebApplication1. Models. ManageViewModels
@using Microsoft. AspNetCore. Identity
@addTagHelper *, Microsoft. AspNetCore. Mvc. TagHelpers
```

_ViewImports. cshtml 文件一般放在 Pages 或 Views 文件夹中。该文件只能应用于所在文件夹及其子文件夹中的页面或视图。如果在文件层次结构中找到多个_ViewImports. cshtml 文件，则指令的规则如下。

@addTagHelepr、@removeTagHelper：按顺序全部运行；

@tagHelperPrefix：距离视图最近的 tagHelperPrefix 会覆盖任何其他 tagHelperPrefix；

@model：距离视图最近的 model 会覆盖任何其他 model；

@inherits：距离视图最近的 inherits 会覆盖任何其他 inherits；

@using：全部包括在内，忽略重复项；

@inject：针对每个属性，最接近视图的属性会替代具有相同属性名的其他属性。

3．先于视图文件之前执行

_ViewStart．cshtml 会在所有视图被执行之前运行，如一些不便或不能在母版页中进行的统一操作可以将这些代码置于_ViewStart．cshtml 文件中。通常这些应用级别版本的文件应直接放置在 /Pages(或/Views)文件夹中。

_ViewStart．cshtml 与 _ViewImports．cshtml 文件类似，也采用分层结构。如果在 View 的某个目录下(例如 Home 目录)存在一个同名的_ViewStart．cshtml 文件，那么这个_ViewStart 文件也会被调用，但最先调用根目录下的_ViewStart 文件，然后才是 Home 目录下的_ViewStart 文件。

5.5.3　使用布局

【例 5-16】　使用布局。

① 打开例 5-15 项目，选择 Pages/Shared 目录，右击，在弹出的快捷菜单中选择"添加"→"新建项"命令，如图 5-29 所示。

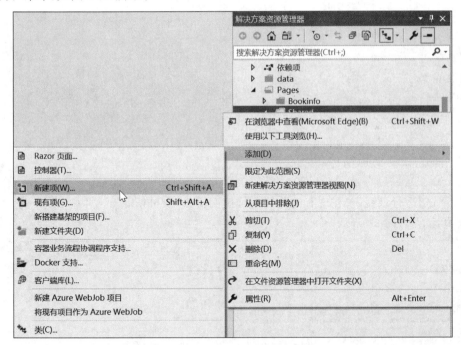

图 5-29　添加新建项

② 选择"Razor 布局"选项，文件名称默认为_Layout1．cshtml，单击"添加"按钮，如图 5-30 所示。

③ 修改_Layout1．cshtml，代码如下。

```html
<html>
    <head>
        <meta name="viewport" content="width=device-width" />
```

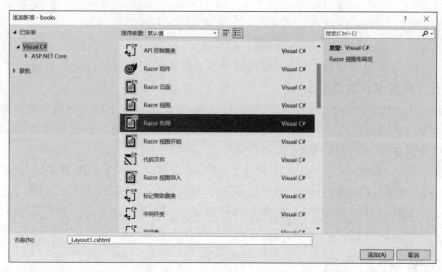

图 5-30　添加 Razor 布局

```
        <title>@ViewBag.Title</title>
    </head>
<body>
        <h1>图书信息</h1>
        <div id="mainDiv">
            @RenderBody()
        </div>
</body>
</html>
```

④ 设置所有页面使用_Layout1 布局。打开_ViewStart.cshtml 文件，修改 Layout 并设置为_Layout1。代码如下：

```
@{
    Layout = "_Layout1";
}
```

⑤ 调试、运行该程序，在现有浏览器地址后面输入/bookinfo/list 并按 Enter 键，显示图书列表页面，如图 5-31 所示。

图 5-31　列表页面

⑥ 单击"添加""修改""删除"链接后结果如图 5-32～图 5-34 所示。

⑦ 如果只有项目列表页面使用_Layout1 布局，打开 List.cshtml 文件，添加代码如下。

```
@{
    ViewData["Title"] = "List";
    Layout = "_Layout1";
}
```

图 5-32　添加页面

图 5-33　修改页面

图 5-34　删除页面

⑧ 调试、运行该程序,发现只有列表页面布局发生了改变,其他页面并没有变化。读者可自行调试、运行。

小　　结

本章首先介绍了 Razor Pages 的基本概念,通过一个简单的示例介绍了 Razor Pages 应用程序的建立过程,然后介绍了 Razor 基本语法的使用,并通过一个示例介绍了 Razor Pages 中数据模型的建立及页面的添加、修改和删除过程,最后介绍了布局的概念及其应用。本章应重点掌握 Razor Pages 应用程序的建立。

习　　题

一、作业题

1. 简述什么是 Razor Pages 技术。

2. ASP.NET Core Web Application 项目文件包含哪几部分?

3. ASP.NET 的布局方式有哪几种?

4. 简述 Razor 语法的特点。

二、上机实践题

使用 Razor Pages 技术创建 ASP.NET Core Web 应用程序,可以显示学生个人信息,包含学生的学号、姓名、性别、家庭地址和联系方式,实现对学生个人信息的显示、添加、修改和删除,结果如图 5-35～图 5-38 所示。

图 5-35　显示学生信息

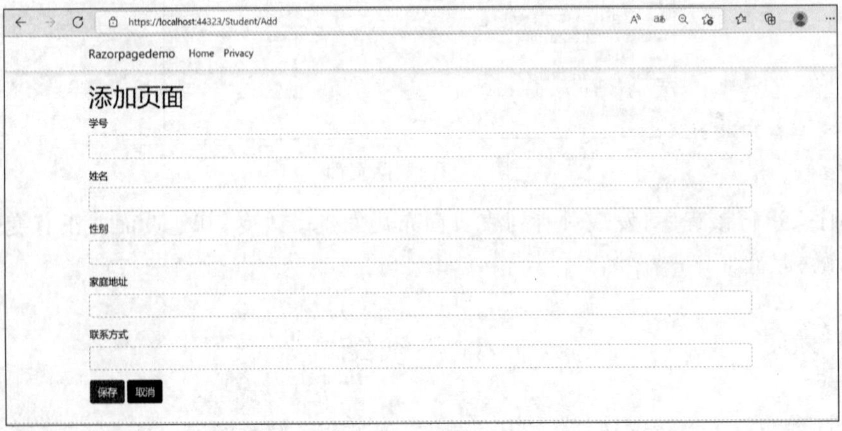

图 5-36　添加学生信息

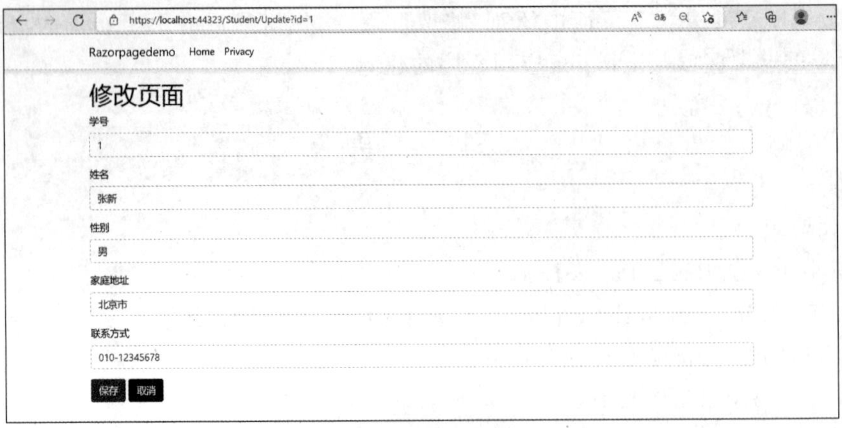

图 5-37　修改学生信息

图 5-38　删除学生信息

第6章

SignalR

ASP. NET Core SignalR(以下简称 SignalR)是提供给 ASP. NET Core 开发人员使用的开源库,它高效、便捷地实现了客户端与服务器之间的实时通信。本章将主要介绍 SignalR 的基本概念、客户端与服务器端的实时通信模式及 SignalR 的工作原理及其应用。

本章主要学习目标如下:

- 了解 SignalR 的基本概念。
- 理解 SignalR 中实时通信模式。
- 掌握 SignalR 的应用。

6.1　SignalR 简介

SignalR 是一个面向开发人员的源代码库,可以为 Web 应用快速、简便地添加实时通信功能,使服务器端能够及时将数据推送到客户端。

SignalR 可以应用在如下地方。

(1) 需要服务器端频繁进行更新的应用程序,如在线游戏、地图导航、股票信息和天气预报等。

(2) 需要用户刷新 Web 页面以查看最新数据,如仪表实时显示、销售状态实时显示或行程提示等。

(3) 各种协作应用,如视频会议、白板应用等。

在实际应用时 SignalR 会为用户提供一个易于操作的 API。它负责创建从服务端到客户端的远程调用(RPC),RPC 再通过服务器端的 . NET Core 代码调用客户端浏览器中的 JavaScript 函数以完成数据的实时更新。

SignalR 提供的功能主要包括:

- 自动处理连接管理。
- 将消息同时发送到所有连接的客户端。
- 向特定客户端或客户端组发送消息。

6.2　Web 实时通信技术

传统 HTTP 采用的是"拉模式"完成数据的传输,即客户端向服务器端发出 HTTP 请求,服务器端接收并处理后将结果返回客户端,整个过程中服务器端始终处于被动模式。其原理如图 6-1 所示。

传统模式下是无法实现数据实时通信的。如果要实现实时 Web 通信,必须采用服务器"推模式",即由服务器端向客户端主动发送消息,其原理如图 6-2 所示。

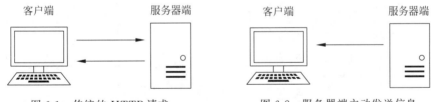

客户端　　　　　　服务器端　　　　　客户端　　　　　　服务器端

图 6-1　传统的 HTTP 请求　　　图 6-2　服务器端主动发送信息

目前,实现服务器端主动发送的技术有三种,分别为 Long Polling、Server Sent Events 和 WebSocket。SignalR 集成了这三种技术并能根据配置自动或手动选择其最佳应用。

6.2.1 Long Polling

Long Polling 指长轮询,是实现实时消息传送的一种方法,是对 Polling 技术的改进。在介绍 Long Polling 之前先介绍一下 Polling。

1. Polling

Polling 在实现实时 Web 通信时,客户端定期向服务器端发送查询请求,看是否有更新的数据,如果没有就返回一个 204 No Content 信息,如果有就将最新的数据传送到客户端。其工作原理如图 6-3 所示。

下面通过一个示例来说明 Polling 的用法。

【例 6-1】 用 Polling 模式循环读取服务器端数据的变化并显示。

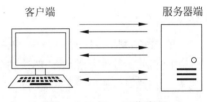

客户端　　　　　　　　　服务器端

图 6-3　Polling 工作原理

① 打开 Visual Studio 2019 应用程序,出现如图 6-4 所示的对话框,选择"创建新项目"选项。

图 6-4　新建 Polling 项目

② 在"创建新项目"对话框中选择"ASP. NET Core Web 应用程序"选项，单击"下一步"按钮，如图 6-5 所示。

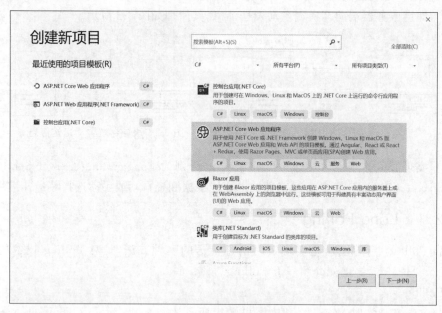

图 6-5　选择应用程序

③ 在"配置新项目"对话框中"项目名称"文本框中输入项目名称，如"例 6-1"，在"位置"列表框中选择项目安装路径，"解决方案名称"文本框的内容同"项目名称"文本框，单击"创建"按钮，如图 6-6 所示。

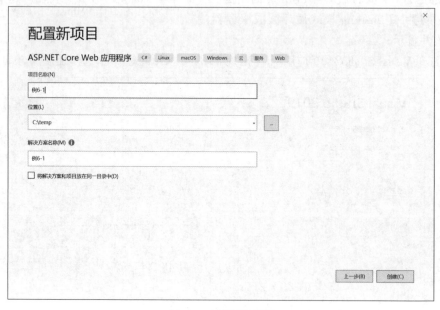

图 6-6　配置新项目

④ 在"创建新的 ASP. NET Core Web 应用程序"对话框中选择框架类型为 ASP. NET Core 3.1，并从对话框左侧列表中选择"Web 应用程序（模型视图控制器）"选项，单击右下方

的"创建"按钮,如图 6-7 所示。

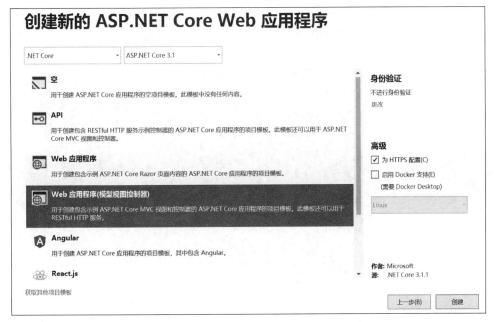

图 6-7　创建新的 ASP. NET Core Web 应用程序

⑤ 添加控制器。选择 Controllers 文件夹,右击,在弹出的快捷菜单中选择"添加"→
"控制器"命令,如图 6-8 所示。

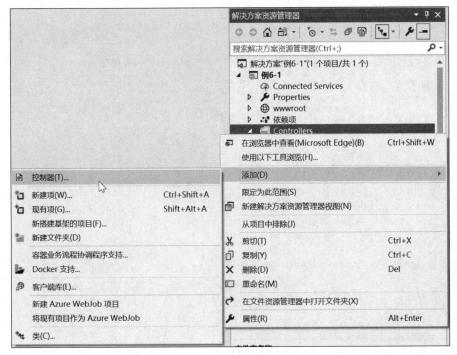

图 6-8　添加控制器

⑥ 在图 6-9 所示的对话框中选择"MVC 控制器-空"选项。

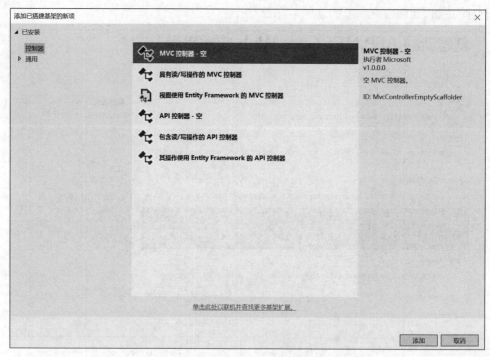

图 6-9　选择"MVC 控制器-空"选项

⑦ 在图 6-10 所示的对话框中输入控制器名称，如 PollingDemoController。

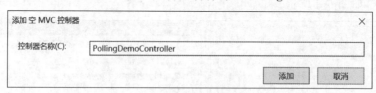

图 6-10　输入控制器名称

⑧ 在 PollingDemoController 文件中输入如下代码。

```
namespace 例 6_1.Controllers
{
    public class PollingDemoController : Controller
    {
        public IActionResult Index()
        {
            return View();
        }
        public IActionResult PollingTest()
        {
            return View();
        }
        public IActionResult PollingTest_GetCount()
        {
            var strweek = GetLastedCount();
            return Ok(new { strweek });
        }
        private static int _count;
```

```
public string GetLastedCount()
{
    _count++;
    string str = "";
    switch (_count % 7)
    {
        case 0: str = "星期日"; break;
        case 1: str = "星期一"; break;
        case 2: str = "星期二"; break;
        case 3: str = "星期三"; break;
        case 4: str = "星期四"; break;
        case 5: str = "星期五"; break;
        case 6: str = "星期六"; break;
    }
    return str;
}
}
}
```

控制器 PollingDemo 的功能是返回一个对象 strweek，该对象的值是通过调用 GetLastedCount()方法得到的，而 GetLastedCount()方法的功能是通过调用全局变量 _count 返回从星期一到星期日之间的一个特定星期值的字符串。

⑨ 在 Views 文件夹下添加新文件夹 PollingDemo，在此文件夹下添加视图文件 PollingTest.cshtml，如图 6-11 所示。

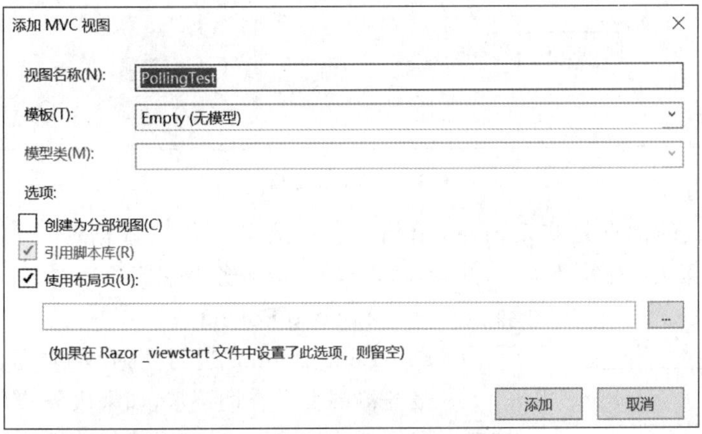

图 6-11　添加视图文件

⑩ 在视图文件 PollingTest.cshtml 中添加如下代码。

```
<div>
    <button id="btnStart" type="button">Polling 模式</button>
    <span id="result" style="color:red;font-weight:bolder;">
    </span>
</div>
<script src="~/lib/jquery/dist/jquery.js"></script>
<script>
    var intervalId;
    function poll(id) {
        fetch('/PollingDemo/PollingTest_GetCount')
```

```
                .then(function (response) {
                    if (response.status === 200) {
                        return response.json().then(j => {
                            const resultDiv = document.getElementById("result");
                            resultDiv.innerHTML = j.strweek;
                        })
                    }
                    ;
                });
            }
        $(function () {
            $("#btnStart").click(function () {
                intervalId = setInterval(poll, 1000)
            });
        });
</script>
```

上述代码中使用了 fetch() 方法。主要功能是每间隔 1s 就调用 1 次 PollingTest_GetCount() 方法，并将调用结果显示在当前页面中。

⑪ 运行该程序，在地址栏后面输入/pollingdemo/pollingtest 后按 Enter 键，单击"Polling 模式"按钮，程序将循环显示星期一到星期日，结果如图 6-12 所示。

图 6-12　Polling 模式

Polling 模式的优点是实现简单，出错率低；缺点是每次数据通信都是一次完整的 HTTP 请求，易延迟，有效请求少，并发较多时易造成服务器端资源耗费大。

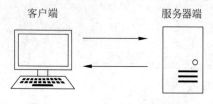

图 6-13　Long Polling 工作原理

2. Long Polling

Long Polling 进行实时 Web 通信时，客户端向服务器端发送查询请求，如果服务器端没有新的数据则保持连接状态，直到有新的数据才把数据发送给客户端。在保持连接状态的过程中如果超时，客户端会再次发出请求。其工作原理如图 6-13 所示。

【例 6-2】 用 Long Polling 模式实现数据实时显示。

① 打开 Visual Studio 2019 应用程序，创建"例 6-2"项目。

② 添加控制器 LongPollingDemoController 并打开该文件，输入如下关键代码。

```
public IActionResult LongPollingTest()
{
    return View();
}
public IActionResult LongPollingTest_GetCount()
{
```

```
        var strweek = GetLastedCount();
        return Ok(new { strweek });
    }
    private static int _count;
    public string GetLastedCount()
    {
        _count++;
        string str = "";
        switch (_count % 7)
        {
            case 0: str = "星期日"; break;
            case 1: str = "星期一"; break;
            case 2: str = "星期二"; break;
            case 3: str = "星期三"; break;
            case 4: str = "星期四"; break;
            case 5: str = "星期五"; break;
            case 6: str = "星期六"; break;
        }
        return str;
    }
```

③ 在 Views 文件夹下创建 LongPollingDemo 文件夹，在该文件夹下创建 LongPollingTest.cshtml 视图文件并打开，修改代码如下。

```
<div>
    <button id="btnStart" type="button">Long Polling 模式</button>
    <span id="result" style="color:red;font-weight:bolder;">
    </span>
</div>
<script src="~/lib/jquery/dist/jquery.js"></script>
<script>
    pollwithTimeout = (url, options, timeout = 5000) => {
        return Promise.race([fetch(url, options), new Promise((_, reject) =>
            setTimeout(() => reject(new Error('连接超时')), timeout)
        )]);
    };
    function Longpoll() {
        pollwithTimeout('/LongPollingDemo/LongPollingTest_GetCount')
            .then( response => {
                if (response.status === 200) {
                    return response.json().then(j => {
                        const resultDiv = document.getElementById("result");
                        resultDiv.innerHTML = j.strweek;
                    })
                }
                ;
            }).catch(response=> poll());
    };
    $(function () {
        $("#btnStart").click(function () {
            Longpoll();
        });
    });
</script>
```

其中，pollwithTimeout 调用了 race()方法。如果客户端发出请求后超过 5s 没有响应，那么在网页端控制台返回超时错误信息。

④ 运行该程序，显示结果如图 6-14 所示。

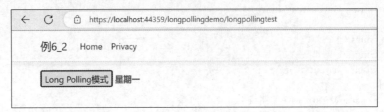

图 6-14 Long Polling 模式

当单击"Long Polling 模式"按钮时页面会显示某一个星期值，直到再次单击此按钮，显示的星期值会依次改变。

客户端向服务器端发送请求之后，服务器端会暂时把请求挂起，等到有数据更新时再返回最新的数据给客户端，客户端在接收到新的消息后再向服务器端发送请求。Long Polling 与常规轮询的不同之处是：数据可以做到实时更新，可以减少不必要的开销；缺点是客户端和服务器端保持连接造成资源浪费，当服务器端数据量很大时会造成信息更新频繁，性能上反而更差。

6.2.2 Server Sent Events

在 Server Sent Events(SSE)实时通信方式中服务器端可以在任何时间将数据发送给

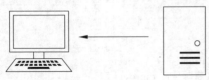

图 6-15 SSE 工作原理

客户端浏览器。浏览器会使用一个 EventSource 对象处理传过来的信息，服务器端与客户端始终会保持连接状态直到服务器端主动关闭这个连接。其工作原理如图 6-15 所示。

【例 6-3】 用 SSE 方式实时显示服务器端推送数据。

① 打开 Visual Studio 2019 应用程序，创建"例 6-3"项目。

② 添加控制器 SSEController 并打开该文件，输入如下关键代码。

```
namespace 例 6_3.Controllers
{
    public class SSEController : Controller
    {
        public IActionResult Index()
        {
            return View();
        }
        public IActionResult SSETest()
        {
            return View();
        }
        public async void SSEGet()
        {
            Response.ContentType = "text/event-stream;charset=UTF-8";
```

```
                string strweek;
                strweek = GetLastedCount();
                System.Threading.Thread.Sleep(1000);
                await HttpContext.Response.WriteAsync("data:" + strweek + "\n\n");
                await HttpContext.Response.Body.FlushAsync();
                Response.Body.Close();
            }
        private static int _count;
        public string GetLastedCount()
        {
            _count++;
            string str = "";
            switch (_count % 7)
            {
                case 0: str = "星期日"; break;
                case 1: str = "星期一"; break;
                case 2: str = "星期二"; break;
                case 3: str = "星期三"; break;
                case 4: str = "星期四"; break;
                case 5: str = "星期五"; break;
                case 6: str = "星期六"; break;
            }
            return str;
        }
    }
}
```

其中,以下三条语句的作用是将 strweek 里面的字符串推送给客户端。

```
await HttpContext.Response.WriteAsync("data:" + strweek + "\n\n");
await HttpContext.Response.Body.FlushAsync();
Response.Body.Close();
```

③ 在 Views 文件夹下创建 SSE 文件夹,在该文件夹下创建 SSETest.cshtml 视图文件并打开,修改代码如下。

```
<div class="text-center">
    <div>
        <button id="btn" type="submit">SSE 模式</button>
        <span id="result" style="color:red;font-weight:bolder"></span>
    </div>
</div>
<script>
    listen = () => {
        const eventSource = new EventSource('/SSE/SSEGet');
        eventSource.onmessage = (event) => {
            const resultDiv = document.getElementById("result");
            console.log(event.data);
            resultDiv.innerHTML = event.data;
        };
        eventSource.onerror = function (e) {
            console.log("EventSource 失效", e);
        }
    };
    document.getElementById("btn").addEventListener("click", e => {
```

```
        e.preventDefault();
        listen();
    });
</script>
```

上述代码使用 EventSource 的 onmessage 事件接收来自服务器端的数据。通过按钮上的 addEventListener()方法添加事件处理方法。当服务器端有新的事件产生时，相应的事件处理方法会被调用。单击"SSE 模式"按钮，运行结果如图 6-16 所示。

图 6-16　SSE 模式

SSE 的优点是使用简单，能自动重连；缺点是多数浏览器有最大并发连接数的限制，只能发送文本信息且单向通信。

6.2.3　WebSocket

WebSocket 是建立在 TCP 上的且独立地进行全双工通信的协议。在 WebSocket API 中浏览器和服务器只需要完成一次握手，两者之间就可以进行持久性的连接并进行双向数据传输。其工作原理如图 6-17 所示。

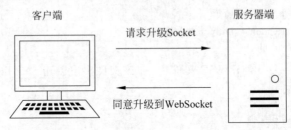

图 6-17　WebSocket 工作原理

首先客户端向服务器端提交一个常规的 HTTP 请求，要求服务器端升级 Socket，服务器端同意后将协议升级到 WebSocket，接下来消息就可以在 Socket 中来回传送，直到这个 Socket 被主动关闭。

【例 6-4】　用 WebSocket 技术实现 Web 实时通信。

① 创建 ASP.NET Core Web 应用程序（模型视图控制器）。

② 配置中间件。打开 Startup.cs 文件，在 Configure()方法中添加如下代码。

```
var webSocketOptions = new WebSocketOptions()
{
    KeepAliveInterval = TimeSpan.FromSeconds(120),
    ReceiveBufferSize = 4 * 1024
};
    app.UseWebSockets(webSocketOptions);
```

③ 建立 WebSocket 控制器文件，添加接收和发送 WebSocket 消息方法。控制器文件

中的代码如下。

```
using System;
using System.Collections.Generic;
using System.Linq;
using System.Net.WebSockets;
using System.Text;
using System.Threading;
using System.Threading.Tasks;
using Microsoft.AspNetCore.Mvc;
using Newtonsoft.Json;
namespace 例6_4.Controllers
{
    public class WebSocketController : Controller
    {
            public IActionResult Index()
            {
                return View();
            }
        #region WebSocket
        public IActionResult WebSocketTest()
        {
            return View();
        }
        public async void WebSocketGet()
        {
            if (HttpContext.WebSockets.IsWebSocketRequest)
            {
                var webSocket = await HttpContext.WebSockets.AcceptWebSocketAsync();
                await SendEvents(webSocket);
                 await webSocket.CloseAsync(WebSocketCloseStatus.NormalClosure, "Done",
CancellationToken.None);
            }
            else
            {
                HttpContext.Response.StatusCode = 400;
            }
        }
        private async Task SendEvents(WebSocket webSocket)
        {
            string strweek;
            strweek = GetLastedCount();
            Thread.Sleep(1000);
            var obj = new { strweek };
            var jsonStr = JsonConvert.SerializeObject(obj);
            await webSocket.SendAsync(buffer: new ArraySegment < byte >(array: Encoding.UTF8.
GetBytes(jsonStr), offset: 0, count: jsonStr.Length), messageType: WebSocketMessageType.Text,
endOfMessage: true, cancellationToken: CancellationToken.None);
        }
        #endregion
        private static int _count;
        public string GetLastedCount()
        {
            _count++;
```

```
            string str = "";
            switch (_count % 7)
            {
                case 0: str = "Sunday"; break;
                case 1: str = "Monday"; break;
                case 2: str = "Tuesday"; break;
                case 3: str = "Wednesday"; break;
                case 4: str = "Thursday"; break;
                case 5: str = "Friday"; break;
                case 6: str = "Saturday"; break;
            }
            return str;
        }
    }
}
```

在 WebSocketGet()方法中首先判断请求是否是 WebSocket 请求，如果是则会给客户端发一个回复，完成 Socket 的升级工作。升级的同时将生成一个 WebSocket 对象，这个对象通过 SendAsync()方法把数据序列化后再发送给客户端，最后关闭 WebSocket。

④ 建立 WebSocketTest.cshtml 视图文件，其代码如下。

```
< div class="text-left">
    < div >
        < button id="btn" type="submit"> WebSocket 模式</button>
        < span id="result" style="color:red;font-weight:bolder"></span>
    </div>
</div>
< script >
listen = () => {
    const socket = new WebSocket('ws://localhost:9870/WebSocket/WebSocketGet');
    socket.onmessage = event => {
            var resultDiv = document.getElementById("result");
            resultDiv.innerHTML = JSON.parse(event.data).strweek;
    }
};
document.getElementById("btn").addEventListener("click", e => {
    e.preventDefault();
    listen();
});
</script>
```

在上述代码中有一个 WebSocket 对象，该对象将初始化一个以 ws 开头的网址数据。服务器端传过来的数据首先要进行 JSON 对象的转换，然后才可显示输出。

在调试上述代码时要注意 localhost 后面的端口号，该端口号配置的方法如下。

选择 VS.NET Core 开发环境中右侧的"例 6-4"项目名称，右击，在弹出的快捷菜单中选择"属性"命令，如图 6-18 所示。

在打开的"属性"对话框中选择"调试"选项卡，找到"应用 URL"项，设置 localhost 后面的端口号，同时将此端口号填写在视图文件 WebSocketTest.cshtml 中 localhost 的后面，如图 6-19 所示。

⑤ 运行程序。单击"WebSocket 模式"按钮，可以看到页面显示英文星期值 Monday。再次单击时则显示 Tuesday，以此类推，如图 6-20 所示。

图 6-18　选择"属性"命令

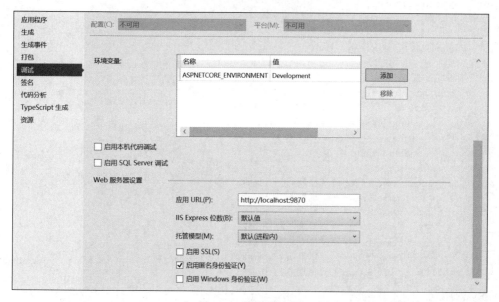

图 6-19　设置端口号

WebSocket 模式的优点是服务器端与客户端之间传输的数据包小，节约带宽，是全双工通信，服务器端可以主动将数据发送给客户端；缺点是旧版浏览器不支持。

图 6-20　WebSocket 模式

6.2.4　SignalR

SignalR 是一种简洁高效且智能的实时信息交互技术，它集成了以上所述技术并能根据配置自动或手动选择其最佳应用。如在当前设备支持的情况下优先使用 WebSocket 实现通信，在操作系统环境或浏览器版本较低导致 WebSocket 模式不可用时将自动切换至其他模式以实现实时通信。

【例 6-5】　用 SignalR 技术实现 Web 实时通信。

① 创建 ASP. NET Core Web 应用程序（模型视图控制器），项目名称为 SignalR。

② 配置集线器（Hub）。在项目根目录下新建 SignalRHub 类文件，添加代码如下。

```
using System;
using System.Collections.Generic;
using System.Linq;
using System.Threading.Tasks;
using Microsoft.AspNetCore.SignalR;
using System.Threading;
namespace 例6_5
{
    public class SignalRHub : Hub
    {
        private int count=0;
        private string GetLastCount()
        {
            count++;
            string str = "";
            switch (count % 7)
            {
                case 0: str = "星期日"; break;
                case 1: str = "星期一"; break;
                case 2: str = "星期二"; break;
                case 3: str = "星期三"; break;
                case 4: str = "星期四"; break;
                case 5: str = "星期五"; break;
                case 6: str = "星期六"; break;
            }
            return str;
        }
        public async Task GetLastedCount(string random)
        {
            int i = 0;
            string strweek;
            while(i<7)
```

```
        {
            strweek = GetLastCount();
            Thread.Sleep(1000);
            await Clients.All.SendAsync("ReceiveMessage", strweek);
            i++;
        }
        Thread.Sleep(2000);
        await Clients.All.SendAsync("Finished");
    }
    public override async Task OnConnectedAsync()
    {
        var connectionId = Context.ConnectionId;
        await Clients.Clients(connectionId).SendAsync("someFunc", new { random = "请单
击命令按钮" });
    }
  }
}
```

在上面代码中有一个 OnConnectedAsync() 方法,在程序运行时如果有新用户连接到服务器,该方法就会被执行。在该方法中 Context.ConnectionId 用来获取连接到 Hub 的这个客户端的唯一标识,使用 Clients(connectionId) 可以调用 SendAsync() 方法进行信息的推送。

③ 在 Startup.cs 中注册 SignalR。首先,在 ConfigureServices() 方法中添加如下代码。

```
public void ConfigureServices(IServiceCollection services)
    {
        services.AddSignalR();
        services.AddControllersWithViews();
    }
```

其次,在 Configure() 方法中的 app.UseEndpoints 端点路由中加入如下代码。

```
endpoints.MapHub<SignalRHub>("/SignalRTest");
```

④ 创建控制器 SignalRDemoController,添加如下代码。

```
using Microsoft.AspNetCore.SignalR;
namespace 例6_5.Controllers
{
    public class SignalRDemoController : Controller
    {
        private readonly IHubContext<SignalRHub> _signalrHub;
        public SignalRDemoController(IHubContext<SignalRHub> signalrHub)
        {
            _signalrHub = signalrHub;
        }
        public IActionResult Index()
        {
            return View();
        }
        public IActionResult SignalRTest()
        {
            return View();
        }
        [HttpPost]
```

```
public async Task < IActionResult > SignalRPost()
{
    await _signalrHub. Clients. All. SendAsync("someFunc", new { random = "演示开始" });
    Thread. Sleep(2000);
    return Accepted(1);
}
```

上面代码中，首先建立一个 SignalRDemoController 并完成注入 IHubContext < SignalRHub >。接下来使用 IHubContext < SignalRHub >对象与客户端进行实时通信。SignalRPost()方法的功能是在客户端网页上单击命令按钮之后使用 Hub 为所有客户端发送消息。

⑤ 添加 SignalR 客户端库。

首先，在"解决方案资源管理器"中选择项目"例 6-5"，右击，在弹出的快捷菜单中选择"添加"→"客户端库"命令，如图 6-21 所示。

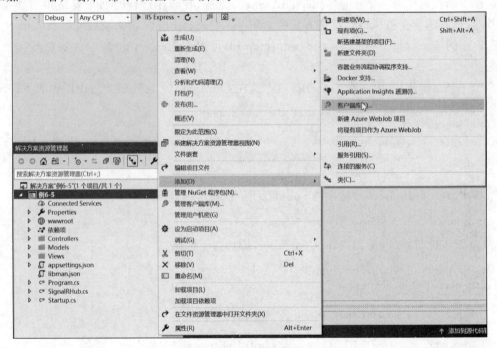

图 6-21　添加客户端库

然后，打开"添加客户端库"对话框，在"提供程序"列表框中选择 unpkg 选项；在"库"文本框中输入 @microsoft/signalr@latest；接下来选中"选择特定文件"单选按钮，展开 dist/browser 文件夹，将 browser 文件夹中的文件全部选上。

最后在"目标位置"文本框中设置安装路径为 wwwroot/lib/signalr/，然后单击"安装"按钮，如图 6-22 所示。

⑥ 在 Views 文件夹下建立 SignalRDemo 文件夹，并添加视图文件 SignalRTest.cshtml，其代码如下。

```
< button id="submit"> SingalR 模式</button>
```

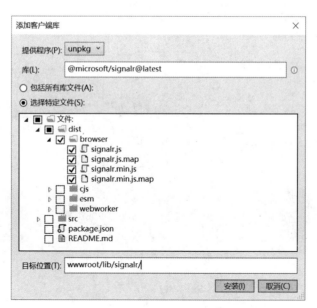

图 6-22　客户端库选项设置

```
<div id="result" style="color:green;font-weight:bold;"></div>
<script src="~/lib/signalr/dist/browser/signalr.js"></script>
<script>
    var connection = new signalR.HubConnectionBuilder().withUrl("/SignalRTest").build();
    connection.on("someFunc", function (obj) {
        var resultDiv = document.getElementById("result");
        resultDiv.innerHTML = "SingalR 演示: " + obj.random;
    });
    connection.on("ReceiveMessage", function (update) {
        var resultDiv = document.getElementById("result");
        resultDiv.innerHTML = update;
    });
    connection.on("Finished", function () {
        connection.stop();
        var resultDiv = document.getElementById("result");
        resultDiv.innerHTML = "演示结束!";
    });
    //connection.start().catch(err => console.error(err.toString()));
    connection.start().then(function () {
    }).catch(function (err) {
        return console.error(err.toString());
    });
    document.getElementById("submit").addEventListener("click", e => {
        e.preventDefault();
        fetch("/SignalRDemo/SignalRPost", { method: "post" })
            .then(Response => Response.text())
            .then(id => connection.invoke("GetLastedCount", id));
    })</script>
```

上面客户端代码将建立一个与服务器端的连接,并通过 Hub 为所有的客户端发送消息,直到服务器端停止连接为止。

⑦ 程序运行后的结果如图 6-23 所示。当打开多个浏览器时,这些浏览器均显示相同

内容，直到程序运行结束。

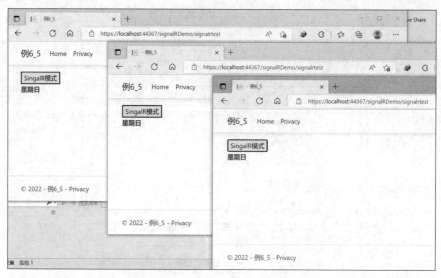

图 6-23　SignalR 运行结果

程序运行时按 F12 键打开浏览器端开发调试工具，选中窗口左侧 SignalRTest 文件后在窗口右侧可以看到 Upgrade 项，此项表示当前服务器的传输模式，由于在代码中并没有指定是哪一种传输模式，因此 SignalR 选择了最佳的方案即 WebSocket 模式，如图 6-24 所示。

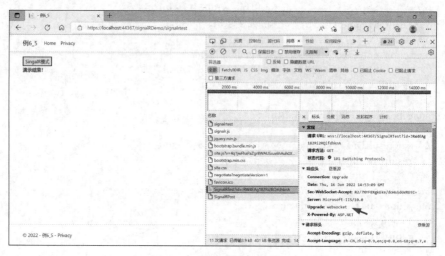

图 6-24　浏览器端开发模式

6.3　SignalR 工作原理

SignalR 的实现机制与 .NET WCF 或 Remoting 相似，通过创建服务器端到客户端的远程调用（RPC）来实现数据的实时传输，在整个传输过程中全部使用 JSON 来交换数据，数据交换过程中进行封装。

6.3.1 回落机制

SignalR 是 基 于 Long Polling、Server Sent Events 和 WebSocket 三种技术构建的开源实时框架,此框架可以让使用者更好地关注业务本身而不是底层传输技术问题。

SignalR 与上述三种传输模式的用法一样,当客户端与服务器端的连接建立之后,SignalR 就会开始发送 keep alive 保持连接消息以此来检查连接是否正常,如果有问题则抛出异常。

SignalR 默认采用回落机制来进行传输和连接。所谓回落机制是指当浏览器或 Web 服务器不支持某种传输方式时,SignalR 就会降级使用。默认降级的顺序为 WebSocket、Server Sent Events、Long Polling。也可以禁用回落机制,只采用其中一种传输模式。图 6-25 显示的是回落机制的原理。

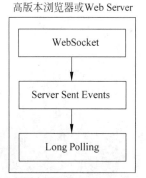

图 6-25 回落机制的原理

6.3.2 Hub 组件

Hub 是 SignalR 的一个重要通信组件,它运行在服务器端。一方面 Hub 能够接收来自客户端的消息;另一方面也能将消息从服务器端发送给客户端。其实质为双向 RPC,既可以直接从客户端调用服务器端的方法,又可以从服务器端调用客户端的方法。

例如,一个服务器端连接了三个客户端,当客户端 A 调用服务器端的方法时,服务器端会调用所有客户端的方法,即使客户端 B 和客户端 C 没有做任何操作,但仍然会收到服务器端发来的消息。其工作原理如图 6-26 所示。

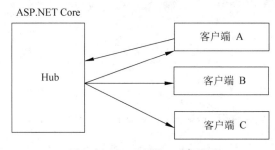

图 6-26 Hub 组件工作原理

在实际应用中,服务器端不仅可以向所有客户端发送消息,还可以对发送的客户端进行选择,主要通过调用 Clients 属性来实现。其中:

Clients.All:表示将消息发送给连接到此 Hub 上的所有客户端。

Clients.AllExcept:表示将消息发送给指定的客户端之外的所有连接的客户端。

Clients.Caller:表示将消息只发送给呼叫的客户端(即触发者)。

Clients.Client:表示将消息发送给连接到此 Hub 上的特定客户端。

Client.Others:表示触发者之外的所有客户端。

【例 6-6】 简易聊天室。

① 创建 ASP.NET Core Web 应用程序(模型视图控制器),项目名称为"例 6-6"。

② 在项目根目录下新建 ChatHub 类文件,如图 6-27 所示。

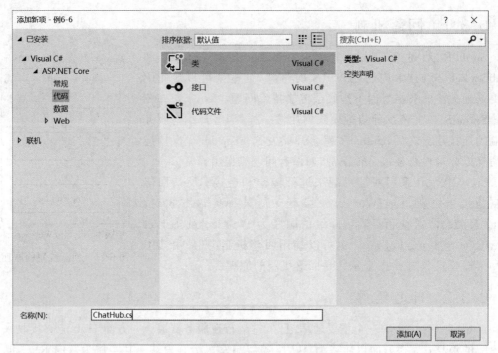

图 6-27　添加 ChatHub 类文件

③ 打开 ChatHub 类文件并添加如下代码。

```
using Microsoft.AspNetCore.SignalR;
using System;
using System.Collections.Generic;
using System.Linq;
using System.Threading.Tasks;
namespace 例6_6
{
    public class ChatHub:Hub
    {
        public async Task SendMessage(string user, string message)
        {
            await Clients.All.SendAsync("ReceiveMessage", user + "[" + DateTime.Now.
ToLongTimeString() + "]", message);
        }
        public async Task SendMessageToUser(string user, string message)
        {
            await Clients.Client(Context.ConnectionId).SendAsync("ReceiveMessage", user +
":" + DateTime.Now.ToLongTimeString() + "]", message);
        }
    }
}
```

上面代码分别定义了将消息发送给所有人 Clients.All 和发送给特定人 Clients.Client 的命令。

④ 在 Startup.cs 中注册 SignalR。首先在 ConfigureServices()方法中添加如下代码。

```
public void ConfigureServices(IServiceCollection services)
        {
             services.AddSignalR();
             services.AddControllersWithViews();
        }
```

其次,在 Configure()方法中的 app.UseEndpoints 端点路由中加入如下代码。

```
endpoints.MapHub<ChatHub>("/ChatTest");
```

⑤ 创建控制器 ChatDemoController 文件,添加如下代码。

```
using System;
using System.Collections.Generic;
using System.Linq;
using System.Threading;
using System.Threading.Tasks;
using Microsoft.AspNetCore.Mvc;
namespace 例6_6.Controllers
{
    public class ChatDemoController : Controller
    {
        public IActionResult Index()
        {
            return View();
        }
        public IActionResult ChatTest()
        {
            return View();
        }
    }
}
```

⑥ 添加 SignalR 客户端库。具体步骤参看例6-5。

⑦ 在 Views 文件夹下建立 ChatDemo 文件夹,并添加视图文件 ChatTest.cshtml,其代码如下。

```
<div class="container">
    <div>
        <ul id="messagesList" style="height:300px"></ul>
    </div>
    <div>
        用户名称<input type="text" id="userInput" />
        <br />
        输入消息<input type="text" id="messageInput" />
        <input type="button" id="sendButton" value="发送" />
    </div>
</div>
<script src="~/lib/signalr/dist/browser/signalr.js"></script>
<script>
    var connection = new signalR.HubConnectionBuilder().withUrl("/ChatTest").build();
    connection.on("ReceiveMessage", function (user, message) {
        var msg = message.replace(/&/g, "&").replace(/</g, "<").replace(/>/g, ">");
        var encodedMsg = user + " :" + msg;
        var li = document.createElement("li");
```

```
        li. textContent = encodedMsg;
        document. getElementById("messagesList"). appendChild(li);
    });
        connection. start(). catch(function (err) {
        return console. error(err. toString());
    });
        document. getElementById("sendButton"). addEventListener("click", function (event) {
        var user = document. getElementById("userInput"). value;
        var message = document. getElementById("messageInput"). value;
        connection. invoke("SendMessage", user, message). catch(function (err) {
            return console. error(err. toString());
        });
        event. preventDefault();
    });
</script>
```

⑧ 程序运行后的显示结果如图 6-28 所示，当有多个用户登录并发言时，这些用户都能看到其他人发送的消息。

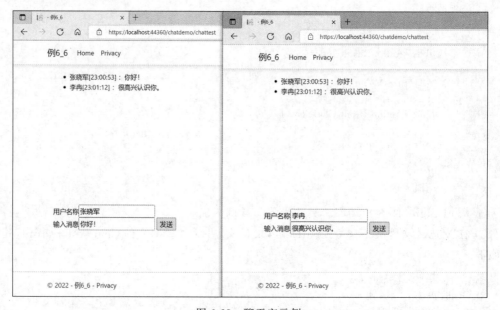

图 6-28　聊天室示例

6.4　综合实例

【例 6-7】　实时显示图形。

本例通过 SignalR 简单实现在后台模拟实时数据并将数据推送至前台，前台页面再通过 Echarts 以图形方式进行显示。

① 创建 ASP. NET Core Web 模板应用程序。

② 在项目中新建 Models 和 Hubs 文件夹。

在 Models 目录下新建 ClientMessageModel. cs 文件；

在 Hubs 目录下新建 ChatHub. cs 和 IChatClient. cs 接口类两个文件；

在 Pages/Shared 目录下新建_LayoutEcharts.cshtml 布局页文件;

在 Pages 目录下新建 Echarts 目录;

在 Pages/Echarts 目录下新建 Index.cshtml 文件;

在 wwwroot/js 目录下新建 echartchat.js 脚本文件。

项目文件结构如图 6-29 所示。

③ 分别添加 SignalR 和 Echarts 的客户端库,如图 6-30 和图 6-31 所示。

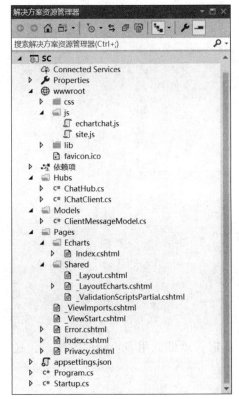

图 6-29　项目文件结构

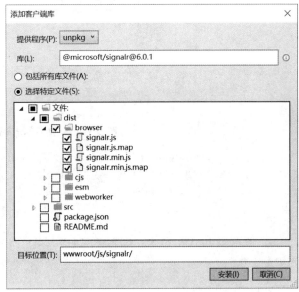

图 6-30　添加 SignalR 客户端库

④ 修改 ChatHub.cs 文件,该文件实现了 SignalR 集线器的核心功能,用来处理客户端与服务器端直接交互。代码如下。

```
using Microsoft.AspNetCore.SignalR;
using SC.Models;
using System;
using System.Collections.Generic;
using System.Linq;
using System.Threading.Tasks;
namespace SC.Hubs
{
    public class ChatHub : Hub<IChatClient>
    {
        public override async Task OnConnectedAsync()
        {
            var user = Context.ConnectionId;
```

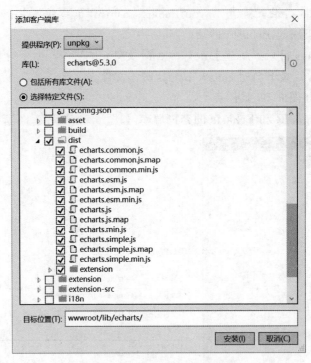

图 6-31　添加 Echarts 客户端库

```
        await Clients.Client(user).GetMyId(new ClientMessageModel { UserId = user});
        await base.OnConnectedAsync();
        }
    }
}
```

⑤ 修改 IChatClient.cs 文件,该文件定义了统一的服务器端调用客户端的方法名。代码如下。

```
using SC.Models;
using System;
using System.Threading.Tasks;
namespace SC.Hubs
{
    public interface IChatClient
    {
        Task EchartsMessage(Array data);
        Task GetMyId(ClientMessageModel clientMessageModel);
    }
}
```

⑥ 修改 ClientMessageModel.cs 文件,该文件定义了序列化后的实体类 UserId。代码如下。

```
using System;
namespace SC.Models
{
    [Serializable]
    public class ClientMessageModel
```

```
    {
        /// <summary>
        ///接收用户编号
        /// </summary>
        public string UserId { get; set; }
    }
}
```

⑦ 修改 Startup.cs 配置文件。在 ConfigureServices()方法中添加如下代码。

```
public void ConfigureServices(IServiceCollection services)
    {
        services.AddControllersWithViews();
        services.AddSignalR();
        services.AddRazorPages()
            .AddRazorPagesOptions(o =>
                {
                    o.Conventions.ConfigureFilter(new IgnoreAntiforgeryTokenAttribute());
                });
    }
```

在 Configure()方法中添加如下代码。

```
app.UseEndpoints(endpoints =>
    {
        endpoints.MapRazorPages();
        endpoints.MapHub<ChatHub>("/chathub");
    });
```

⑧ 修改 _LayoutEcharts.cshtml 布局文件。该文件中添加了 JQuery 和 Echarts 的 JavaScript 引用。该文件中 Test()方法实现的功能是将后台数据主动推送到前台。代码如下。

```
<!DOCTYPE html>
<html>
<head>
    <meta charset="utf-8">
    <meta name="viewport" content="width=device-width" />
    <script src="~/lib/echarts/dist/echarts.js"></script>
    <script src="~/lib/jquery/dist/jquery.js"></script>
    <title>@ViewBag.Title</title>
    <script>
        function Test() {
            var chartDom = document.getElementById('main');
            var myChart = window.echarts.init(chartDom);
            $.ajax({
                url:'/echarts',
                type:'POST',
                dateType: 'json',
                data: { user: user},
                beforeSend: function (XHR) {
                        myChart.showLoading({
                        text: '加载中...',
                        effect: 'whirling'
                    });
                },
```

```
                        success:function(data) {
                            var option = {
                                series: [{
                                    data: data.data
                                }]
                            };
                            myChart.setOption(option);
                        },
                        error: function (XMLHttpRequest, textStatus, errorThrown) {
                            alert(errorThrown);
                        },
                        complete:function(XHR, TS) {
                            myChart.hideLoading();
                        }
                    });
                }
            </script>
        </head>
        <body>
            <div>
                @RenderBody()
            </div>
            @await RenderSectionAsync("Scripts", required: false)
        </body>
    </html>
```

⑨ 修改 Index.cshtml 文件，该文件将后台发过来的数据通过 Echarts 组件来渲染显示。代码如下。

```
@page
@model SC.Pages.Echarts.IndexModel
@{
    ViewBag.Title = "肉鸡舍内环境温度";
    Layout = "_LayoutEcharts";
}
<div id="main" style="width: 800px;height:500px;"></div>
<button onclick="Test()">模拟监测</button>
<script type="text/javascript">
var app = {};
var chartDom = document.getElementById('main');
var myChart = echarts.init(chartDom);
var option;
var posList = [
    'left', 'right', 'top', 'bottom',
    'inside',
    'insideTop', 'insideLeft', 'insideRight', 'insideBottom',
    'insideTopLeft', 'insideTopRight', 'insideBottomLeft', 'insideBottomRight'
];
app.configParameters = {
    rotate: {
        min: -90,
        max: 90
    },
    align: {
```

```
            options: {
                left: 'left',
                center: 'center',
                right: 'right'
            }
        },
        verticalAlign: {
            options: {
                top: 'top',
                middle: 'middle',
                bottom: 'bottom'
            }
        },
        position: {
            options: posList.reduce(function (map, pos) {
                map[pos] = pos;
                return map;
            }, {})
        },
        distance: {
            min: 0,
            max: 100
        }
    };
    app.config = {
        rotate: -25,
        align: 'center',
        verticalAlign: 'middle',
        position: 'bottom',
        distance: 15,
        onChange: function () {
            var labelOption = {
                normal: {
                    rotate: app.config.rotate,
                    align: app.config.align,
                    verticalAlign: app.config.verticalAlign,
                    position: app.config.position,
                    distance: app.config.distance
                }
            };
            myChart.setOption({
                series: [{
                    label: labelOption
                }, {
                    label: labelOption
                }, {
                    label: labelOption
                }, {
                    label: labelOption
                }]
            });
        }
    };
    var labelOption = {
```

```
        show: true,
        position: app.config.position,
        distance: app.config.distance,
        align: app.config.align,
        verticalAlign: app.config.verticalAlign,
        rotate: app.config.rotate,
        formatter: '{c} {name|{a}}',
        fontSize: 16,
        rich: {
            name: {
            }
        }
    }
};

option = {
    title: {
        text: '数据实时监测'
    },
    tooltip: {},
    legend: {
    },
    xAxis: {
        data: ['监测点位一', '',
            '监测点位二', '',
            '监测点位三', '',
            '监测点位四'],
        axisTick: {show: false},
        axisLabel:{rotate: 0, interval: 0}
    },
    yAxis: {},
    series: [{
        type: 'bar',
        label: {
            show: true,
            position: 'outside'
        },
        itemStyle: {
            normal: {
                color: function(params) {
                    var colorList = [
                        "Blue",
                        "",
                        "Lime",
                        "",
                        "RoyalBlue",
                        "",
                        "Aqua"
                    ];
                    return colorList[params.dataIndex];
                }
            }
        },
        data: ['0', '', '0', '', '0', '', '0']
    }]
```

```
};
option && myChart.setOption(option);
</script>
@section Scripts
{
    <script src="~/js/signalr/dist/browser/signalr.js"></script>
    <script src="~/js/echartchat.js"></script>
}
```

⑩ 修改 Index.cshtml.cs 文件，此文件的功能是模拟实时数据，响应前台 POST 请求并将数据推送给 SignalR 分配的唯一编号的用户。代码如下。

```
using System;
using System.Threading.Tasks;
using Microsoft.AspNetCore.Mvc;
using Microsoft.AspNetCore.Mvc.RazorPages;
using Microsoft.AspNetCore.SignalR;
using SC.Hubs;
namespace SC.Pages.Echarts
{
    public class IndexModel : PageModel
    {
        private readonly IHubContext<ChatHub, IChatClient> _hubContext;
        public IndexModel(IHubContext<ChatHub, IChatClient> hubContext)
        {
            _hubContext = hubContext;
        }
        public void OnGet()
        {
        }
        public async Task<JsonResult> OnPostAsync(string user)
        {
            if (string.IsNullOrWhiteSpace(user))
            {
                return new JsonResult(new { status = "fail", message = "NoUser" });
            }
            await Task.Factory.StartNew(async () =>
            {
                var rnd = new Random(DateTime.Now.Millisecond);
                for (var i = 0; i < 20; i++)
                {
                    await _hubContext.Clients.Client(user)
                        .EchartsMessage(
                            new[] {
                                $ "{rnd.Next(35,40)}",
                                "",
                                $ "{rnd.Next(36,41)}",
                                "",
                                $ "{rnd.Next(37,40)}",
                                "",
                                $ "{rnd.Next(35,40)}"}
                        );
                    await Task.Delay(2000);
                }
            }, TaskCreationOptions.LongRunning);
            return new JsonResult(new { status = "ok" });
```

```
        }
    }
}
```

⑪ 修改 echartchat.js 文件，此文件的功能是与后端通过 SignalR 进行通信，代码如下。

```javascript
"use strict";
var connection = new signalR.HubConnectionBuilder()
    .withUrl("/chatHub")
    .withAutomaticReconnect()
    .configureLogging(signalR.LogLevel.Debug)
    .build();
var user = "";
var chartDom = document.getElementById('main');
var myChart = window.echarts.init(chartDom);
connection.on("GetMyId", function (data) {
    user = data.userId;
});
connection.on("EchartsMessage", function (data) {
    var option = {
        series: [{
            data: data
        }]
    };
    myChart.setOption(option);
});
connection.start().then(function () {
    console.log("服务器已连接");
}).catch(function (err) {
    return console.error(err.toString());
});
```

⑫ 运行该程序，单击"模拟监测"按钮，显示结果如图 6-32 所示。

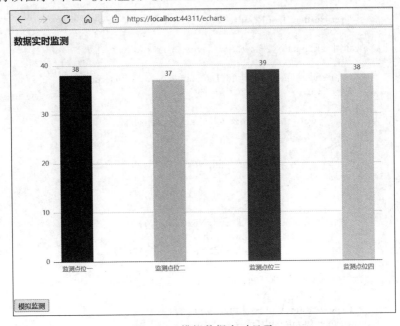

图 6-32　模拟数据实时显示

小　结

本章主要介绍了 SignalR 实时通信技术。首先对 SignalR 进行了简要介绍,然后分别介绍了四种实时 Web 通信技术,包括 Long Polling、Server Sent Events、WebSocket 和 SignalR,并用同一案例介绍了这几种通信技术的实现方式;其次重点介绍了 SignalR 的回落机制和 Hub 组件的概念;最后通过综合实例介绍了 SignalR 与 Echarts 等技术的综合应用。本章应重点掌握 SignalR 的实时通信技术原理及其应用。

习　题

一、作业题

1. 在 Web 实时通信中有哪些技术? 其优缺点是什么?

2. 什么是 SignalR? 它有哪些特点?

3. 在 SignalR 的 Hub 组件中 Clients 的调用方法有哪些?

二、上机实践题

修改例 6-6,当客户端用户打开聊天室页面或关闭页面后分别出现"有人进入聊天室了"或"有人离开聊天室了"的提示信息,如图 6-33 所示。

图 6-33　聊天室用户进入或离开提示

Blazor

Blazor 是微软公司推出的一种单页应用程序开发框架。它借鉴和总结了以往成熟开发框架的特点,使用 C# 语言实现了客户端与服务器端的交互。本章将主要介绍 Blazor 的应用模型、组件的概念与应用、数据绑定、事件处理、组件间进行通信及路由组件的概念和应用。

本章主要学习目标如下:
- 掌握 Blazor 的应用模型。
- 掌握 Blazor 项目的开发过程。
- 掌握 Blazor 组件的建立与应用。

7.1 Blazor 简介

7.1.1 何谓 Blazor

Blazor 是一个使用 .NET 技术生成交互式客户端 Web UI 的框架。它具有如下特点。
- 使用 C# 语言替代 JavaScript 来创建交互式界面。
- 共享服务器端和浏览器端应用逻辑。
- 将用户界面通过 HTML 和 CSS 技术呈现,支持包括移动浏览器端在内的更多浏览器。
- 集成新式托管平台(如 Docker)。

其原理结构如图 7-1 所示。

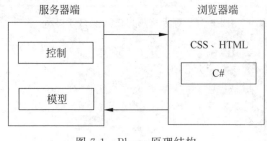

图 7-1　Blazor 原理结构

7.1.2 Blazor 的托管模型

Blazor 作为一种 Web 框架支持客户端和服务器端两种运行模式。其中客户端依赖

WebAssembly 运行；服务器端是直接把渲染的结果发送给浏览器。

1．客户端模式

如图 7-2 所示，此工作模式是将服务器端用 C♯ 语言编写的组件以程序集的形式发送给客户端浏览器，客户端浏览器是无法直接识别程序集的，为此服务器端在发送程序集的同时还会发送一个 mono。这里的 mono 类似一个开源的.NET Framework，它可以解释包含在程序集里的中间语言(IL)，而使用 C♯ 开发的源码首先会转换为中间语言，然后再添加到程序集中。mono 在浏览器端可以被执行是因为它本身是由一种类似汇编(Assembly)的语言编写的，浏览器可以通过 WebAssembly 来运行 mono，此时 mono 就会把程序集中的代码解释为 WebAssembly，浏览器就可以运行定义的组件了，当然这里的运行仍然是以 JavaScript 的方式进行。

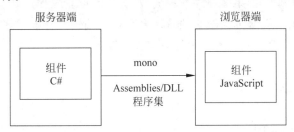

图 7-2　客户端模式

Blazor WebAssembly 托管模型具有以下优点。

- 无须.NET 服务器端依赖项，应用下载到客户端后即可正常运行。
- 可充分利用客户端资源和功能。
- 工作量从服务器端转移到客户端。
- 无须 ASP.NET Core Web 服务器即可托管应用。例如通过内容分发网络（CDN）为应用提供服务的方案。

Blazor WebAssembly 托管模型具有以下局限性。

- 应用程序需符合浏览器端运行的要求。
- 客户端的硬件和软件应满足可应用的限制条件(例如客户端需支持 WebAssembly)。
- 下载项较大，应用加载耗时较长。

2．服务器端模式

如图 7-3 所示，此模式工作时，将 C♯ 语言编写的组件在服务器端进行渲染，转变成 UI 代码后通过 SignalR 发送给客户端浏览器。在浏览器涉及用户页面更新、事件处理和 JavaScript 脚本调用时也是通过 SignalR 连接发送给服务器端的，服务器端接收后重新进行渲染处理，然后再将处理后的 UI 发送给浏览器端。

Blazor 服务器端托管模型具有以下优点。

- 比客户端模式下载的文件体积小，且应用加载速度快。
- 可充分利用服务器功能，包括使用任何与.NET Core 兼容的 API。
- 服务器上的.NET Core 对应用程序的运行提供支持。
- 支持瘦客户端。例如 Blazor 服务器端应用适用于不支持 WebAssembly 的浏览器以及资源受限的设备。
- 使用的.NET/C♯代码库(其中包括应用的组件代码)不适用于客户端。

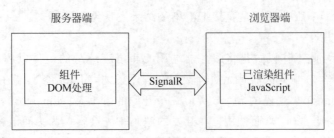

图 7-3　服务器端模式

Blazor 服务器端托管模型具有以下局限性。

- 通常延迟较高。因为每个浏览器端与服务器端进行交互时都需要建立通信。
- 不支持脱机工作。如果客户端连接失败，应用会停止工作。
- 如果有多名用户则服务器端必须管理多个客户端连接并处理客户端状态。
- 需要 ASP. NET Core 服务器端为应用提供服务。

7.2　创建 Blazor 项目

7.2.1　创建项目

【例 7-1】　创建 Blazor 服务器端示例项目。

① 打开 Visual Studio 2019 应用程序，出现如图 7-4 所示的对话框，选择"创建新项目"选项。

图 7-4　创建新项目

② 打开"创建新项目"对话框，在搜索框中输入 blazor，选择搜索到的"Blazor 应用"选

项,然后单击"下一步"按钮,如图 7-5 所示。

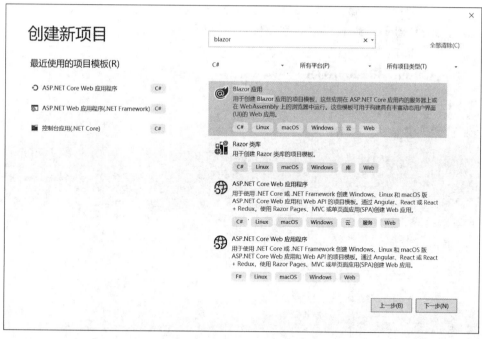

图 7-5　选择"Blazor 应用"选项

③ 在打开的"配置新项目"对话框的"项目名称"文本框中输入新建项目的名称,如 BlazorApp,在"位置"组合框输入或选择该项目保存的路径,其他选项按默认值设置,然后单击"创建"按钮进行下一步操作,如图 7-6 所示。

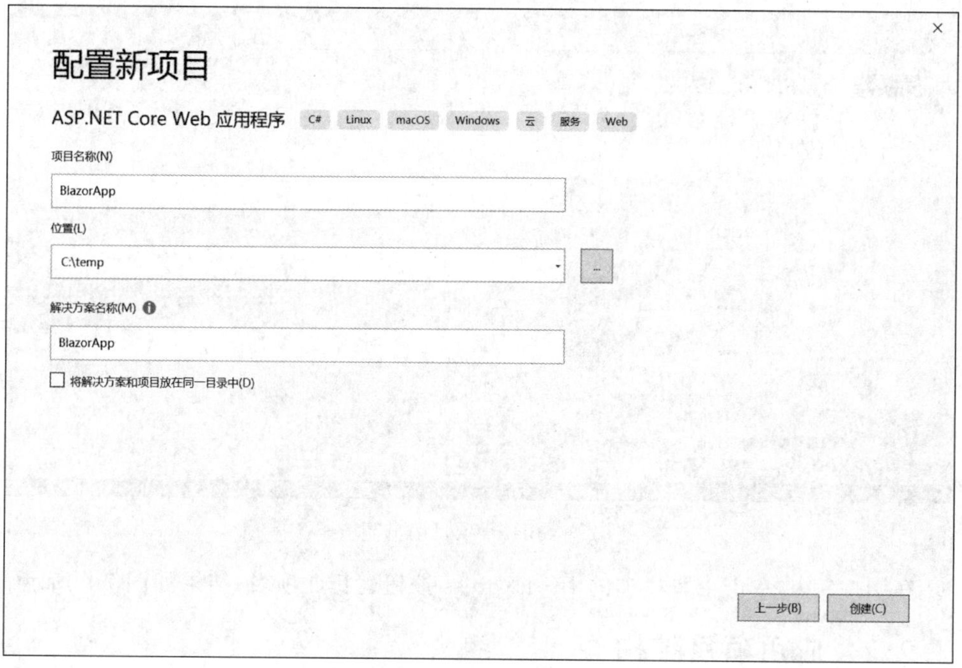

图 7-6　配置新项目

④ 打开"创建新的 Blazor 应用"对话框，因为本系统为 Microsoft Visual Studio Community 2019 16.4.4 版，此版本还没有提供客户端应用，所以在本对话框中仅有服务器端的应用。选择"Blazor Server 应用"选项后单击"创建"按钮，如图 7-7 所示。

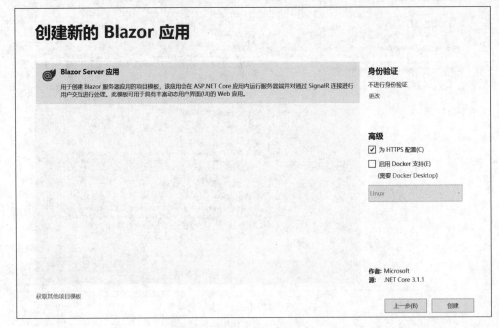

图 7-7　创建新的 Blazor 应用

⑤ 项目创建完成后进入如图 7-8 所示的项目编辑环境。

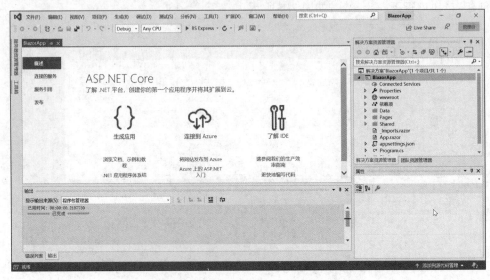

图 7-8　Blazor 项目编辑环境

⑥ 在图 7-8 中，单击工具栏中的 IIS Express 按钮运行此项目，结果如图 7-9 所示。

7.2.2　应用项目结构

在创建完 Blazor 项目后，系统将自动建立如图 7-10 所示的文件及文件夹，下面对核心

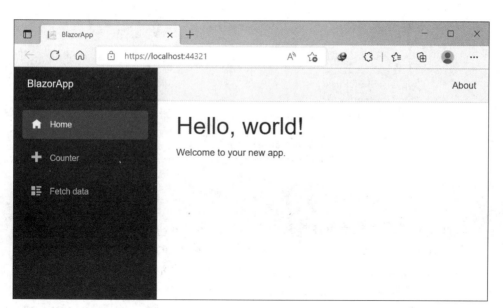

图 7-9 Blazor 项目运行结果

文件进行说明。

1. Program. cs 文件

此文件包含 Main()方法,它是服务器端应用程序的起点。项目运行时通过 webBuilder. UseStartup <Startup>()命令指定 Startup. cs 文件进行启动配置。

2. Startup. cs 文件

该文件的主要作用是对在项目中用到的静态文件、管道、服务、日志、路由、数据库连接、过滤器的注册等进行启动配置,文件主要代码如下。

图 7-10 Blazor 项目结构

```
public class Startup
{
    public Startup(IConfiguration configuration)
    {
        Configuration = configuration;
    }
    public IConfiguration Configuration { get; }
      public void ConfigureServices(IServiceCollection services)
    {
        services.AddRazorPages();
        services.AddServerSideBlazor();
        services.AddSingleton<WeatherForecastService>();
    }
    public void Configure(IApplicationBuilder app, IWebHostEnvironment env)
    {
        if (env.IsDevelopment())
        {
            app.UseDeveloperExceptionPage();
        }
```

```
            else
            {
                app.UseExceptionHandler("/Error");
            }
            app.UseStaticFiles();
            app.UseRouting();
            app.UseEndpoints(endpoints =>
            {
                endpoints.MapBlazorHub();
                endpoints.MapFallbackToPage("/_Host");
            });
        }
    }
```

在 Startup.cs 文件中主要包含两个方法：ConfigureServices()和 Configure()。

ConfigureServices()方法的功能是配置应用的依赖项注入（DI）服务。其中，services.AddRazorPages()语句表示通过注册 Razor Pages 引擎来渲染包含 Razor 语法的页面；services.AddServerSideBlazor()语句表示注册服务器端的 Blazor 应用。

Configure()方法的作用是配置 HTTP 请求管道。其中，endpoints.MapBlazorHub()方法表示设置与浏览器进行实时连接时使用的终结点，该连接是使用 SignalR 创建的；endpoints.MapFallbackToPage("/_Host")表示设置应用的根页面，即 Pages/_Host.cshtml 文件，并启用导航。

3. Pages 文件夹

该文件夹存放在客户端显示的路由组件或页面，包含的文件有如下 5 个。

1) _Host.cshtml

_Host.cshtml 是客户端显示的框架页面，也是项目应用的根页面。项目在请求任何页面时都会把此页面首先呈现给客户端。此文件的部分代码如下。

```
<body>
    <app>
        <component type="typeof(App)" render-mode="ServerPrerendered" />
    </app>
    <div id="blazor-error-ui">
        <environment include="Staging,Production">
            An error has occurred. This application may no longer respond until reloaded.
        </environment>
        <environment include="Development">
            An unhandled exception has occurred. See browser dev tools for details.
        </environment>
        <a href="" class="reload">Reload</a>
        <a class="dismiss">×</a>
    </div>
    <script src="_framework/blazor.server.js"></script>
</body>
```

其中，<component type="typeof(App)" render-mode="ServerPrerendered"/>语句表示通过指定的路由定位到实际执行页面，对应 App.razor 路由文件查找执行。

<script src="_framework/blazor.server.js"></script>语句表示加载 JavaScript 文件，该文件包括 SignalR 的功能，通过此文件建立浏览器与服务器之间的实时连接。

2）Index. razor、FetchData. razor、Counter. razor 和 Error. razor

这 4 个文件都是组成 Blazor 应用的可路由页面,每个文件的第一行使用@page 指令指定路由。如在 Index. razor 中包含@page "/"语句,该语句指定了 Index. razor 文件运行在根目录下,该文件也是默认的启动文件。

FetchData 页面实现了数据提取功能,Counter 页面实现了计数功能,Error 是当应用中发生未经处理的异常时显示此页面内容。

4. Shared 文件夹

该文件夹下包含了程序运行时用到的其他文件,具体为 MainLayout. razor 与 NavMenu. razor。其中,MainLayout 为应用的母版页组件,所有页面均可共享;NavMenu 则用来实现侧栏导航。在该文件中使用 NavLink 组件实现指向其他 Razor 组件的导航链接。

5. _Imports. razor 文件

_Imports. razor 文件用于存放页面文件共享的代码,如对命名空间引用。代码如下。

```
@using System. Net. Http
@using Microsoft. AspNetCore. Authorization
@using Microsoft. AspNetCore. Components. Authorization
@using Microsoft. AspNetCore. Components. Forms
@using Microsoft. AspNetCore. Components. Routing
@using Microsoft. AspNetCore. Components. Web
@using Microsoft. JSInterop
@using BlazorApp
@using BlazorApp. Shared
```

6. Data 文件夹

该文件夹包含应用程序提供的示例天气数据的类及实现,包含 WeatherForecast. cs 和 WeatherForecastService. cs 两个文件。

7. App. razor 文件

使用 Router 组件设置客户端路由的应用程序的根组件。在程序执行过程中该组件会监视浏览器地址的变化,并把与请求地址匹配的页面发送给客户端。

8. wwwroot 文件夹

wwwroot 文件夹包含应用程序所用到的 CSS、图片等静态资源的 Web 根文件夹。

9. appsettings. json 文件

appsettings. json 文件为服务器端应用的配置文件。

7.3　组件

Blazor 中的组件是指 UI 元素,例如页面、对话框或数据输入窗口。该组件由 HTML 部分和处理数据或事件的 C♯ 代码部分组成。组件可以在项目中嵌套、重复使用,也可以跨多个项目重用。Blazor 组件具有 Razor 语法是因为它本身是由 Razor 组件实现的,这也是扩展名为 . razor 的原因。

7.3.1　Counter 组件

Counter 组件是 Pages 文件夹中的一个页面,现以该页面为例对 Blazor 组件进行说明。

首先看一下该组件的源码。

```
@page "/counter"
<h1>Counter</h1>
<p>Current count: @currentCount</p>
<button class="btn btn-primary" @onclick="IncrementCount">Click me</button>
@code {
    private int currentCount = 0;
    private void IncrementCount()
    {
        currentCount++;
    }
}
```

源码的首行用@page指令定义了组件的路由,可以在浏览器中URL末尾添加/counter路径来访问。如果去掉该行,则该组件就会变为子组件。可以将这段代码嵌入其他组件中使用。

@page指令可以声明多个,如下所示。

```
@page "/counter"
@page "/weather"
```

上述语句表示可以使用两个不同的URL访问此组件。

在首行指定了访问路由之后出现的是HTML部分,分别定义了一个标题、一个段落和一个命令按钮。

```
<p>Current count: @currentCount</p>
```

上述语句表示输出变量currentCount的值,此处是使用Razor语法来输出后面源码中C#代码块中定义的currentCount变量的值。

```
<button class="btn btn-primary" @onclick="IncrementCount">Click me</button>
```

上述语句表示在单击所定义的按钮时将调用IncrementCount()方法响应用户的操作。

```
@code {
    private int currentCount = 0;
    private void IncrementCount()
    {
        currentCount++;
    }
}
```

上面代码是用C#语言编写的在单击按钮时将变量currentCount进行自增的命令。

该程序编译运行时将当前页面HTML部分和C#代码转换为一个与文件名相对应的组件类,该类的成员即为@code中定义的相同变量和方法。

7.3.2 添加组件

【例7-2】 创建Blazor项目并在当前项目中添加一个计算平方根的组件页面。

① 创建Blazor项目。

② 右击Pages文件夹,在弹出的快捷菜单中选择"添加"→"新建项"命令,如图7-11所示。

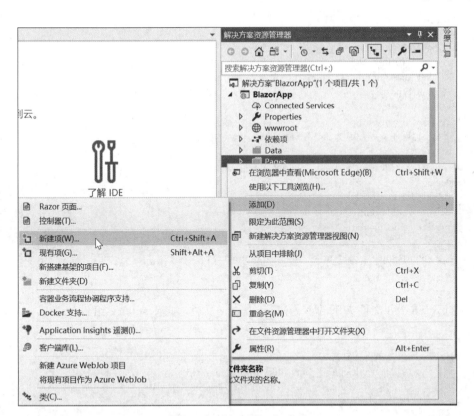

图 7-11　添加 Razor 新建项

③ 在图 7-12 中选择"Razor 组件"选项,在"名称"文本框中输入 Square.razor,最后单击"添加"按钮。注意,组件名称的第一个字母要大写。

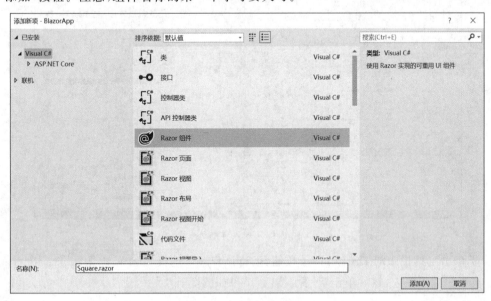

图 7-12　添加新项

④ 打开 Square.razor 文件并对该文件进行编辑,输入如下代码。

```
@page "/Square"
< h3 > Square </h3 >
< div class="form-group">
    < label for="number1">请输入一个正整数</label >
    < input type="number" class="form-control" id="number1" @bind="number1">
</div >
< div class="form-group">
    < label >< b >平方根为：</b >@numresult </label >
</div >
< button class="btn btn-primary" @onclick="Calculate">计算</button >
@code {
    private int number1 = 0;
    private double numresult = 0;
    private void Calculate()
    {
        numresult = System.Math.Sqrt(number1);
    }
}
```

⑤ 打开 Shared 文件夹下的 NavMenu. razor 文件，加入 square 组件使之成为导航列，代码如下。

```
< li class="nav-item px-3">
        < NavLink class="nav-link" href="square">
            < span class="oi oi-calculator" aria-hidden="true"></span > square
        </NavLink >
</li >
```

结果如图 7-13 所示。

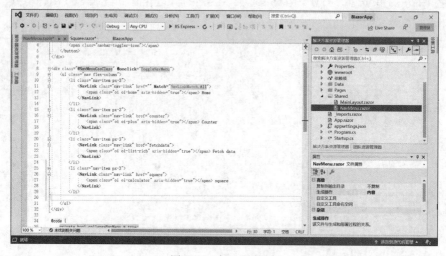

图 7-13　加入导航列

⑥ 单击工具栏中的 IIS Express 按钮，运行该程序。选择左侧菜单项 square，在右侧窗口中输入一个正整数，然后单击"计算"按钮，结果如图 7-14 所示。

7.3.3　拆分 Blazor 组件

可以将例 7-2 中的 Square. razor 组件代码拆分成两部分，即 C♯ 代码和 HTML 代码。

图 7-14 运行结果

此种做法的目的是增加代码的可维护性。

【例 7-3】 使用基类拆分组件。

将@code 块中的属性和方法添加到独立的类中,该类为 ComponentBase 类的派生类,使用@inherits 指令来指定组件的基类。具体步骤如下。

① 选择 Pages 文件夹后右击,在弹出的快捷菜单中选择"添加"→"新建项"命令,如图 7-15 所示。

② 在打开的"添加新项"对话框中选择"类"选项,在"名称"文本框中输入 SquareBase.cs,单击"添加"按钮,如图 7-16 所示。

③ 打开 SquareBase.cs 文件并输入如下代码。

```
public class SquareBase : Microsoft.AspNetCore.Components.ComponentBase
    {
        public int number1 = 0;
        public double numresult = 0;
        public void Calculate()
        {
            numresult = System.Math.Sqrt(number1);
        }
    }
```

上述代码中 SquareBase 类继承的是 ComponentBase 类,同时将数据定义部分的 private 改为 public,否则在此文件中定义的变量将不能被访问到。

④ 在 Square.razor 文件中添加如下代码。

```
@inherits SquareBase
```

@inherits 指令指定组件的基类,同时将@code 中的代码删掉。

⑤ 单击工具栏中的 IIS Express 按钮运行程序,结果与图 7-14 所示结果相同。

【例 7-4】 使用部分类拆分组件。

将@code 块中的属性和方法添加到与组件名相同的类中,即 square.razor.cs,该类作

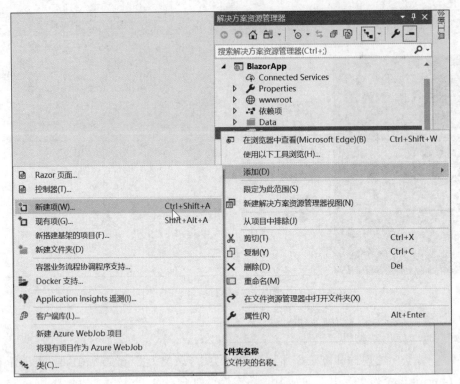

图 7-15　添加新建项

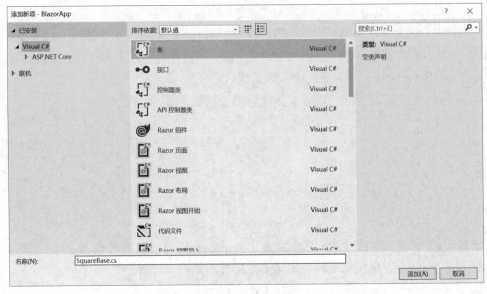

图 7-16　添加类

为部分类会成为隐含文件。该文件中声明的字段和属性可在 Blazor 组件中直接使用。具体步骤如下。

① 打开例 7-2,选择 Pages 文件夹后右击,在弹出的快捷菜单中选择"添加"→"新建项"命令。在打开的"添加新项"对话框中选择"类"选项,在"名称"文本框中输入 Square. razor.

cs,单击"添加"按钮。

② 在打开的 Square.razor.cs 文件中输入如下代码。

```
public class SquareBase : Microsoft.AspNetCore.Components.ComponentBase
    {
        public int number1 = 0;
        public double numresult = 0;

        public void Calculate()
        {
            numresult = System.Math.Sqrt(number1);
        }
    }
```

③ 在 Square.razor 文件中添加如下代码。

```
@inherits SquareBase
```

同时,将 @code 中的代码删掉。

④ 单击工具栏中的 IIS Express 按钮运行程序,结果与图 7-13 所示结果相同。

7.3.4　创建和使用子组件

所谓子组件是指没有使用 @page 指令的组件。这些子组件可以包含在其他组件中,也可以在同一组件中出现多次。子组件通常存储在 Shared 文件夹中。

【例 7-5】　创建和使用子组件。

① 右击 Shared 文件夹,在弹出的快捷菜单中选择"添加"→"新建项"命令,如图 7-17 所示。

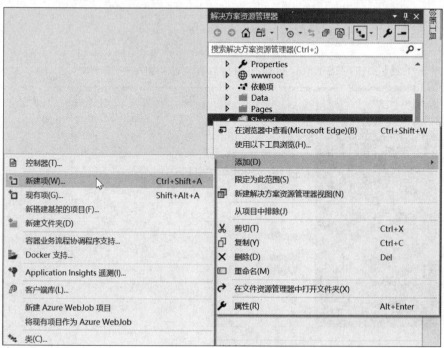

图 7-17　添加新建项

② 在打开的"添加新项"对话框中选择"Razor 组件"选项，在"名称"文本框中输入 SubRazorTitle.razor。单击"添加"按钮，如图 7-18 所示。注意，SubRazorTitle 文件名的第一个字母要大写。

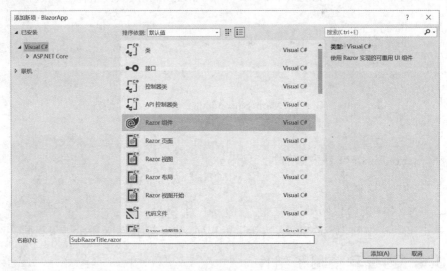

图 7-18　添加 Razor 组件

③ 在 SubRazorTitle.razor 文件中输入如下 HTML 代码。

<h3>计算整数的平方根</h3>

④ 将 Square.razor 文件中的代码

<h3>Square</h3>

替换为

<SubRazorTitle />

⑤ 单击工具栏中的 IIS Express 按钮运行程序，结果如图 7-19 所示。

图 7-19　子组件运行结果

7.3.5 带参数的组件

在组件嵌套调用过程中可以给组件定义一些参数，在调用的同时将参数传递过去。下面在例 7-5 的基础上说明如何定义参数及传递参数。

【例 7-6】 创建带参数的组件。

① 打开 SubRazorTitle. razor 文件，输入如下代码。

```
<h3>@Paratitle</h3>
@code {
    [Parameter]
    public string Paratitle { get; set; } = "默认标题：计算整数的平方根";
}
```

② 单击工具栏中的 IIS Express 按钮运行程序，结果如图 7-20 所示。

图 7-20 默认参数运行结果

当前显示的是默认参数的运行结果。

③ 打开 Square. razor 文件，将原语句

```
<SubRazorTitle />
```

修改为

```
<SubRazorTitle Paratitle="计算平方根" />
```

将"计算平方根"参数代入子组件，运行结果如图 7-21 所示。

7.3.6 带路由参数的组件

Razor 组件可以接收来自 @page 指令中路由模板的参数，路由器使用路由参数自动填充相应的组件参数。下面通过一个示例进行说明。

【例 7-7】 创建带路由参数的组件。

① 创建 Wellcome. razor 组件，如图 7-22 所示。

图 7-21　带参数运行结果

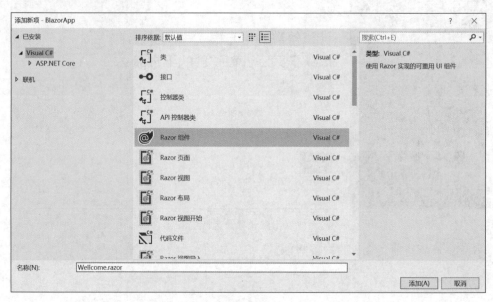

图 7-22　创建 Razor 组件

② 打开 Wellcome.razor 文件并输入如下代码。

```
@page "/Wellcome/{classroomid:int}"
<h3>第一教学楼</h3>
教室编号:@classroomid
@code {
        [Parameter]
        public int classroomid { get; set; }
}
```

③ 单击工具栏中的 IIS Express 按钮运行程序，在浏览器 URL 地址后面输入 wellcome/1120，结果如图 7-23 所示。

图 7-23　带路由参数的组件运行结果

代码@page "/Wellcome/{classroomid：int}"表示定义了一个带有 int 参数 classroomid 的路由模板。classroomid 路由参数将自动映射到[Parameter]里面的组件参数中去。

7.4　数据绑定

在 Web 应用程序中经常要显示或获取一些数据,需要用到 Blazor 数据绑定技术,该技术能够实现单向和双向的数据绑定。

7.4.1　单向数据绑定

所谓单向数据绑定指的是数据仅沿一个方向传递。通常是当用户执行某些操作或响应某些事件而触发应用程序代码时被执行,从而引起数据更新。

单向绑定格式：@＋属性、字段或方法。如：

＜p＞Current count：@currentCount＜/p＞

该语句表示@currentCount 与一个 p 元素绑定。具体示例代码可参考 7.3.1 节内容。

7.4.2　双向数据绑定

所谓双向数据绑定指的是数据在前后端之间进行传递。通常是用户在前端更新了某个值后,该值在后端代码中被自动修改,然后又将修改后的值回传到前端,前端所有与该值绑定的数据也都进行了更新。

双向绑定格式：@bind＋属性、字段或事件。

【例 7-8】　双向数据绑定示例。

① 创建 Doublebind 组件,打开该组件并输入如下内容。

@page "/Doublebind"

```
<h1>@Title</h1>
<input @bind="Title" />
@code {
    public string Title { get; set; } = "双向数据绑定";
}
```

② 运行该程序,在浏览器 URL 地址后面输入/doublebind,出现如图 7-24 所示界面,在文本框中输入任何字符后按 Enter 键,文本框上面 h1 绑定的文字也随之改变。

图 7-24　运行双向数据绑定组件

7.4.3　数据绑定示例

【例 7-9】　数据绑定综合示例。

在 Pages 文件夹中添加一个新的 Blazor 组件 Score。该组件能够实现课程名称、学生姓名和成绩的输入与预览。其中,课程名称采用单向数据绑定方式,学生姓名和成绩采用双向数据绑定方式。

① 创建 Blazor 项目。

② 在 Pages 目录下新建 Score. razor 文件,并添加如下 HTML 代码。

```
@page "/Score"
<h1>数据绑定示例</h1>
<div class="container">
    <div class="row">
        <div class="col-8">
            <h3>输入页</h3>
            <form>
                <div class="form-group">
                    <label for="Coursename">课程名称</label>
                    <input type="text" class="form-control" id="Coursename">
                </div>
                <div class="form-group">
                    <label for="Stuname">学生姓名</label>
```

```
                    <input type="text" class="form-control" id="Stuname">
                </div>
                <div class="form-group">
                    <label for="Style">成绩</label>
                    <select class="form-control" id="Style">
                        @foreach (var style in Styles)
                        {
                            <option value="@style.scorevalue">@style.scorevalue</option>
                        }
                    </select>
                </div>
                <button class="btn btn-secondary mb-2">Reset</button>
            </form>
        </div>
        <div class="col-4">
            <h3>预览页</h3>
            <div class="card bg-light w-100">
                <div class="card-header">
                    课程名称
                </div>
                <div class="card-body">
                    <p class="card-text">
                        学生姓名
                    </p>
                </div>
                <div class="card-header">
                    <p class="card-text">
                        成绩
                    </p>
                </div>
            </div>
        </div>
    </div>
</div>
```

③ 添加 Score.razor.cs 类文件,该类有三个带有默认值的属性 Coursename、Stuname 和 Stuscore,同时还包括一个 ResetCard()方法,当用户单击 Reset 按钮时会调用此方法,将属性重置为默认值。Stuscore 的值通过下拉列表进行选择。源码如下。

```
public partial class Score
    {
        public string Coursename { get; set; } = "课程名称";
        public string Stuname { get; set; } = "学生姓名";
        public string Stuscore { get; set; } = "通过";
        public List<StyleInfo> Styles { get; set; }
        protected override void OnInitialized()
        {
            Styles = new List<StyleInfo>()
        {
            new StyleInfo() {scorevalue = "通过" },
            new StyleInfo() {scorevalue = "没有通过" }
        };
        }
        public void ResetCard(MouseEventArgs args)
```

```
        {
            Coursename = "课程名称";
            Stuname = "学生姓名";
                        }
    }
```

④ 在 Data 文件夹中添加 StyleInfo.cs 类文件，该类文件实现对下拉列表中的值进行读取。代码如下。

```
public class StyleInfo
    {
        public string scorevalue { get; set; }
    }
```

⑤ 打开 Score.razor 文件，修改原代码，将 input 元素的 value 属性与 Coursename 相绑定并与 @onchange 事件关联起来。

原代码为

```
< div class="form-group">
        < label for="Coursename">课程名称</label>
        < input type="text" class="form-control" id="Coursename" >
</div >
```

修改为

```
< div class="form-group">
        < label for="Coursename">课程名称</label>
        < input type="text" class="form-control" id="Coursename" value="@Coursename"
            @onchange="UpdateCoursename">
</div >
```

在"预览页"代码中，将原代码

```
< div class="card-header">
    课程名称
</div >
```

修改为

```
< div class="card-header">
    @Coursename
</div >
```

⑥ 打开 Score.razor.cs 文件，添加 UpdateCoursename()方法，实现"Coursename"的单向绑定。

```
public void UpdateCoursename(ChangeEventArgs e)
    {
        Coursename = e.Value.ToString();
    }
```

⑦ 返回 Score.razor 文件，对 Stuname 进行双向绑定。

将原代码

```
< div class="form-group">
    < label for="Stuname">学生姓名</label>
    < input type="text" class="form-control" id="Stuname">
```

```
</div>
```

修改为

```
< div class＝"form-group">
    < label for＝"Stuname">学生姓名</label>
    < input type＝"text" class＝"form-control" id＝"Stuname" @bind＝"Stuname" @bind:event＝
"oninput">
</div>
```

在"预览页"代码中,将"学生姓名"改为@Stuname。

将原代码

```
< p class＝"card-text">
    学生姓名
</p>
```

修改为

```
< p class＝"card-text">
    @Stuname
</p>
```

⑧ 继续对 Score. razor 文件进行修改。将下拉列表进行双向绑定,指定使用 select 的
onchange 事件,以便每次用户从下拉列表中选择一个选项时,选择的成绩等级自动更新。

原代码为

```
< div class＝"form-group">
    < label for＝"Style">成绩</label>
    < select class＝"form-control" id＝"Style" >
        @foreach (var style in Styles)
            {
                < option value＝"@style. scorevalue">@style. scorevalue </option>
            }
        </select>
    </div>
```

修改代码如下:

```
< div class＝"form-group">
    < label for＝"Style">成绩</label>
        < select class＝"form-control" id＝"Style" @bind＝"Stuscore" @bind:event＝"onchange">
        @foreach (var style in Styles)
            {
                < option value＝"@style. scorevalue">@style. scorevalue </option>
            }
        </select>
</div>
```

在"预览页"代码中,将"成绩"改为@Stuscore,如下所示。

原代码为

```
< p class＝"card-text">
    成绩
</p>
```

修改后代码为

```
<p class="card-text">
    @Stuscore
</p>
```

⑨ 运行当前程序,在浏览器 URL 地址后面输入/score 后按 Enter 键,显示结果如图 7-25 所示。

图 7-25　Score 组件运行结果

在"输入页"部分的"课程名称"文本框中输入课程名称,当焦点离开该输入框时,"预览页"部分的"课程名称"文本框中显示输入后的值。在"输入页"部分"学生姓名"文本框中输入学生姓名时,在"预览页"部分的"学生姓名"文本框中同时显示该输入的值。在"输入页"部分的"成绩"文本框中选择成绩时,在"预览页"部分同时显示选择的结果。

7.5　事件处理

在当前开发的 Web 应用程序中用户交互是很常见的,根据不同的应用程序事件和用户操作动态更新用户界面通常是由事件处理程序来实现的。下面介绍 Blazor 事件处理程序的用法。

7.5.1　基本语法

事件处理基本语法:

@on{DOM EVENT}="{DELEGATE}"

其中,{DOM EVENT} 占位符是文档对象模型 (DOM) 事件(例如 click);{DELEGATE}占位符是 C♯ 委托事件处理程序。

如要处理单击按钮事件,可使用如下语句:

```
<button @onclick="calculate" />
```

【例 7-10】　从键盘输入一个整数,判断该数是奇数还是偶数。

① 创建 Blazor 项目。

② 添加 Judge 组件,并输入如下代码。

```
@page "/Judge"
<h3>判断奇偶性</h3>
```

```
<div class="form-group">
    <label for="number1">整数</label>
    <input type="number" class="form-control" id="number1" @bind="number1">
</div>
<div class="form-group">
    <label><b>结论：</b>@result</label>
</div>
<button class="btn btn-primary" @onclick="BtnJudge">判断</button>
<button class="btn btn-secondary" @onclick="Clear">清除</button>
@code {
    private int number1 = 0;
    private int number2 = 0;
    private string result;
    private void BtnJudge()
    {
        if (number1 % 2 == 0)
            result = "这是一个偶数";
        else
            result = "这是一个奇数";
    }
    private void Clear()
    {
        number1 = 0;
        result = "";
    }
}
```

上面的组件中有两个按钮：判断和清除，它们都定义了 onclick 事件并调用了 @code 代码块中编写的 BtnJudge() 和 Clear() 方法。程序运行结果如图 7-26 所示。

图 7-26　事件处理程序运行结果

7.5.2　异步委托事件处理

Blazor 支持异步委托事件处理程序。这些处理程序类型会返回一个 Task，在函数内部可使用 await 关键字调用异步方法，下面代码演示了异步执行过程。

```
private async Task Clear()
```

```
{
    await Task.Delay(5000);
    number1 = 0;
    result = "";
}
```

7.5.3 带参数的事件处理程序

Blazor 的多数事件处理程序可以带有参数，如在例 7-11 中 onmousedown 事件将 MouseEventArgs() 传递给方法名为 down 的事件处理程序，该事件处理程序使用 MouseEventArgs 类中提供的 ScreenX 和 ScreenY 属性显示鼠标按下瞬间坐标点的值。

【例 7-11】 带参数的事件处理程序。

① 创建 Blazor 项目。

② 添加 Events.razor 组件并输入如下代码。

```
@page "/Events"
<h3>带参数的事件处理程序</h3>
<div style="width:200px; height: 200px; background: blue" @onmousedown="down"></div>
<label><b>@position</b></label>
@code {
    private string position = "";
    private void down(MouseEventArgs e)
    {
        position ="当前鼠标按下位置:"+ $"{e.ScreenX}:{e.ScreenY}";

    }
}
```

③ 运行该程序，当鼠标在蓝色方框中单击时，蓝色方框下面显示单击时的位置信息，如图 7-27 所示。注：本书为黑白印刷，具体颜色可参考相应操作界面。

图 7-27　带参数的事件处理程序

常用的 EventArgs 如表 7-1 所示。

表 7-1　常用的 EventArgs

事　　件	类	DOM 事件
焦点(Focus)	FocusEventArgs	onfocus,onblur,onfocusin,onfocusout
输入(Input)	ChangeEventArgs	onchange,oninput
键盘(Keyboard)	KeyboardEventArgs	onkeydown,onkeypress,onkeyup
鼠标(Mouse)	MouseEventArgs	onclick, oncontextmenu, ondblclick, onmousedown, onmouseup,onmouseover,onmousemove,onmouseout
鼠标滚轮(Mouse wheel)	WheelEventArgs	onwheel,onmousewheel
触控(Touch)	TouchEventArgs	ontouchstart, ontouchend, ontouchmove, ontouchenter, ontouchleave,ontouchcancel

7.6　组件间进行通信

在 Blazor 应用程序中组件间进行交互经常会用到数据或事件的传递,本节介绍数据或事件在组件间是如何进行通信的。

7.6.1　通信过程

为了描述组件间的交互,通常用父组件和子组件来说明其数据传递过程。

(1) 在子组件中声明一个 EventCallback 或 EventCallback<T>委托。

(2) 在父组件中针对子组件的 EventCallback 或 EventCallback<T>添加一个回调方法。

(3) 子组件调用父组件的回调方法使用下面的命令来实现。

① 如果使用的是 EventCallback,则回调方法为 InvokeAsync(Object)。

② 如果使用的是 EventCallback<T>,则回调方法为 InvokeAsync(T)。

7.6.2　通信示例

【例 7-12】　创建一个“购物车”页面,当单击父页面数量时,子页面完成单项总价的计算并回传到主页面。

① 在 Data 文件夹中创建 Goods.cs 类,用于存储购买商品的名称和价格,其中 goodsname 属性为商品名称,prices 为商品的单价。源码如下。

```
public class Goods
    {
        public string goodsname { get; set; }        //商品名称
        public int prices { get; set; }              //商品的单价
        public int quantity { get; set; }            //商品数量
    }
```

② 在项目中添加 Shopping.razor 父组件,代码如下。

```
@page "/Shopping"
@using BlazorApp.Data
<div class="row">
    <div class="col"><h3>购物车</h3></div>
    <div class="col"><h5 class="float-right">总价格: @TotalPrices</h5></div>
```

```
    </div>
    <br />
    <table class="table">
        <tr>
            <th>商品名称</th>
            <th>单价</th>
            <th>数量</th>
            <th></th>
        </tr>
        @foreach (var gd in goods)
        {
            <Quantities Item="gd" />
        }
    </table>
    @code {
        public List<Goods> goods{ get; set; }
        public int TotalPrices { get; set; }
        protected override void OnInitialized()
        {
            goods = new List<Goods>()
            {
                    new Goods() { goodsname = "钢笔", prices = 50, quantity=10 },
                    new Goods() { goodsname = "练习册", prices = 3, quantity=10 },
                    new Goods() { goodsname = "三角板", prices = 5, quantity=10 },
                    new Goods() { goodsname = "橡皮", prices = 2, quantity=10 }
            };
            UpdateTotalPrices();
        }
        public void UpdateTotalPrices()
        {
            TotalPrices = goods.Sum(x => x.prices * x.quantity);
        }
    }
```

在 HTML 代码中购物车总价格显示在页面顶部，语句如下。

```
<div class="col"><h5 class="float-right">总价格：@TotalPrices</h5></div>
```

在 HTML 表格中用 foreach 循环遍历 goods 列表并渲染一个名为 Quantities 的子组件，同时其 Item 属性将每个 gd 对象传入子组件中，语句如下。

```
@foreach (var gd in goods)
    {
        <Quantities Item="gd" />
    }
```

代码部分声明了两个属性：goods 和 TotalPrices。其中，goods 属性存储购物车列表；TotalPrices 属性表示购物车中所有商品的价格总和。在 OnInitialized()方法中对 goods 列表进行初始化。UpdateTotalPrices()方法计算 goods 列表中所有对象的价格总和。

③ 在 Shared 文件夹中创建一个子组件 Quantities.razor 并添加以下代码。

```
@using BlazorApp.Data
<tr>
    <td>@Item.goodsname</td>
    <td>@Item.prices</td>
```

```
<td>@Item.quantity</td>
<td>
    <button type="button" class="btn btn-success btn-sm float-right" @onclick="AddNum">
        + 增加数量
    </button>
    <button type="button" class="btn btn-primary btn-sm float-right" @onclick="SubNum">
        - 减少数量
    </button>
</td>
</tr>
@code {
    [Parameter]
    public Goods Item { get; set; }
        public async Task AddNum(MouseEventArgs e)
    {
    Item.quantity += 1;
    }
    public async Task SubNum(MouseEventArgs e)
    {
    Item.quantity -= 1;
    }
    }
```

该子组件有一个 Item 属性,此属性在父组件的 foreach 循环中已被设置。该子组件使用 <tr>元素生成一个表格行,并在表格单元格中显示 goodsname、prices 和 quantity 属性。在此表格的最后一列增加了两个按钮,分别为"减少数量"和"增加数量"按钮,所对应的方法分别为 SubNum()和 AddNum(),用于实现对商品数量的减少或增加。

④ 在完成上述页面设计后,下面介绍在两个页面间进行数据传递的过程。

首先在子组件 Quantities 中声明 EventCallback<T>委托。如声明一个委托 OnQuantity,并使用 MouseEventArgs 作为 T。

```
[Parameter]
public EventCallback<MouseEventArgs> OnQuantity { get; set; }
```

其次,在父页面中针对子组件的 EventCallback 委托 OnQuantity 附加一个回调方法。

```
<Quantities Item="gd" OnQuantity="UpdateTotalPrices" />
```

最后,在子组件中增加调用父组件中的回调方法。此回调方法的位置放在增加或减少数量方法中,因为此操作会引起父组件总价格的变化,具体代码如下。

```
public async Task AddNum(MouseEventArgs e)
    {
    Item.quantity += 1;
    await OnQuantity.InvokeAsync(e);
    }
    public async Task SubNum(MouseEventArgs e)
    {
    Item.quantity -= 1;
    await OnQuantity.InvokeAsync(e);
    }
```

运行程序,结果如图 7-28 所示。

单击图 7-28 中的"减少数量"或"增加数量"按钮会使得数量的值发生改变,与此同时此

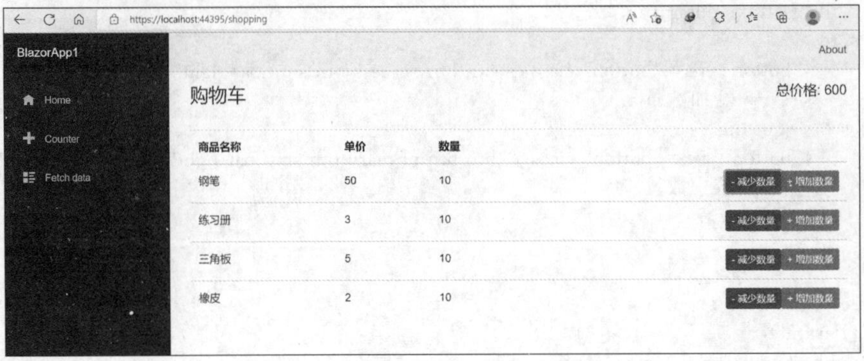

图 7-28　组件间通信

页面右上方总价格也进行了更新。

7.7　路由组件

7.7.1　Blazor 应用程序中的路由配置

Blazor Server 应用程序是通过 SignalR 实现与客户端通信的，为了能够连接 Blazor 组件，需要在 Startup.cs 文件的 Configure()方法中加入 MapBlazorHub()方法。代码如下所示。

```
app.UseEndpoints(endpoints =>
{
    endpoints.MapBlazorHub();
    endpoints.MapFallbackToPage("/_Host");
});
```

上面的代码为系统默认配置，目的是将所有请求都转发到_Host.cshtml 页面。程序运行时只有当没有其他路由匹配时才会使用该路由。

7.7.2　路由组件

路由组件是 Blazor 中的内置组件之一，当程序运行时路由功能便会启用，它会时刻监视传入的请求并传回与请求一致的页面。如下是 APP.Razor 中的源码。

```
<Router AppAssembly="@typeof(Program).Assembly">
    <Found Context="routeData">
        <RouteView RouteData="@routeData" DefaultLayout="@typeof(MainLayout)" />
    </Found>
    <NotFound>
        <LayoutView Layout="@typeof(MainLayout)">
            <p>Sorry, there's nothing at this address.</p>
        </LayoutView>
    </NotFound>
</Router>
```

当应用程序启动时会通过 AppAssembly 属性指定的程序集收集类中的路由信息，然后 RouteView 组件会接收 RouteData 以及任意路由参数，同时使用组件中已定义的布局完成指定组件的渲染。如果未定义布局，则使用 DefaultLayout 默认的位于 Shared 文件夹中的 MainLayout 组件进行布局。

程序运行中如果找到了匹配的路由则显示 Found 模板中的内容。如果没有找到则显示 NotFound 模板中的内容，默认情况下 NotFound 模板仅显示一条消息。

7.7.3　定义路由

定义路由的语法：@page＋"组件"。如：

@page "/counter"

如运行例 7-1 代码时可以在 URL 后面添加/counter 来访问 Counter 组件，如图 7-29 所示。

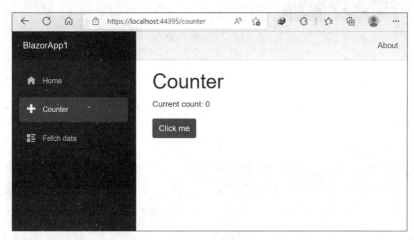

图 7-29　定义路由

7.7.4　路由参数传递

Blazor 路由支持在多个组件间进行参数的传递。传递的参数名称不区分大小写，只要定义了参数，路由器就会自动填充对应的具有相同名称的组件属性。

【例 7-13】　带参数的路由。

在 Counter 组件中，对原有路由进行更改如下。

```
@page "/counter/{title}"
<h1>@Title</h1>
<p>Current count: @currentCount</p>
<button class="btn btn-primary" @onclick="IncrementCount">Click me</button>
@code {
    private int currentCount = 0;
    [Parameter]
    public string Title { get; set; }
    private void IncrementCount()
    {
        currentCount++;
    }
}
```

可以看到组件中定义了一个路由参数 title，并创建了一个对应的属性 Title。此属性将自动使用路由参数文本的值进行填充，如图 7-30 所示。

图 7-30　带参数的路由

运行该程序并在地址栏 URL 中 /counter/ 之后输入"路由参数"字符串,会看到该值会
显示在页面标题位置。

小　　结

本章主要介绍了 Blazor 框架。首先介绍了 Blazor 的概念,通过一个简单的例子介绍了
Blazor 应用程序的创建过程,然后分别介绍了组件、数据绑定、事件处理、组件间进行通信和
路由组件的概念与使用方法。本章重点掌握服务器模式下组件的创建和应用。

习　　题

一、作业题

1. 什么是 Blazor? 它的应用模式有几种?
2. 简述创建 Blazor 项目的步骤。
3. Blazor 组件之间是如何进行通信的?

二、上机实践题

实现图 7-31 所示的"增加商品"页面,包括"商品名称""单价""数量"三个字段。

图 7-31　增加商品

第8章

Entity Framework Core

Entity Framework Core(以下简称 EF Core)是一项数据访问技术,它是继 EF 6 之后微软推出的开源、轻量级、可扩展、跨平台的对象关系映射(Object Relational Mapping,ORM)框架。本章将主要介绍 EF Core 的概念及其数据访问技术。

本章主要学习目标如下:

- 了解 EF Core 的基本概念。
- 掌握 EF Core 的两种映射模式。
- 掌握 EF Core 的迁移机制。
- 掌握 EF Core 的 CRUD 实现。

8.1 EF Core 简介

8.1.1 什么是 EF Core

EF Core 是微软官方推出的一款开源、轻量级、可扩展和跨平台的数据访问技术。它具有如下特点。

- EF Core 是 ORM 框架,它为开发人员提供了一种用于访问和存储数据库中数据的自动机制,是对原有 ADO. NET 技术的加强。
- 可以通过对象的方式访问数据库,开发人员不需要经常编写大部分数据访问代码。
- EF Core 是跨平台的,其产品可以在 . NET Core 或 . NET Framework 上运行,同时支持的操作系统包括 Windows、Linux 和 macOS。

EF Core 支持多个数据库引擎,通过使用 Provider(提供者)程序模型来访问诸多不同的数据库。EF Core 是 Microsoft. EntityFrameworkCore 的主要组成部分,它附带于 Nuget 包中,为此在使用不同的数据库时需要在应用程序中添加相应的 Database Provider NuGet 软件包。表 8-1 列出了 EF Core 支持的数据库和 NuGet 包。

表 8-1　EF Core 支持的数据库和 NuGet 包

数　据　库	NuGet 包
SQL Server	Microsoft. EntityFrameworkCore. SqlServer
MySQL	MySql. Data. EntityFrameworkCore
PostgreSQL	Microsoft. EntityFrameworkCore. SqlServer
SQLite	Microsoft. EntityFrameworkCore. SQLite
Oracle DB	Oracle. EntityFrameworkCore
DB2	IBM. EntityFrameworkCore

更多的 Database Provider 内容可参考微软官方文档。

8.1.2　ORM 介绍

ORM 简称 O/RM。它通过使用描述对象和数据库之间映射的元数据，将程序中的对象自动、持久化到关系数据库中。

在传统的 ASP.NET 技术中，如果想对数据进行添加、删除、修改和查询工作，需要为每一种可能的数据库访问操作提供单独的方法，把这种方案称为硬编码方式。这种方式的缺点是一旦出现业务需求的变更，就必须修改相关接口，缺乏弹性；同时所编写的代码重复率高，效率低下，安全问题不易保障，软件维护难度较大。图 8-1 为传统的数据访问原理。

ORM 技术的出现解决了传统技术带来的不便，使得 ORM 中间件能在任何一个应用的业务逻辑层和数据库层之间充当桥梁作用，如图 8-2 所示。

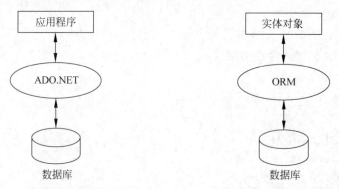

图 8-1　传统的数据访问原理　　　　图 8-2　ORM 数据访问原理

该技术具有以下优点：

- 提高了开发效率。ORM 可以自动将 Entity 对象与数据库中的表进行字段与属性的映射，所以在 ORM 项目中可以去掉专用的、代码量庞大的数据访问层。
- 支持面向对象封装。ORM 对数据库中数据的操作可以用对象的方式进行，不需要用 SQL 而直接编码，使得数据访问更加抽象、轻便。

目前，属于 ORM 的框架较多，Entity Framework 3.5 是微软公司在 2008 年推出的支持 ORM 框架的技术，2016 年微软公司又推出支持该技术的 EF Core 版本。

8.1.3　EF Core 的两种映射模式

EF Core 目前支持两种映射模式，分别是数据库优先模式（Database First）和代码优先模式（Code First）。

1. 数据库优先模式

EF Core 利用已存在的数据库中的表来生成实体类或 DbContext 类，如图 8-3 所示。

2. 代码优先模式

用户首先手写一些实体类或 DbContext 类，然后 EF Core 会根据已有的代码来生成数据库和相关表，如图 8-4 所示。

目前，EF Core 对代码优先模式支持较好，而对数据库优先模式支持有限。

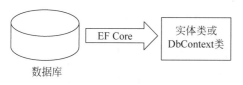

图 8-3　数据库优先模式

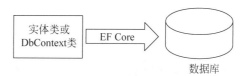

图 8-4　代码优先模式

8.2　EF Core 应用程序框架搭建

本章所有示例开发环境为 Visual Studio 2019，ASP. NET Core 为 3.1 版，数据库为微软公司的 SQL Server 2019 版。

8.2.1　建立 Web 应用程序

【例 8-1】　创建 EF Core 项目 Web 应用程序。

① 打开 Visual Studio 2019 应用程序，出现如图 8-5 所示的对话框，选择"创建新项目"选项。

图 8-5　创建新项目

② 打开"创建新项目"对话框，选择"ASP. NET Core Web 应用程序"选项，然后单击"下一步"按钮，如图 8-6 所示。

③ 打开"配置新项目"对话框，在"项目名称"文本框中输入新建项目的名称，如 EFCoreDemo，在"位置"组合框中输入或选择该项目保存的路径，其他选项按默认值设置，然后单击"创建"按钮进行下一步操作，如图 8-7 所示。

④ 在图 8-8 所示的对话框中选择"Web 应用程序（模型视图控制器）"选项后单击"创

图 8-6　创建 ASP. NET Core Web 应用程序

图 8-7　配置新项目

建"按钮。

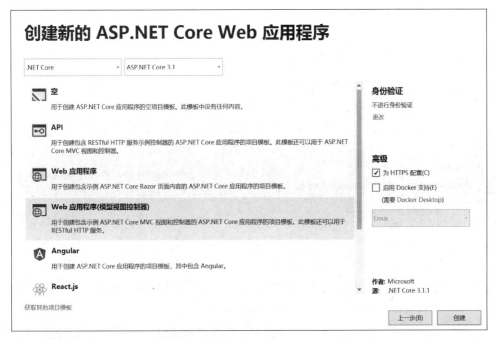

图 8-8　创建新的 ASP. NET Core Web 应用程序

⑤ 项目创建完成后进入如图 8-9 所示的项目编辑环境。

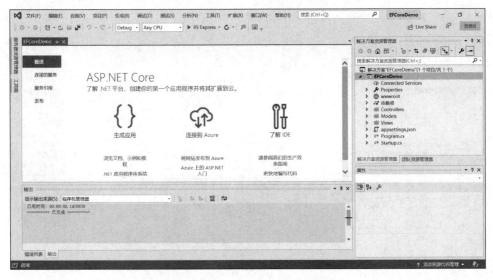

图 8-9　EFCoreDemo 项目编辑环境

8.2.2　添加依赖包

为了在项目中能够使用 EF Core,需要手动添加部分依赖包。完成包引用工作的是使用微软提供的 NuGet 工具。该工具的功能类似 Java 中的 Maven 或者 Gradle,负责控制程序包版本,维护包与包之间的依赖。在 EF Core 项目中要添加的依赖包有如下四个。

Microsoft.EntityFrameworkCore 是 EF 框架的核心包，通过提供的数据上下文和 DbSet 属性来对数据库里面的数据进行操作。

Microsoft.EntityFrameworkCore.Tools 提供了在项目中执行与 EF Core 相关的多项任务，例如在命令行状态下进行数据的迁移，脚手架等。

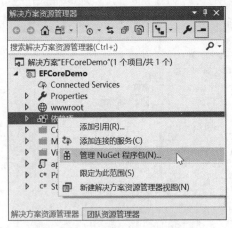

图 8-10　打开管理 NuGet 程序包

Microsoft.EntityFrameworkCore.SqlServer 是为 SQL Server 数据库提供的"驱动程序"，以完成对 SQL Server 数据库的操作。本章以 SQL Server 数据库为例，不同的数据库引用不同。

Microsoft.VisualStudio.Web.CodeGeneration.Design 用于自动生成控制器和视图。

下面在例 8-1 的基础上完成以上依赖包的添加。

① 右击图 8-10 中"解决方案资源管理器"中的"依赖项"，在弹出的快捷菜单中选择"管理 NuGet 程序包"命令。

② 在打开的 NuGet 包管理器中选择"浏览"标签，然后在文本框中输入 Microsoft.EntityFrameworkCore，系统会自动搜索该工具包，随后在出现的列表中选择 Microsoft.EntityFrameworkCore，在窗口右侧选择版本号 3.1.22，注意选择的主版本号要与 ASP.NET Core 3.1 版本相对应。单击版本号右侧的"安装"按钮即可安装，如图 8-11 所示。

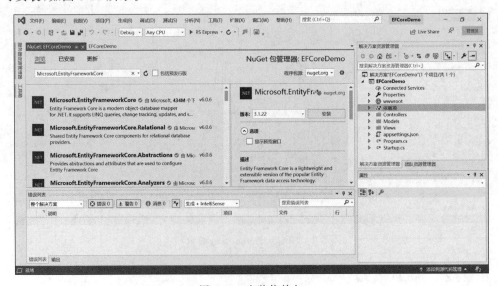

图 8-11　安装依赖包

其他依赖包安装过程与此相同，不再赘述。

③ 安装完成后如图 8-12 所示。

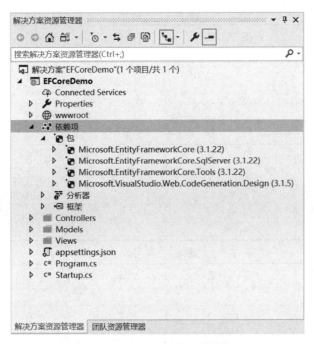

图 8-12 EF Core 程序依赖包

8.3 数据库优先模式

【例 8-2】 以数据库优先模式创建实体数据模型。

数据库优先模式是指首先创建数据库,然后再通过 EF Core 生成实体数据模型。

(1) 建立数据库。

首先创建示例数据库 example8-2,然后再添加订单表、订单详表、商品表、用户表和账号表,分别如表 8-2～表 8-6 所示。

表 8-2　订单表

字 段 名 称	类　　型	长　　度	备　　注
订单编号	int		主键
用户编号	int		外键
订单总金额	float		
支付状态	string	50	
下单时间	datetime		

表 8-3　订单详表

字 段 名 称	类　　型	长　　度	备　　注
订单详表编号	int		主键
订单编号	int		外键
商品编号	int		外键

表8-4　商品表

字 段 名 称	类　　型	长　　度	备　　注
商品编号	int		主键
商品名称	string	50	
商品单价	float		
商品库存	int		

表8-5　用户表

字 段 名 称	类　　型	长　　度	备　　注
用户编号	int		主键
用户姓名	string	50	
居住地址	string	50	
联系方式	string	11	

表8-6　账号表

字 段 名 称	类　　型	长　　度	备　　注
编号	int		主键
用户名	string	50	
密码	string	50	
账号状态	string	50	
最后登录时间	datetime		
用户编号	int		外键

该示例数据库简单模拟网上购物数据存储过程。其中,用户表和账户是一对一的关系,即一个用户拥有一个登录账号。用户表和订单表示是一对多关系,用户表是一,订单表是多,即每个用户可拥有多个订单,而每个订单只能属于一个用户。订单表和商品表是多对多关系,如果要建立这两个表之间的关联需要创建中间表,分别建立两个一对多关系。为此建立订单详表,商品表和订单详表是一对多关系,其中商品表是一,订单详表是多,即每个商品可属于多个订单,而每个订单详表只能包含一个商品。订单表和订单详表是一对多关系,其中订单表是"一",订单详表是"多"。

（2）建立项目,安装所需依赖。

创建 EF Core 项目 Web 应用程序,具体过程参见 8.2 节,不再赘述。

（3）创建实体数据模型。

① 在 VS. NET Core 开发环境中选择"工具"→"NuGet 包管理器"→"程序包管理器控制台"命令,打开"程序包管理器控制台"窗口,如图 8-13 所示。

② 在该窗口中输入如下命令并按 Enter 键。

Scaffold-DbContext " Data Source = . ; Initial Catalog = example8-2; Integrated Security = True" Microsoft. EntityFrameworkCore. SqlServer -OutputDir Models -Context Ex8_2DBContext

上述命令中:

Scaffold-DbContext 表示实体数据模型生成命令;

Data Source=. ; Initial Catalog=example8-2; Integrated Security=True 表示连接到已经建立的数据库;

OutputDir Models 表示输出模型文件到 Models 目录;

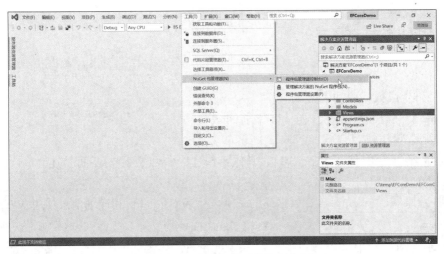

图 8-13 打开"程序包管理器控制台"窗口

Context Ex8_2DBContext 表示生成的上下文文件名为 Ex8_2DBContext。
命令执行结束后如图 8-14 所示。

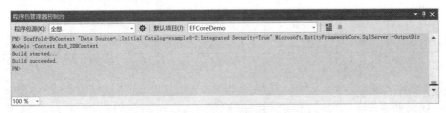

图 8-14 执行实体数据模型生成命令

③ 执行命令成功后,在"解决方案资源管理器"窗格中就会生成指定目录和相关文件,
如图 8-15 所示。

图 8-15 生成实体数据模型文件

8.4　代码优先模式

代码优先模式是 EF Core 提供的一种创建数据表的方法，它允许用户先定义实体数据模型，然后再生成数据库和表。

【例 8-3】　以代码优先模式创建数据库和表。

（1）新建 Web 项目。

建立 Web 项目文件并添加依赖项，具体操作过程参见 8.2 节，不再赘述。

（2）添加实体数据模型。

① 构造隶属于 example8-3 数据库的一个学生表 Student，其详细信息如表 8-7 所示。

表 8-7　Student 表

字 段 名 称	类　　型	长　　度	备　　注
id	int		主键
name	string	50	姓名
sex	string	2	性别
department	string	50	系别
grade	string	4	年级
classes	string	2	班级

② 添加 Model 模型。

选择 Models 文件夹，右击，在弹出的快捷菜单中选择"添加"→"类"命令，类名为 Student。代码如下所示。

```
using System;
using System.Collections.Generic;
using System.ComponentModel.DataAnnotations;
using System.Linq;
using System.Threading.Tasks;
namespace EFCoreDemo.Models
{
    public class Student
    {
        [Required]
        [Key]
        public int id { get; set; }
        [Required]
        [StringLength(50)]
        public string name { get; set; }
        [StringLength(2)]
        public string sex { get; set; }
        [StringLength(50)]
        public string department { get; set; }
        [StringLength(4)]
        public string grade { get; set; }
        [StringLength(2)]
        public string classes { get; set; }
    }
}
```

注意,本文件中添加实体注解时需要引用命名空间:

using System.ComponentModel.DataAnnotations;

（3）映射数据库。

为了完成从数据模型到数据库的映射,要通过建立一个继承 DbContext 类的子类才能实现,在此子类中包含了所有与数据库交互、数据变化追踪等逻辑。

① 右击"解决方案资源管理器"中的 Models 菜单项,在弹出的快捷菜单中选择"添加"→"类"命令,如图 8-16 所示。

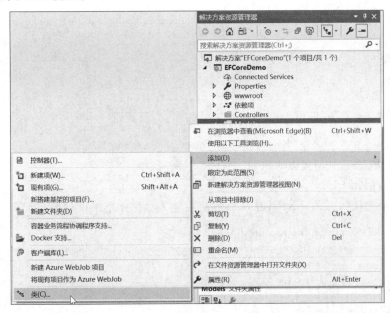

图 8-16　在 Models 目录下新建类

② 在打开的"添加新项-EFCoreDemo"对话框中输入类的名称,如 SqlDbContext.cs,单击"添加"按钮完成类的添加,如图 8-17 所示。

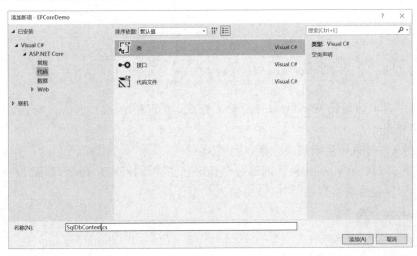

图 8-17　添加类

③ 打开 SqlDbContext 文件并输入如下代码：

```
using Microsoft.EntityFrameworkCore;
using System;
using System.Collections.Generic;
using System.Linq;
using System.Threading.Tasks;
namespace EFCoreDemo.Models
{
    public class SqlDbContext:DbContext
    {
            public SqlDbContext(DbContextOptions<SqlDbContext> options) : base(options)
        {
        }
public DbSet<Student> Student{ get; set; }
    }
}
```

上述代码实现了 SqlDbContext 上下文类的建立，且通过

```
public DbSet<Student> Student{ get; set; }
```

语句实现了对数据库中表实体的映射。

④ 注册数据库上下文。

在 Startup 类的 ConfigureServices()方法中注入数据库上下文依赖。代码如下：

```
services.AddDbContext<SqlDbContext>(options =>{
    options.UseSqlServer(Configuration.GetConnectionString("DefaultConnection"));
});
```

同时在本文件中加入下面两个命名空间。

```
using EFCoreDemo.Models;
using Microsoft.EntityFrameworkCore;
```

⑤ 添加数据库连接字符串。

因本示例是 WebApi 应用程序，因此需要在 appsettings.json 文件中添加如下数据库配置信息。

```
"ConnectionStrings": {
    "DefaultConnection": "Data Source=(local);Initial Catalog= example8-3;Trusted_Connection=
True;MultipleActiveResultSets=true;"
},
```

此连接字符串为集成 Windows 身份验证方式，如果需要 SQL Server 身份验证请自行修改连接字符串。

⑥ 保存文件并执行生成解决方案。

⑦ 选择"工具"→"NuGet 包管理器"→"程序包管理器控制台"命令，如图 8-18 所示。

⑧ 在"程序包管理器控制台"窗口中输入数据迁移命令。

数据迁移命令格式为：

add-migration 自定义文件名

该命令用于为迁移搭建框架，在第一次创建模型或模型变更后需要运行此命令，其中"自定义文件名"为保存迁移框架的名称，每次必须不一样。

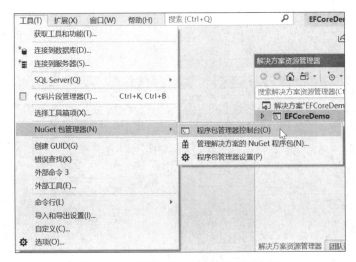

图 8-18　选择"程序包管理器控制台"命令

在"程序包管理器控制台"窗口中输入命令"add-migration example8-3init"并按 Enter 键执行,如果执行正确则会出现如图 8-19 所示内容。

图 8-19　正确执行数据迁移命令

同时,在"解决方案资源管理器"窗格中会出现系统建立的保存迁移记录的文件夹和文件,如图 8-20 所示。

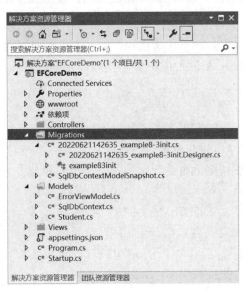

图 8-20　生成迁移文件

⑨ 在"程序包管理器控制台"窗口中输入更新数据库命令。

执行更新数据库的命令 update-database，如果出现如图 8-21 所示结果则表示该命令执行正确。

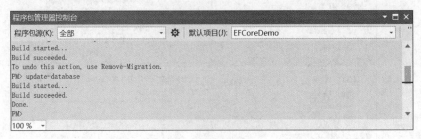

图 8-21　更新数据库 1

此时如果打开数据库则会看到刚建立的数据库文件和数据表文件，如图 8-22 所示。

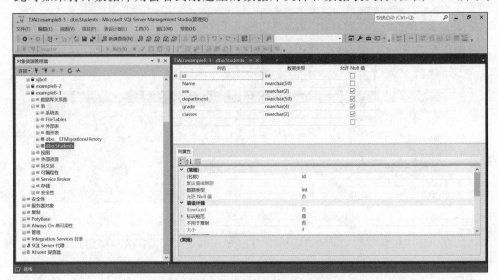

图 8-22　更新数据库 2

add-migration 命令只是生成了迁移代码，并没有真正变更到数据库，update-database 命令则是配合 add-migration 命令使用，真正把实体模型的变更迁移应用到数据库中。

8.5　配置表间关系

在 8.4 节中通过一个学生表介绍了代码优先模式具体实现过程，然而 EF Core 不仅支持单个表的实现，而且也支持多个表的配置。本节介绍代码优先模式下表与表之间三种关系配置的实现。

【例 8-4】　代码优先模式下配置复杂表间关系。

（1）术语介绍。

在描述表与表之间的关系时，EF Core 定义了一些术语，这些术语的解释如表 8-8 所示。

表 8-8 术语解释

术　　语	解　　释
依赖实体	包含外键属性的实体(子表)
主体实体	包含主/备用键属性的实体(主表)
外键	依赖实体(子表)中的属性,用于存储主表的主键属性的值
主键	唯一标识的主体实体(主表)的属性
导航属性	在主体或依赖实体上定义的包含对相关实体引用的属性
集合导航属性	对多个相关实体引用的导航属性
引用导航属性	对单个相关实体引用的导航属性
反向导航属性	关系另一端的导航属性

(2) 构造数据表。

在原表 8-7 的基础上进行修改,同时添加了联系方式表、班级表、课程表和选课表。其中学生表和联系方式表是一对一的关系、班级表和学生表是一对多的关系、学生表和课程表是多对多的关系,如表 8-9～表 8-13 所示。

表 8-9　student(学生表)

字 段 名 称	类　　型	长　　度	备　　注
sid	int		主键
sname	string	50	
sex	string	2	
department	string	50	
grade	string	4	
classesid	int		外键

表 8-10　contact 表(联系方式表)

字 段 名 称	类　　型	长　　度	备　　注
cid	int		主键
sname	string	50	
address	string	50	
telephone	string	11	
sid	int		外键

表 8-11　classes 表(班级表)

字 段 名 称	类　　型	长　　度	备　　注
classesid	int		主键
classesname	string	50	
contacts	string	50	

表 8-12　course 表(课程表)

字 段 名 称	类　　型	长　　度	备　　注
courseid	int		主键
coursename	string	50	
teacher	string	50	

表 8-13　sc 表（选课表）

字 段 名 称	类 型	长 度	备 注
sid	string	50	外键
courseid	string	50	外键

（3）配置一对多关系。

一对多的关系在应用中最为常见，具体配置过程如下。

① 创建主体实体与依赖实体并添加导航属性。其中，班级表为主体实体，学生表为依赖实体。

班级表实体代码如下：

```
public class Classes
    {
        [Required]
        [Key]
        public int classesid { get; set; }
        [StringLength(50)]
        public string classesname { get; set; }
        [StringLength(50)]
        public string contacts { get; set; }
        //添加学生表反向导航属性
        public List<Student> students { get; set; }
}
```

学生表实体代码如下：

```
public class Student
    {
        [Required]
        [Key]
        public int sid { get; set; }
        [Required]
        [StringLength(50)]
        public string sname { get; set; }
        [StringLength(2)]
        public string sex { get; set; }
        [StringLength(50)]
        public string department { get; set; }
        [StringLength(4)]
        public string grade { get; set; }
        public int classesid { get; set; }
        //添加班级表引用导航属性
        public Classes classes { get; set; }
}
```

② 修改 SqlDbContext 上下文，代码如下：

```
public class SqlDbContext : DbContext
    {
        public SqlDbContext(DbContextOptions<SqlDbContext> options) : base(options)
        {
        }
        public DbSet<Student> students { get; set; }    //建立 Student 实体类的集合
        public DbSet<Classes> classes { get; set; }     //建立 Classes 实体类的集合
```

```
protected override void OnModelCreating(ModelBuilder modelBuilder)
{
    //一对多
    modelBuilder.Entity<Student>()
        .HasOne(p => p.classes)      //Student 类中包含一个 classes 引用导航属性
        .WithMany(b => b.students)   //Classes 类中包含一个 students 反向导航集合
        .HasForeignKey(p => p.classesid);  //配置 classes 的外键 classesid
}
}
```

在 OnModelCreating 类中，modelBuilder.Entity<T>里面的 T 是依赖实体或者主体实体，HasOne 或 HasMany 标识依赖实体中的导航属性，WithOne 或 WithMany 标识反向实体的导航属性，HasForeignKey 标识依赖实体中的外键。

（4）配置一对一关系。

具体配置过程如下。

① 创建主体实体与依赖实体并添加导航属性。设定学生表为主体实体，联系方式表为依赖实体。

学生表实体代码如下：

```
public class Student
{
    [Required]
    [Key]
    public int sid { get; set; }
    [Required]
    [StringLength(50)]
    public string sname { get; set; }
    [StringLength(2)]
    public string sex { get; set; }
    [StringLength(50)]
    public string department { get; set; }
    [StringLength(4)]
    public string grade { get; set; }
    public int classesid { get; set; }
    //引用导航属性
    public Contact contact { get; set; }
}
```

联系方式表实体代码如下：

```
public class Contact
{
    [Required]
    [Key]
    public int cid { get; set; }
    [Required]
    [StringLength(50)]
    public string sname { get; set; }
    [StringLength(50)]
    public string address { get; set; }
    [StringLength(11)]
    public string telephone { get; set; }
    //外键
```

```
        public int sid { get; set; }
        //引用导航属性
        public Student student { get; set; }
    }
```

② 修改 SqlDbContext 上下文，代码如下：

```
public class SqlDbContext : DbContext
    {
        public SqlDbContext(DbContextOptions < SqlDbContext > options) : base(options)
        {
        }
        //建立 Student 实体类的集合
        public DbSet < Student > students { get; set; }
        public DbSet < Contact > contacts { get; set; }
        protected override void OnModelCreating(ModelBuilder modelBuilder)
        {
        //一对一
            modelBuilder. Entity < Student >()
            . HasOne(s => s. contact)
            . WithOne(i => i. student)
            . HasForeignKey < Contact >(b => b. sid);
        }
    }
```

（5）配置多对多关系。

VS. NET Core 3.1 版本不支持多对多关系，不能直接生成实体类表，但可以通过创建一个联接表的实体类，该联接表能够映射两个不同的一对多关系，从而实现多对多关系。具体过程如下。

① 创建中间联接实体，在中间联接实体中声明两个主体实体的外键，以及引用导航属性，在两个主体实体中添加联接实体的集合导航属性。设定选课表为联接实体，学生表和课程表分别为两个主体实体。

学生表实体代码如下：

```
public class Student
    {
        [Required]
        [Key]
        public int sid { get; set; }
        [Required]
        [StringLength(50)]
        public string sname { get; set; }
        [StringLength(2)]
        public string sex { get; set; }
        [StringLength(50)]
        public string department { get; set; }
        [StringLength(4)]
        public string grade { get; set; }
        public int classesid { get; set; }
        public List < Sc > scs { get; set; }//集合导航属性
    }
```

课程表实体代码如下：

```
public class Course
    {
        [Required]
        [Key]
        public int courseid { get; set; }
        [StringLength(50)]
        public string coursename { get; set; }
        [StringLength(50)]
        public string teacher { get; set; }
        public List<Sc> scs { get; set; } //集合导航属性
    }
```

选课表实体代码如下：

```
public class Sc
    {
        [Required]
        public int sid { get; set; }
        [Required]
        public int courseid { get; set; }
        //引用导航属性
        public Course course { get; set; }
        public Student student { get; set; }
    }
```

② 修改 SqlDbContext 上下文，代码如下：

```
public class SqlDbContext : DbContext
    {
        public SqlDbContext(DbContextOptions<SqlDbContext> options) : base(options)
        {
        }
        //建立实体类的集合
        public DbSet<Student> students { get; set; }
        public DbSet<Course> courses { get; set; }
        public DbSet<Sc> scs { get; set; }
        protected override void OnModelCreating(ModelBuilder modelBuilder)
        {
            //多对多
            modelBuilder.Entity<Sc>()
        .HasKey(t => new { t.sid, t.courseid });    //指定联接实体.配置外键 t.sid, t.courseid
                modelBuilder.Entity<Sc>()
                .HasOne(pt => pt.student)
                .WithMany(p => p.scs)
                .HasForeignKey(pt => pt.sid);           //配置 student 的外键 sid
            modelBuilder.Entity<Sc>()
                .HasOne(pt => pt.course)
                .WithMany(t => t.scs)
                .HasForeignKey(pt => pt.courseid);     //配置 course 的外键 courseid
        }
    }
```

(6) 生成实体数据库。

配置完成实体数据模型和数据库上下文后，在"程序包管理器控制台"窗口输入：

Add-Migration example8-4

update-database

两个命令并执行。打开数据库管理程序可以看到刚建立的数据库和相关表，如图 8-23 所示。

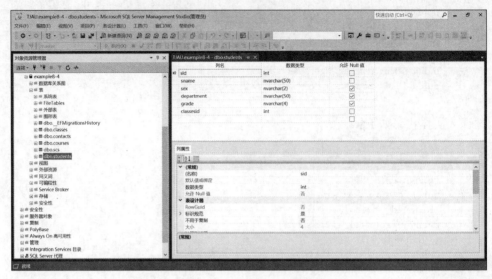

图 8-23　更新数据库结果

8.6　EF Core 的迁移机制

在 8.4 节中用到了数据迁移命令，数据迁移命令来源于 EF Core 的迁移机制，它是指通过特定的命令完成数据库架构的创建、更新，同时与模型类保持同步。在表 8-14 中列出了常用的迁移命令。

表 8-14　常用迁移命令

命　　令	描　　述
add-migration migrationName	创建迁移，命令中 migrationName 表示生成的迁移文件名称
remove-migration	删除最近的一次迁移
update-database	应用迁移，生成或更新数据库
update-database migrationName	对指定的版本进行更新
drop-database	删除数据库
get-help about_entityframeworkcore	获取 EF Core 的帮助信息

在本节中将详细介绍常用迁移命令的使用。本节示例基于表 8-7 实现，数据库上下文及实体数据模型、数据库连接字符串的建立参见例 8-3，不再赘述。

【例 8-5】 EF Core 常用迁移命令。

（1）常用迁移命令的使用。

① add-migration。

打开"程序包管理器控制台"窗口，输入命令：

add-migration V1

该命令用来生成执行迁移操作的代码，其中 V1 为迁移文件名。

当第一次执行此命令后,在项目中会生成一个 Migrations 文件夹,该文件夹下包含两个文件,其中一个是根据实体类生成的迁移类文件,文件名由时间戳、下画线和自定义的迁移名组成,这个类里面记录的是要创建的表和字段;另一个则是由实体类生成的快照文件,这个快照文件在每次迁移中得到更新,以保证数据库与模板的同步,如图 8-24 所示。

② remove-migration。

该命令直接将最近的迁移代码删除。如在“程序包管理器控制台”窗口中连续输入如下命令:

```
add-migration V2
add-migration V3
```

运行结果如图 8-25 所示。

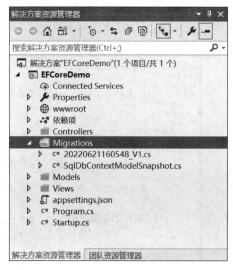

图 8-24 执行 add-migration 命令

之后在“程序包管理器控制台”窗口中输入 remove-migration 命令并执行,会发现 Migrations 文件夹下只剩下迁移名为 V1 和 V2 的两个文件,如图 8-26 所示。

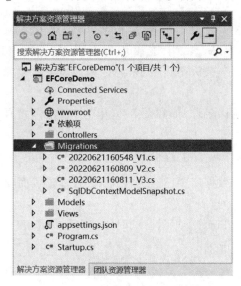

图 8-25 连续执行增加迁移命令

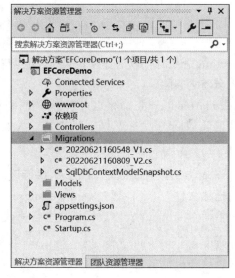

图 8-26 执行 remove-migration 命令

③ update-database。

add-migration 命令只是生成了迁移文件,而 update-database 命令则会生成数据库。当执行 update-database 命令时首先检查数据库是否存在,如果不存在,则会新建数据库。如果数据库已经存在,则连接数据库,获取数据库已经迁移过的版本号,并与当前工程下的迁移代码的版本号进行对比,一旦有未执行的迁移代码就执行。

现在打开“程序包管理器控制台”窗口并输入命令:

```
update-database
```

执行后的结果如图 8-27 所示。

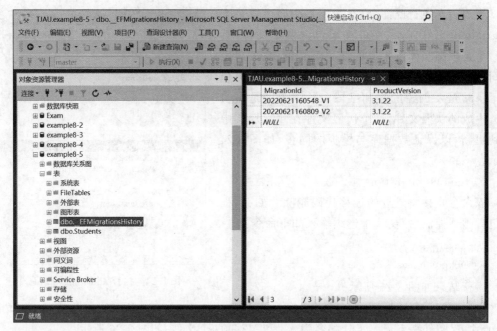

图 8-27　执行 update-database 命令

因本次命令第一次执行，所以在 example8-5 数据库中生成了两个表，其中之一是 Students 学生表，另一个是 __EFMigrationsHistory 表，在该表中存储每次执行 add-migration 命令时生成的迁移记录，如果执行的是 remove-migration 命令则该表中的相关记录也会随之删除。

update-database 命令也可以指定要执行的迁移名称，如在图 8-26 中有 V1 和 V2 两个迁移记录，如果想执行 V1 记录，则需输入如下命令：

update-database V1

该命令表示要回滚到 V1 记录，执行该命令后数据库中已经更新到 V1 版本了。而项目中的迁移文件 V2 还需通过 remove-migration 命令进行删除。

下面对 student 实体数据模型进行修改，增加 birthday 属性，同时添加引用：

using System.ComponentModel.DataAnnotations.Schema;

具体代码如下所示。

```
using System;
using System.Collections.Generic;
using System.ComponentModel.DataAnnotations;
using System.ComponentModel.DataAnnotations.Schema;
using System.Linq;
using System.Threading.Tasks;
namespace EFCoreDemo.Models
{
    public class Student
    {
        [Required]
        [Key]
        public int id { get; set; }
```

```
        [Required]
        [StringLength(50)]
        public string name { get; set; }
        [StringLength(2)]
        public string sex { get; set; }
         [DataType(DataType.Date), DisplayFormat(DataFormatString = "{0:yyyy-MM-dd}",
ApplyFormatInEditMode = true)]
        public DateTime birthday { get; set; }
        [StringLength(50)]
        public string department { get; set; }
        [StringLength(4)]
        public string grade { get; set; }
        [StringLength(2)]
        public string classes { get; set; }
    }
}
```

如果要保证实体数据模型与数据库保持同步,需要添加新的迁移记录并执行。输入如下命令并执行:

```
add-migration editstudent
update-database
```

打开数据库,可以看到 Students 表结构已经更新,如图 8-28 所示。

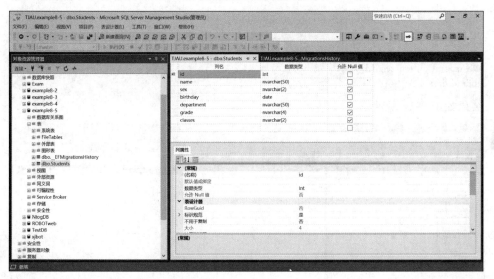

图 8-28　更新数据表

(2) EF Core 中的种子数据。

EF Core 不仅能够通过代码创建数据库和表结构,而且还能够给数据表添加初始数据,这些数据被称为种子数据。

① 启用种子数据。

此种方法是在项目中常用,主要通过调用 HasData()方法实现。此方法需要在 OnModelCreating()方法中进行定义。下面对 student 表添加种子数据。

打开 SqlDbContext 数据库上下文文件,在该文件中输入如下代码:

```
protected override void OnModelCreating(ModelBuilder modelBuilder)
```

```
{
    //针对 student 实体添加种子数据
    modelBuilder.Entity<Student>().HasData(
        new Student()
        {
            //id 字段要赋值,否则会报错
            id = 1,
            name = "武凯",
            sex = "男",
            birthday = Convert.ToDateTime("2003/02/18").Date,
            department = "软件工程系",
            grade = "2021",
            classes = "1 班"
        },
        new Student()
        {
            id = 2,
            name = "张超",
            sex = "男",
            birthday = Convert.ToDateTime("2003/03/12").Date,
            department = "计算机工程系",
            grade = "2021",
            classes = "2 班"
        }); ;
    base.OnModelCreating(modelBuilder);
```

接着添加一条新的迁移记录,在"程序包管理器控制台"窗口中输入命令并执行：

```
add-migration editrecord
update-database
```

结果如图 8-29 所示。

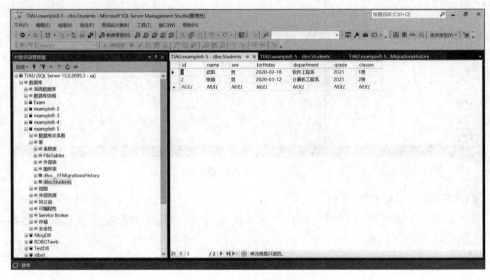

图 8-29　启用种子数据

② 编辑种子数据。

可以对现有种子数据进行更改或添加、删除。操作方法与"启用种子数据"过程相同,首先在 OnModelCreating 文件中进行种子数据的增加、删除和修改，然后添加迁移记录，最后在通过 update-database 命令完成数据的更新。

③ Data-Seeding 本质。

在首次启动种子文件并生成迁移文件后，打开迁移文件 20220217063341_editrecord.cs，里面代码如下：

```
using System;
using Microsoft.EntityFrameworkCore.Migrations;
namespace EFCoreDemo.Migrations
{
    public partial class editrecord : Migration
    {
        protected override void Up(MigrationBuilder migrationBuilder)
        {
            migrationBuilder.InsertData(
                table: "Students",
                columns: new[] { "id", "birthday", "classes", "department", "grade", "name",
"sex" },
                    values: new object [] { 1, new DateTime (2003, 2, 18, 0, 0, 0, 0,
DateTimeKind.Unspecified), "1班", "软件工程系", "2021", "武凯", "男" });
            migrationBuilder.InsertData(
                table: "Students",
                columns: new[] { "id", "birthday", "classes", "department", "grade", "name",
"sex" },
                    values: new object [] { 2, new DateTime (2003, 3, 12, 0, 0, 0, 0,
DateTimeKind.Unspecified), "2班", "计算机工程系", "2021", "张超", "男" });
        }
        protected override void Down(MigrationBuilder migrationBuilder)
        {
            migrationBuilder.DeleteData(
                table: "Students",
                keyColumn: "id",
                keyValue: 1);
            migrationBuilder.DeleteData(
                table: "Students",
                keyColumn: "id",
                keyValue: 2);
        }
    }
}
```

可以看到文件中的类名 editrecord 与迁移名称相同，同时该类中还有两个方法，即 Up()和 Down()。

在 Up()方法中包含了对数据模型的修改，在此方法中包含两条 InsertData()方法来新增数据。

Down()方法实现了对输入命令的撤销。

由此可见，在调用 HasData()方法时：

- 当首次执行时实质上是调用 MigrationBuilder 类中 InsertData()方法进行数据的插入。
- 当更改数据但未更改主键实质上是调用 MigrationBuilder 类中 UpdateData()方法

进行更新操作。

- 当移除数据或更改主键时实质上是调用 MigrationBuilder 类中 DeleteData()方法进行删除操作或者删除和更新操作。

8.7 EF Core CRUD

CRUD 即所谓的增加、查询、修改和删除。在本节中介绍使用 EF Core 工具实现 Web 应用程序的搭建。

8.7.1 实现过程概述

在使用 EF Core 实现 CRUD 的过程中需完成以下步骤。

① 创建 Web 应用程序项目；

② 添加依赖包；

③ 添加实体数据模型；

④ 生成迁移文件和数据库；

⑤ 自动或手写实现视图、控制器代码。

本节例题中使用的数据表来源于表 8-15 所示，此表在表 8-7 基础上进行修改。

表 8-15　Students 表（修改）

字 段 名 称	类　　型	长　　度	备　　注
id	int		主键
name	string	50	
sex	string	2	
department	string	50	
grade	string	4	
classes	string	2	
birthday	date		

本节示例项目数据库为 example8-6，数据表为 Students。具体实现过程不再赘述。

8.7.2 使用 VS 工具生成视图、控制器代码

【例 8-6】 使用 EF Core 工具自动生成简单的 Web 应用程序。

EF Core 提供了自动生成视图、控制器的方法，具体过程如下。

① 选择 Controllers 文件夹，右击，在弹出的快捷菜单中选择"添加"→"控制器"命令，如图 8-30 所示。

② 在打开的"添加已搭建基架的新项"对话框中选择"视图使用 Entity Framework 的 MVC 控制器"选项，单击"添加"按钮，如图 8-31 所示。

③ 在打开的对话框中，"模型类"项选择 Student(EFCoreDemo. Models)，"数据上下文类"项选择 SqlDbContext(EFCoreDemo. Models)。勾选"视图"里面的"生成视图""引用脚本库""使用布局页"复选框，单击"添加"按钮，如图 8-32 所示。

④ 添加结束后在 Controllers 文件夹下会生成 StudentsController. cs 控制器文件，在

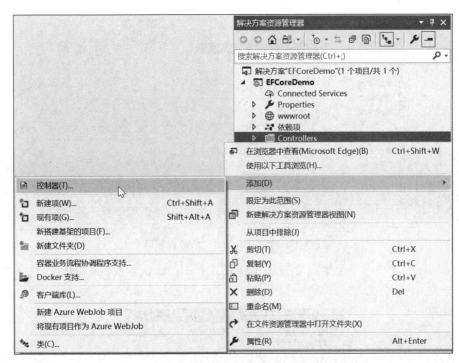

图 8-30　添加控制器

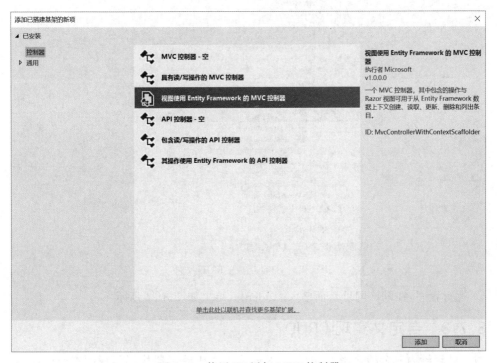

图 8-31　使用 EF 添加 MVC 控制器

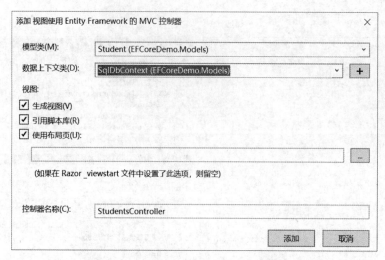

图 8-32　使用 EF 添加 MVC 控制器

Views/Students 文件夹下会生成 Create、Delete、Details、Edit 和 Index 视图文件，如图 8-33 所示。

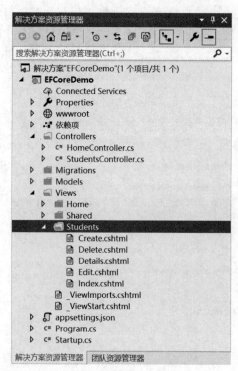

图 8-33　自动生成 CRUD 文件

⑤ 运行程序，在默认网址后面输入 students，结果如图 8-34 所示。

8.7.3　自定义实现 CRUD

为了处理较为复杂的应用，一般通过手工方式完成控制器代码和视图代码的编写。本节中将介绍实现过程。

图 8-34　自动生成代码运行结果

【例 8-7】　自定义方式实现基于 EF Core 的 Web 应用程序。

（1）首页实现过程。

① 选择 Controllers 文件夹，右击，在弹出的快捷菜单中选择"添加"→"控制器"命令，如图 8-35 所示。

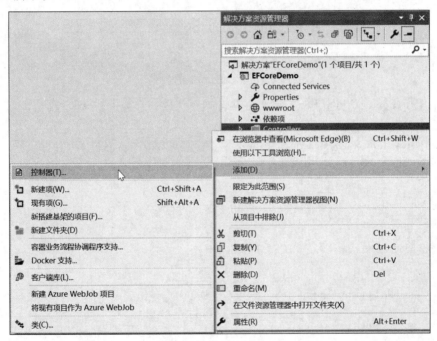

图 8-35　添加控制器

② 在打开的对话框中选择"MVC 控制器-空"选项，单击"添加"按钮，如图 8-36 所示。

③ 在"控制器名称"文本框中输入 StudentsController，单击"添加"按钮，如图 8-37 所示。

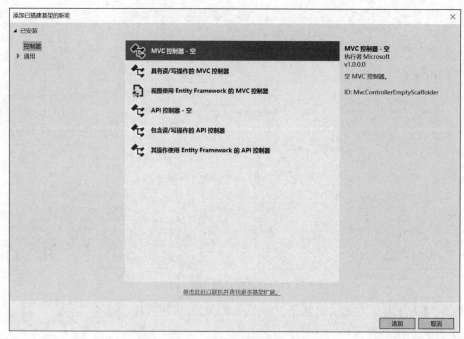

图 8-36　添加 MVC 控制器

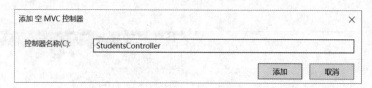

图 8-37　添加控制器的名称

④ 打开 StudentsController 控制器并输入如下代码：

```
using System;
using System.Collections.Generic;
using System.Linq;
using System.Threading.Tasks;
using EFCoreDemo.Models;
using Microsoft.AspNetCore.Mvc;
namespace EFCoreDemo.Controllers
{
    public class StudentsController : Controller
    {
        private readonly SqlDbContext _context;
        public StudentsController(SqlDbContext context)
        {
            _context = context;
        }
        public IActionResult Index()
        {
            return View(_context.Students.ToList());
        }
    }
}
```

在上面的代码中 Index()方法的作用是通过读取_context 数据库上下文实例 Students 属性获取学生实体表中的所有数据。

⑤ 在 Views 文件夹下新建 Students 文件夹,右击该文件夹,在弹出的快捷菜单中选择 "添加"→"视图"命令,如图 8-38 所示。

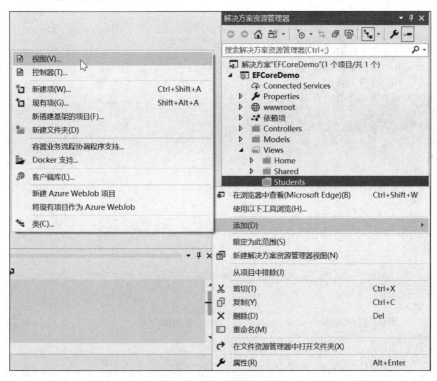

图 8-38　添加视图命令

⑥ 在出现的"添加 MVC 视图"对话框中输入视图名称 Index,模板选择"Empty(无模型)"选项,单击"添加"按钮,如图 8-39 所示。

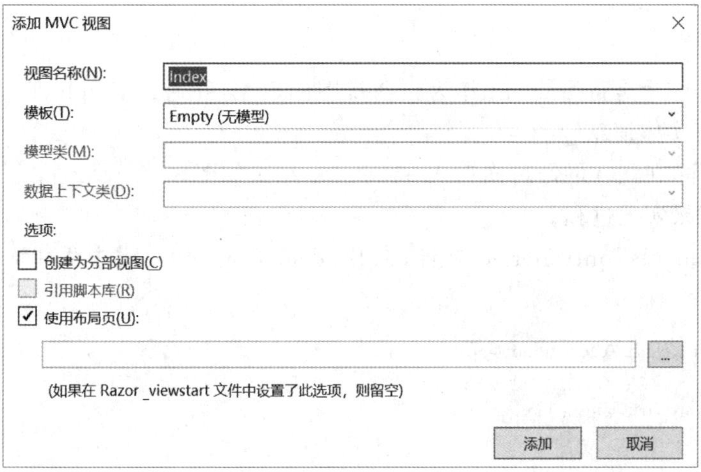

图 8-39　添加视图

⑦ 打开 Index 视图文件,输入如下代码:

```
@model IEnumerable<EFCoreDemo.Models.Student>
@{
    ViewBag.Title = "添加学生数据";
}
<table class="table">
    <tr>
        <th>姓名</th>
        <th>性别</th>
        <th>出生日期</th>
        <th>所在系</th>
        <th>所在年级</th>
        <th>所在班级</th>
    </tr>
    @foreach (var item in Model)
    {
<tr>
    <td>
        @Html.DisplayFor(modelItem => item.name)
    </td>
    <td>
        @Html.DisplayFor(modelItem => item.sex)
    </td>
    <td>
        @Html.DisplayFor(modelItem => item.birthday)
    </td>
    <td>
        @Html.DisplayFor(modelItem => item.department)
    </td>
    <td>
        @Html.DisplayFor(modelItem => item.grade)
    </td>
    <td>
        @Html.DisplayFor(modelItem => item.classes)
    </td>
</tr>
    }
</table>
```

上面代码的作用是将 Student 作为当前视图的模型，并通过 DisplayFor 帮助器循环显示模型中的所有实体信息。

⑧ 运行程序，在默认网址后面输入/students，结果如图 8-40 所示。

（2）添加记录实现过程。

① 打开 StudentsController.cs 文件，在 StudentsController 类中添加增加记录的方法，代码如下：

```
public IActionResult AddStudent()
    {
        return View();
    }
[HttpPost]
[ValidateAntiForgeryToken]
public IActionResult AddStudent(Student student)
    {
```

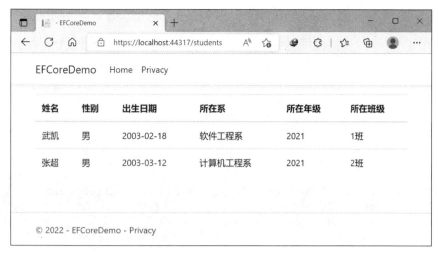

图 8-40　首页运行结果

```
if (ModelState.IsValid)
{
    _context.Students.Add(student);
    _context.SaveChanges();
    return RedirectToAction("Index");
}
return View(student);
```

在上面代码中定义了两个 AddStudent()方法,其中第一个方法为 GET 请求,方法不带参数,功能为返回一个与 AddStudent()方法名相同的视图;第二个方法为 POST 请求,方法带有实体参数,功能为将 Student 实体添加到 Students 实体集合中,然后通过 SaveChanges()方法将发生的更改保存到数据库中,最后通过 RedirectToAction()方法回到首页。

② 在 Views/Students 文件夹下添加 AddStudent 视图文件并输入如下代码:

```
@model EFCoreDemo.Models.Student
@{
    ViewData["Title"] = "增加学生记录";
}
<form asp-controller="Students" asp-action="AddStudent" method="post">
    <div class="form-group">
        <label asp-for="name" class="col-md-2 control-label">姓名:</label>
        <div class="col-md-10">
            <input class="form-control" asp-for="name" />
            <span asp-validation-for="name" class="text-danger"></span>
        </div>
        <label asp-for="sex" class="col-md-2 control-label">性别:</label>
        <div class="col-md-10">
            <input class="form-control" asp-for="sex" />
            <span asp-validation-for="sex" class="text-danger"></span>
        </div>
        <label asp-for="birthday" class="col-md-2 control-label">出生日期:</label>
        <div class="col-md-10">
            <input class="form-control" asp-for="birthday" />
```

```
        <span asp-validation-for="birthday" class="text-danger"></span>
    </div>
    <label asp-for="department" class="col-md-2 control-label">所在系:</label>
    <div class="col-md-10">
        <input class="form-control" asp-for="department" />
        <span asp-validation-for="department" class="text-danger"></span>
    </div>
    <label asp-for="grade" class="col-md-2 control-label">年级:</label>
    <div class="col-md-10">
        <input class="form-control" asp-for="grade" />
        <span asp-validation-for="grade" class="text-danger"></span>
    </div>
    <label asp-for="classes" class="col-md-2 control-label">班级:</label>
    <div class="col-md-10">
        <input class="form-control" asp-for="classes" />
        <span asp-validation-for="classes" class="text-danger"></span>
    </div>
    <div class="col-md-offset-2 col-md-10">
        <input type="submit" value="保存" class="btn btn-success" />
    </div>
</div>
</form>
```

本页面以 POST 方式运行时将调用 Students 控制器中的 AddStudent()方法,将页面中的数据添加到数据库中。

③ 在 Index 视图中添加一个"添加"链接,代码如下所示:

```
<p>
    <div>
        <a asp-action="AddStudent">添加</a>
    </div>
</p>
```

④ 运行程序,单击首页"添加"链接进入添加页面,在"添加学生记录"页面中输入数据,单击"保持"按钮后回到首页。可以看到数据被添加到数据表中,结果如图 8-41、图 8-42 所示。

(3) 删除记录实现过程。

① 打开 StudentsController. cs 文件,在 StudentsController 类中添加删除记录的方法,代码如下:

```
public IActionResult DelStudent(int id)
{
    if (id.ToString() == null)
    {
        return NotFound();
    }
    var student = _context.Students
        .FirstOrDefault(m => m.id == id);
    if (student == null)
    {
        return NotFound();
    }
    return View(student);
```

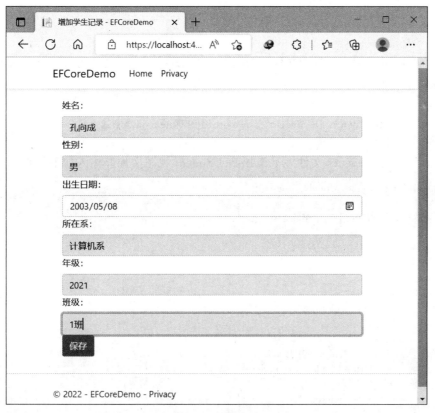

图 8-41 添加数据

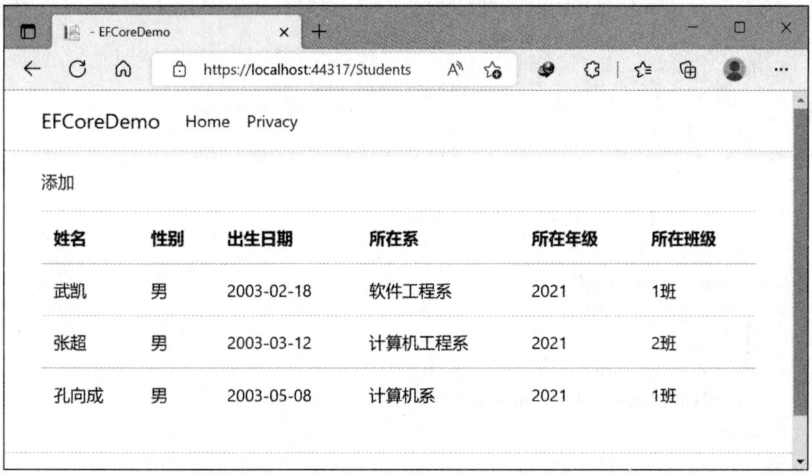

图 8-42 显示添加结果

```
}
[HttpPost, ActionName("DelStudent")]
[ValidateAntiForgeryToken]
public IActionResult DelConfirmed(int id)
{
    var person = _context.Students.Find(id);
    _context.Students.Remove(person);
```

```
        _context.SaveChanges();
        return RedirectToAction(nameof(Index));
    }
```

② 打开 Index.cshtml 视图文件，在该文件中<tr>与</tr>之间为每一条记录添加一条删除链接，代码如下：

```html
<td>
        <a asp-action="DelStudent" asp-route-id="@item.id">删除</a>
</td>
```

③ 在 Views/Students 文件夹下添加 DelStudent 视图文件并输入如下代码：

```
@model EFCoreDemo.Models.Student
@{
    ViewData["Title"] = "删除学生记录";
}
<h5>是否删除此项记录?</h5>
<div>
    <hr />
    <dl class="row">
        <dt class="col-sm-2">
            姓名
        </dt>
        <dd class="col-sm-10">
            @Html.DisplayFor(model => model.name)
        </dd>
        <dt class="col-sm-2">
            性别
        </dt>
        <dd class="col-sm-10">
            @Html.DisplayFor(model => model.sex)
        </dd>
        <dt class="col-sm-2">
            出生日期
        </dt>
        <dd class="col-sm-10">
            @Html.DisplayFor(model => model.birthday)
        </dd>
        <dt class="col-sm-2">
            所在系
        </dt>
        <dd class="col-sm-10">
            @Html.DisplayFor(model => model.department)
        </dd>
        <dt class="col-sm-2">
            所在年级
        </dt>
        <dd class="col-sm-10">
            @Html.DisplayFor(model => model.grade)
        </dd>
        <dt class="col-sm-2">
            所在班级
        </dt>
        <dd class="col-sm-10">
```

```
        @Html.DisplayFor(model => model.classes)
    </dd>
</dl>
<form asp-action="DelStudent">
    <input type="hidden" asp-for="id" />
    <input type="submit" value="删除" class="btn btn-danger" /> |
    <a asp-action="Index">返回主页</a>
</form>
</div>
```

④ 运行程序,单击首页最后一条记录后面的"删除"链接进入删除页面,在"删除学生记录"页面中单击"删除"按钮,返回首页后可以看到最后一条记录已删除。结果如图 8-43、图 8-44 所示。

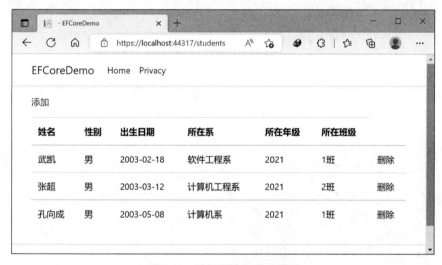

图 8-43　添加删除链接的首页

图 8-44　删除记录

（4）修改记录实现过程。

① 打开 StudentsController.cs 文件，在 StudentsController 类中添加修改记录的方法，代码如下：

```
public IActionResult EditStudent(int id)
{
    if (id.ToString() == null)
    {
        return NotFound();
    }
    var person = _context.Students.Find(id);
    if (person == null)
    {
        return NotFound();
    }
    return View(person);
}
[HttpPost]
[ValidateAntiForgeryToken]
public IActionResult EditStudent(int id, [Bind("id,name,sex,department,grade,classes,birthday")]
Student student)
{
    if (id != student.id)
    {
        return NotFound();
    }
    if (ModelState.IsValid)
    {
        try
        {
            _context.Update(student);
            _context.SaveChanges();
        }
        catch (DbUpdateConcurrencyException)
        {
            if (!StudentExists(student.id))
            {
                return NotFound();
            }
            else
            {
                throw;
            }
        }
        return RedirectToAction(nameof(Index));
    }
    return View(student);
}
private bool StudentExists(int id)
{
    return _context.Students.Any(e => e.id == id);
}
```

② 打开 Index.cshtml 视图文件，在该文件中<tr>与</tr>之间为每一条记录添加一条编辑链接，代码如下：

```
< td >
        < a asp-action="EditStudent" asp-route-id="@item.id">编辑</a > |
        < a asp-action="DelStudent" asp-route-id="@item.id">删除</a >
</td >
```

③ 在 Views/Students 文件夹下添加 EditStudent 视图文件并输入如下代码：

```
@model EFCoreDemo.Models.Student
@{
    ViewData["Title"] = "EditStudent";
}
< h5 >编辑</h5 >
< hr />
< div class="row">
    < div class="col-md-4">
        < form asp-action="EditStudent">
            < div asp-validation-summary="ModelOnly" class="text-danger"></div >
            < input type="hidden" asp-for="id" />
            < div class="form-group">
                姓名
                < input asp-for="name" class="form-control" />
                < span asp-validation-for="name" class="text-danger"></span >
            </div >
            < div class="form-group">
                性别
                < input asp-for="sex" class="form-control" />
                < span asp-validation-for="sex" class="text-danger"></span >
            </div >
            < div class="form-group">
                出生日期
                < input asp-for="birthday" class="form-control" />
                < span asp-validation-for="birthday" class="text-danger"></span >
            </div >
            < div class="form-group">
                所在系
                < input asp-for="department" class="form-control" />
                < span asp-validation-for="department" class="text-danger"></span >
            </div >
            < div class="form-group">
                年级
                < input asp-for="grade" class="form-control" />
                < span asp-validation-for="grade" class="text-danger"></span >
            </div >
            < div class="form-group">
                班级
                < input asp-for="classes" class="form-control" />
                < span asp-validation-for="classes" class="text-danger"></span >
            </div >
            < div class="form-group">
                < input type="submit" value="保存" class="btn btn-primary" />
            </div >
        </form >
    </div >
</div >
< div >
    < a asp-action="Index">返回主页面</a >
</div >
```

```
@section Scripts {
    @{await Html.RenderPartialAsync("_ValidationScriptsPartial");}
}
```

④ 运行程序，单击首页中姓名为"张超"的记录页面的"编辑"链接进入编辑页面，在编辑学生信息页面中对学生信息进行编辑，单击"保存"按钮返回首页后可以看到修改后的信息。结果如图 8-45、图 8-46 所示。

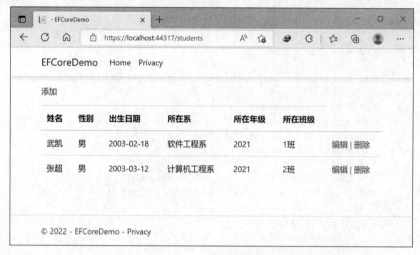

图 8-45 编辑首页

图 8-46 编辑记录

（5）查看详细信息实现过程。

① 打开 StudentsController.cs 文件，在 StudentsController 类中添加查看详细信息的方法，代码如下：

```
public IActionResult DetailsStudent(int id)
{
    if (id.ToString() == null)
    {
        return NotFound();
    }
    var student = _context.Students
        .FirstOrDefault(m => m.id == id);
    if (student == null)
    {
        return NotFound();
    }
    return View(student);
}
```

② 打开 Index.cshtml 视图文件，在该文件中<tr>与</tr>之间为每一条记录添加一条编辑链接，代码如下：

```
<td>
        <a asp-action="DetailsStudent" asp-route-id="@item.id">详细信息</a>|
        <a asp-action="EditStudent" asp-route-id="@item.id">编辑</a> |
        <a asp-action="DelStudent" asp-route-id="@item.id">删除</a>
</td>
```

③ 在 Views/Students 文件夹下添加 DetailsStudent 视图文件并输入如下代码：

```
@model EFCoreDemo.Models.Student
@{
    ViewData["Title"] = "学生详细信息";
}
<div>
    <h5>详细信息</h5>
    <hr />
    <dl class="row">
        <dt class="col-sm-2">
            姓名
        </dt>
        <dd class="col-sm-10">
            @Html.DisplayFor(model => model.name)
        </dd>
        <dt class="col-sm-2">
            性别
        </dt>
        <dd class="col-sm-10">
            @Html.DisplayFor(model => model.sex)
        </dd>
        <dt class="col-sm-2">
            出生日期
        </dt>
        <dd class="col-sm-10">
            @Html.DisplayFor(model => model.birthday)
```

```
        </dd>
        <dt class="col-sm-2">
            所在系
        </dt>
        <dd class="col-sm-10">
            @Html.DisplayFor(model => model.department)
        </dd>
        <dt class="col-sm-2">
            所在年级
        </dt>
        <dd class="col-sm-10">
            @Html.DisplayFor(model => model.grade)
        </dd>
        <dt class="col-sm-2">
            所在班级
        </dt>
        <dd class="col-sm-10">
            @Html.DisplayFor(model => model.classes)
        </dd>
    </dl>
</div>
<div>
    <a asp-action="Index">返回主页</a>
</div>
```

④ 运行程序，单击首页中姓名为"武凯"记录后面的"详细信息"链接进入详细信息页面，在"学生详细信息"页面中进行浏览，单击"返回主页"按钮返回首页。结果如图 8-47、图 8-48 所示。

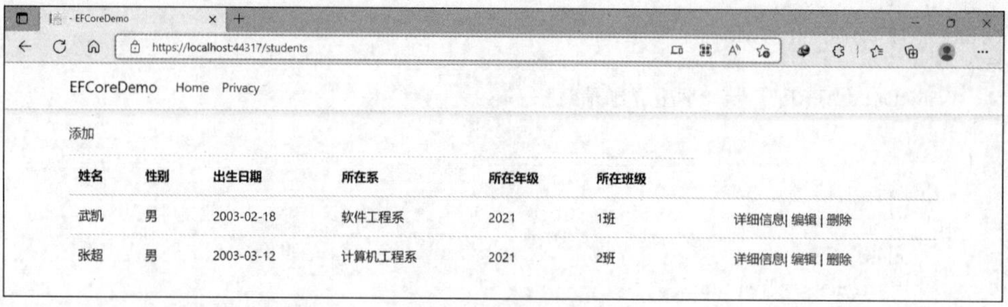

图 8-47 详细信息首页

（6）查询数据实现过程。

① 打开 StudentsController.cs 文件，在 StudentsController 类中添加查询的方法，代码如下：

```
[HttpPost]
public IActionResult SearchStudent(string searchstr)
{
    if (!String.IsNullOrEmpty(searchstr))
    {
        return View(_context.Students.Where(b => b.name.Contains(searchstr.Trim())).
ToList());
    }
    else
```

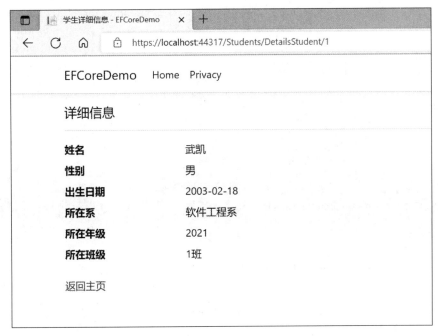

图 8-48 详细信息

```
    {
        return View(_context.Students.ToList());
    }
}
[HttpGet]
public IActionResult SearchStudent()
{
    return View(_context.Students.ToList());
}
```

② 打开 Index.cshtml 视图文件,在该文件中<p>与</p>之间的代码段中添加一个查询链接,代码如下:

```
<p>
    <div>
        <a asp-action="AddStudent">添加</a>
        <a asp-action="SearchStudent">查询</a>
    </div>
</p>
```

③ 在 Views/Students 文件夹下添加 SearchStudent 视图文件并输入如下代码:

```
@model IEnumerable<EFCoreDemo.Models.Student>
@{
    ViewData["Title"] = "查询数据";
}
<h1>学生列表</h1>
<form asp-action="SearchStudent" method="post">
    <div>
        <p>
            请输入姓名:
            <input type="text" name="searchstr" />
```

```
                    <input type="submit" value="查询" class="btn btn-outline-dark" />
                    <a asp-action="Index">返回首页</a>
                </p>
            </div>
            <table class="table">
                <tr>
                    <th>姓名</th>
                    <th>性别</th>
                    <th>出生日期</th>
                    <th>所在系</th>
                    <th>所在年级</th>
                    <th>所在班级</th>
                </tr>
                @foreach (var item in Model)
                {
        <tr>
            <td>
                @Html.DisplayFor(modelItem => item.name)
            </td>
            <td>
                @Html.DisplayFor(modelItem => item.sex)
            </td>
            <td>
                @Html.DisplayFor(modelItem => item.birthday)
            </td>
            <td>
                @Html.DisplayFor(modelItem => item.department)
            </td>
            <td>
                @Html.DisplayFor(modelItem => item.grade)
            </td>
            <td>
                @Html.DisplayFor(modelItem => item.classes)
            </td>
        </tr>
                }
            </table>
        </form>
```

④ 运行程序,单击首页中的"查询"按钮进入查询页,在"请输入姓名"文本框中输入要查询的姓名"武凯",单击"查询"按钮,页面会显示出要查询的详细记录。结果如图 8-49、图 8-50 所示。

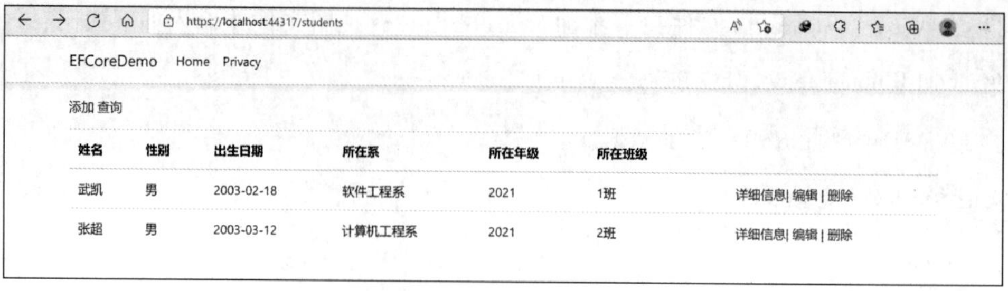

图 8-49　查询首页

图 8-50　查询详情

8.7.4　执行原生 SQL 语句

EF Core 提供的功能非常强大,如可以动态生成 SQL 查询和编辑命令,但仍然有一些 SQL 语句是无法写成标准的 EF Core 调用方法的,在特殊情况下仍需执行原生 SQL 语句。

执行原生 SQL 语句主要有两种情况:实体查询和非查询语句。

【例 8-8】 原生 SQL 语句。本例中的数据库为例 8-7 中的数据库 example8-6。

(1) 实体查询。

执行原生 SQL 实体查询有两种方法:

同步查询:

```
FromSqlRaw("不带参数的 SELECT 查询语句");
FromSqlInterpolated("带参数的 SELECT 查询语句");
```

异步查询:

```
FromSqlRawAsync ("不带参数的 SELECT 异步查询语句");
FromSqlInterpolatedAsync ("带参数的 SELECT 异步查询语句");
```

① 不带参数的同步 SQL 实体查询示例。

```
[HttpGet]
public IActionResult SearchStudent()
{
    return View(_context.Students.FromSqlRaw("SELECT * FROM
students").ToList());
}
```

② 带参数的同步 SQL 实体查询示例。

```
[HttpPost]
    public IActionResult SearchStudent(string searchstr)
    {
        if (!String.IsNullOrEmpty(searchstr))
        {
            return View(_context.Students.FromSqlInterpolated($"SELECT * FROM
students WHERE name ={searchstr.Trim()}").ToList());
        }
        else
        {
            return View(_context.Students.FromSqlRaw("SELECT * FROM students").
ToList());
        }
    }
```

（2）非查询语句。

执行原生 SQL 非查询语句有两种方法：

同步语句：

```
Context.Database.ExecuteSqlRaw();
Context.Database.ExecuteSqlInterpolated();
```

异步语句：

```
Context.Database.ExecuteSqlRawAsync();
Context.Database.ExecuteSqlInterpolatedAsync();
```

以同步语句修改例 8-7 中 StudentsController.cs 增加、删除、修改源码。

① 增加语句。

ExecuteSqlRaw()方法代码如下：

```
_context.Database.ExecuteSqlRaw("insert into students(name,sex,birthday,department,grade,
classes) values ({0},{1},{2},{3},{4},{5})",student.name,student.sex,student.birthday,student.
department,student.grade,student.classes);
```

ExecuteSqlInterpolated()方法代码如下：

```
    _context.Database.ExecuteSqlInterpolated($"insert into students(name,sex,birthday,
department,grade,classes) values ({student.name},{student.sex},{student.birthday},{student.
department},{student.grade},{student.classes})");
```

② 删除语句。

ExecuteSqlRaw()方法代码如下：

```
_context.Database.ExecuteSqlRaw("delete students where id={0}",id);
```

ExecuteSqlInterpolated()方法代码如下：

```
_context.Database.ExecuteSqlInterpolated($"delete students where id={id}");
```

③ 修改语句。

ExecuteSqlRaw()方法代码如下：

```
_context.Database.ExecuteSqlRaw("update students set name={0},sex={1},birthday={2},
department={3},grade={4},classes={5} where id={6}",student.name,student.sex,student.
birthday,student.department,student.grade,student.classes,student.id);
```

ExecuteSqlInterpolated()方法代码如下：

```
_context.Database.ExecuteSqlInterpolated($"update students set name={student.name},sex=
{student.sex},birthday={student.birthday},department={student.department},grade={student.
grade},classes={student.classes} where id={student.id}");
```

小　　结

本章首先介绍了 Entity Framework Core 的概念及两种映射模式，然后分别介绍了这两种映射模式的建立过程。同时本章还介绍了配置表间的关系、EF Core 的迁移机制，最后介绍了利用 EF Core 对数据表进行增加、删除、修改和查询的使用方法。本章重点掌握自定义模式下数据表的 CRUD 操作。

习　题

一、作业题

1. 什么是 EF Core？

2. EF Core 有几种映射模式？分别有什么特点？

3. 什么是 EF Core 的迁移机制？

二、上机实践题

如表 8-16 所示，给出 Person 表结构，在 EF Core 自定义模式下实现该表的增加、删除、修改和查询。

表 8-16　Person 表

字 段 名 称	类　　型	长　　度	备　　注
name	string	100	主键
email	string	50	
age	int		
phone	string	11	
memo	string	50	

第 9 章

项目的部署与发布

当 ASP. NET Core 项目开发完成以需要进行部署与发布。本章介绍如何将已开发完成的项目部署到 Windows、Linux 和 Docker 中。

本章主要学习目标如下：

- 掌握项目部署到 IIS 中的过程。
- 了解项目部署到 Linux 中的过程。
- 了解项目部署到 Docker 中的过程。

9.1 部署模式

ASP. NET Core 项目的部署模式有两种，分别为框架依赖部署（FDD）和独立部署（SCD）。

1. FDD

FDD 是指目标系统上已存在. NET Core，应用时仅部署开发的应用程序和位于. NET Core 库外的第三方依赖项。FDD 包含可通过在命令行中使用 dotnet 应用程序启动的. dll 文件。

此模式的优点是部署文件小，占用磁盘空间少。如果运行时需要更新则只需更新操作系统的运行时。因为. NET Core 的可执行文件和库都是通用的 PE 文件格式，所以不需要提前定义. NET Core 应用在其上运行的目标操作系统；缺点是只有当主机系统上已安装. NET Core 版本高于应用目标的. NET Core 版本时应用才能运行。

2. SCD

SCD 是指不依赖系统的. NET Core，生成的应用程序包括了所有组件（. NET Core 库和. NET Core 运行时），还包括了一个. dll 文件。

此模式的优点是能够单独控制与应用一起部署的. NET Core 版本；缺点是由于. NET Core 包含在部署包中，必须提前选择为其生成部署包的目标平台，同时部署包里包含. NET Core 和应用及第三方依赖项，所以体积相对较大。

9.2 部署至 IIS

【例 9-1】 将本地开发完成的项目通过 Web Deploy 在远程服务器上进行发布。

本地开发环境为 Visual Studio 2019 Community 和. Net Core 3.1，远程服务器操作系

统为 Windows Server 2016。

（1）在远程服务器上安装 IIS。

① 打开 Windows 服务器管理器，在"配置此本地服务器"窗口中单击"添加角色和功能"选项，如图 9-1 所示。

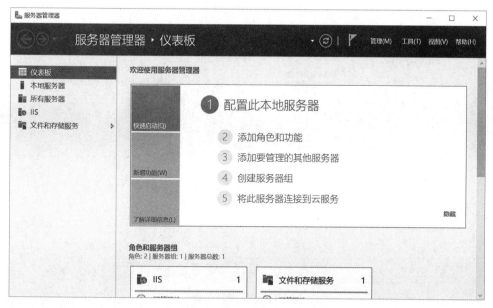

图 9-1　配置本地服务器

② 在"开始之前"窗口中单击"下一步"按钮，如图 9-2 所示。

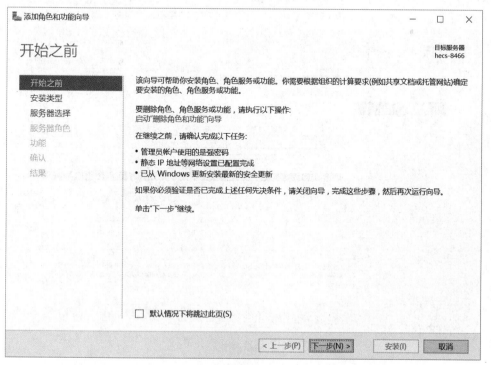

图 9-2　操作提示

③ 在"选择安装类型"窗口中选中"基于角色或基于功能的安装"单选按钮，单击"下一步"按钮，如图 9-3 所示。

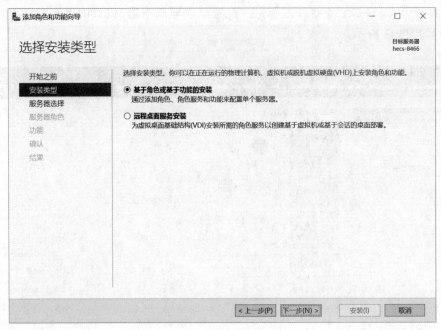

图 9-3　选择安装类型

④ 在"选择目标服务器"窗口中选中"从服务器池中选择服务器"单选按钮，如图 9-4 所示。

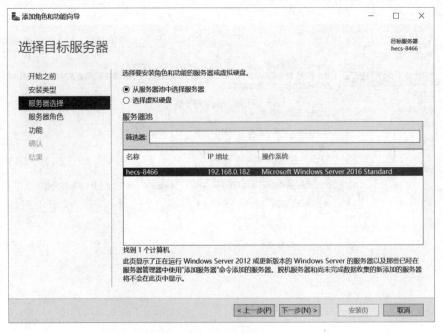

图 9-4　选择目标服务器

⑤ 在"选择服务器角色"窗口中选中"Web 服务器(IIS)"复选框，并在弹出的对话框中

单击"添加功能"按钮,如图 9-5 和图 9-6 所示。

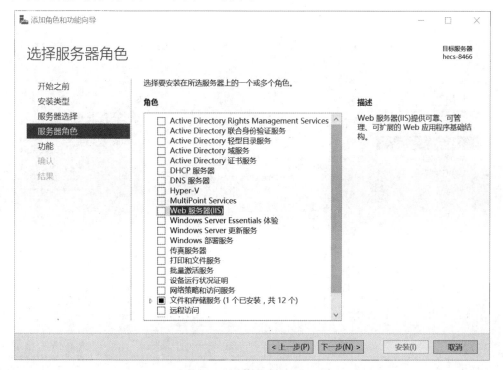

图 9-5 选择服务器角色

图 9-6 添加 Web 服务器所需的功能

⑥ 在"选择功能"窗口中选中".NET Framework 3.5 功能"".NET Framework 4.6 功能""消息队列(MSMQ)激活"复选框,单击"下一步"按钮,如图 9-7 所示。

⑦ 在"选择角色服务"窗口中将"Web 服务器"下面所有复选框全部选中,单击"下一步"按钮,如图 9-8 所示。

⑧ 在"确认安装所选内容"窗口中进行确认后单击"安装"按钮进行安装,如图 9-9 所示。

ASP.NET Core基础教程（微课视频版）

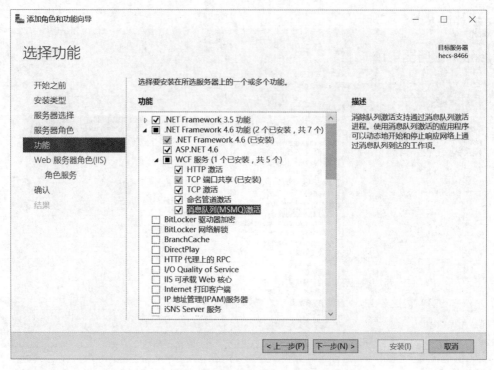

图 9-7　添加 .NET Framework

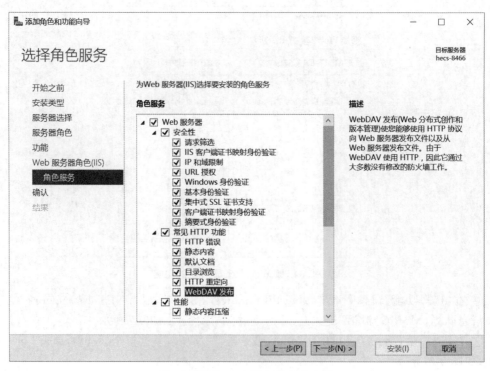

图 9-8　添加 Web 服务器所有选项

图 9-9　确认安装选项

（2）服务器上安装 Hosting Bundle。

Hosting Bundle 即托管捆绑包。为了能够让 ASP.NET Core 应用程序在 IIS 上正常运行，需要安装 .NET Core 运行时和 ASP.NET Core 模块。Hosting Bundle 即为完成 .NET Core 运行时和 ASP.NET Core 模块安装的程序。

① 打开微软官方网站 https://dotnet.microsoft.com/zh-cn/download/dotnet/3.1，下载 Hosting Bundle 安装程序，如图 9-10 所示。

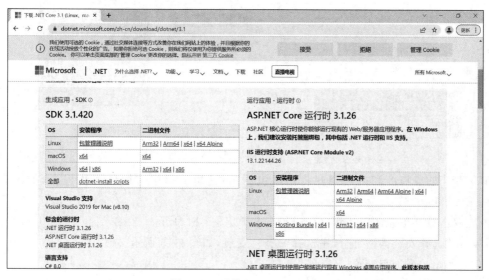

图 9-10　下载 Hosting Bundle

② 下载后进行程序安装，如图 9-11 所示。

图 9-11　安装 Hosting Bundle

（3）在服务器上安装 Web Deploy。

Web Deploy 是一个具有发布和部署功能的免费软件。此工具可以简化 Web 服务器、Web 应用程序和网站的迁移、管理与部署工作。

① 打开软件所在网址 https://www.iis.net/downloads/microsoft/web-deploy，如图 9-12 所示。

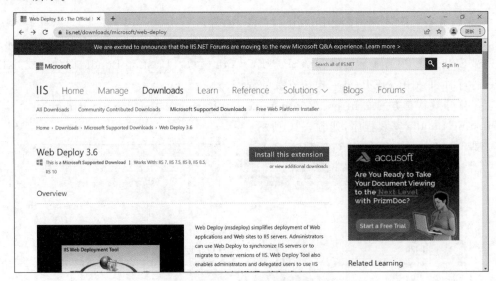

图 9-12　打开官方网站

② 在当前窗口的底端选择安装程序包下载，这里选择中文简体安装程序，如图 9-13 所示。

③ 双击打开下载的应用程序包进行安装，如图 9-14 所示。

④ 在"选择安装类型"窗口中选择"完整"安装，如图 9-15 所示。

（4）网站的添加与配置。

① 打开 IIS，在左侧窗口中选择根目录 HECS-8466，在 HECS-8466 主页窗口找到"管理

图 9-13 选择中文简体安装程序

图 9-14 安装应用程序

服务"并双击打开,如图 9-16 所示。

② 选中"启用远程连接"及"标识凭据"中的"Windows 凭据或 IIS 管理器凭据"单选按钮,然后单击"操作"中的"启动"链接,如图 9-17 所示。注意,管理服务设置的连接地址默认端口值为 8172,要配置防火墙允许此端口通过。

③ 在 HECS-8466 主页窗口双击打开"IIS 管理器用户",在右侧窗口中单击"添加用户"链接,如图 9-18 所示。

④ 在打开的"添加用户"对话框中输入用户名、密码和确认密码,如图 9-19 所示。

⑤ 选择 IIS 左侧窗口的"网站"选项,然后单击右侧窗口的"添加网站"链接添加一个新网站如图 9-20 所示。

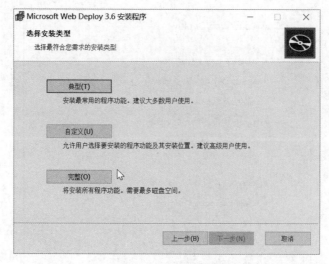

图 9-15　选择"完整"安装

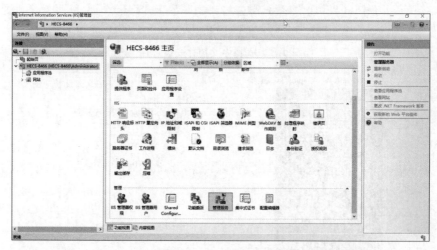

图 9-16　打开管理服务

图 9-17　配置管理服务

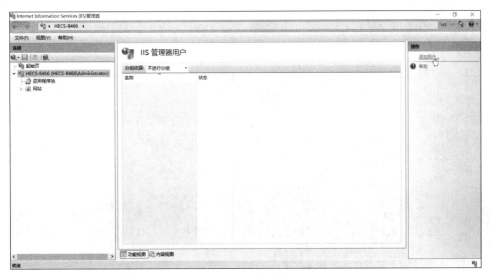

图 9-18 添加用户

图 9-19 添加用户名、密码和确认密码

图 9-20 添加网站

⑥ 在"添加网站"对话框中输入网站名称，如 ReleaseTest，选择物理路径后单击"确定"按钮添加网站，如图 9-21 所示。

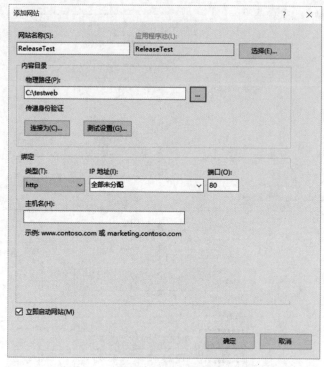

图 9-21　设置网站

⑦ 在 IIS 左侧窗口中选择 ReleaseTest 网站，从中间窗口中找到"IIS 管理器权限"并打开，如图 9-22 所示。

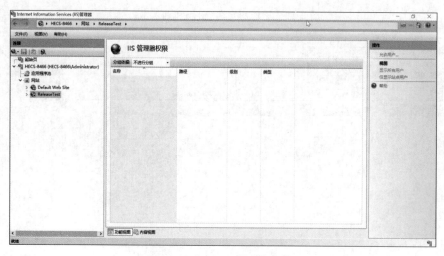

图 9-22　打开 IIS 管理器权限

⑧ 单击图 9-22 中的"允许用户"链接，打开"允许用户"对话框。选中"IIS 管理器"单选按钮并单击"选择"按钮，如图 9-23 所示。

⑨ 在打开的对话框中选择 deploytest 用户，单击"确定"按钮，如图 9-24 所示。

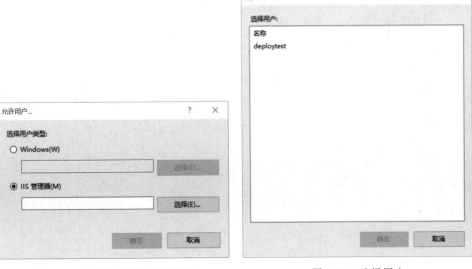

图 9-23 打开"允许用户"对话框   图 9-24 选择用户

（5）发布网站。

① 打开"解决方案资源管理器"，选择项目名称 release，右击，在弹出的快捷菜单中选择"发布"命令，如图 9-25 所示。

图 9-25 发布网站

② 在打开的"选择发布目标"对话框中选择"IIS、FTP 等"选项，单击"创建配置文件"按钮，如图 9-26 所示。

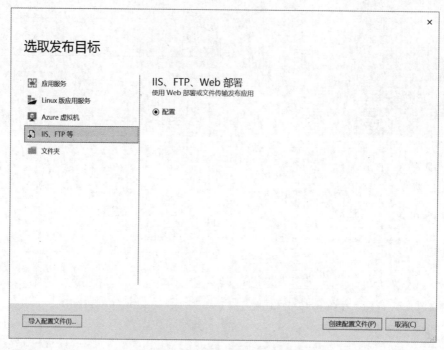

图 9-26　选择"IIS、FTP 等"发布方式

③ 在配置文件对话框中，"发布方法"选择"Web 部署"选项，在"服务器"文本框中输入发布服务器的 IP 地址，在"站点名称"文本框中输入服务器上添加网站时输入的网站名称，用户名和密码要与服务器 IIS 中添加的网站授权的用户名和密码相同，目标 URL 是 http://加上服务器的 IP 地址。信息输入完成之后单击"验证连接"按钮，如图 9-27 所示。此时会弹出客户端连接验证对话框，输入远程 Windows 登录的账号和密码后进行验证，验证成功后单击"下一步"按钮。

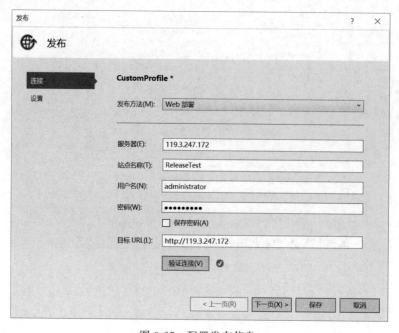

图 9-27　配置发布信息

图 9-27 中输入的用户名也可以用之前建立的 IIS 管理器的账号,但此账号需具有对网站发布的文件夹的访问权限。

④ 在"发布"对话框的"设置"选项中,"配置"选择 Release 选项,"目标框架"选择 netcoreapp3.1 选项,"部署模式"选择"独立"选项,"目标运行时"选择 win-x64 选项,单击"保存"按钮,如图 9-28 所示。

图 9-28 "设置"选项

发布的网站如有数据库连接则需打开图 9-28 中的"数据库"选项,输入数据库连接字符串。

⑤ 返回到 Visual Studio 编辑器后会显示发布配置信息窗口,如图 9-29 所示。

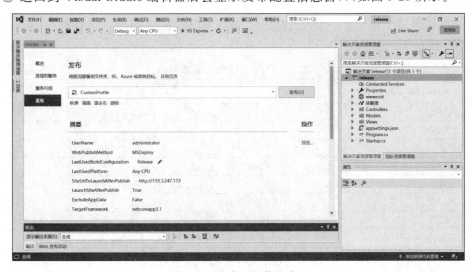

图 9-29 发布配置信息窗口

⑥ 在此窗口中单击"发布"按钮进行网站发布。在发布过程中会出现如图 9-30 所示的客户端确认对话框,此处可输入登录远程服务器操作系统的用户名和密码,单击"确定"按钮后即可完成网站的发布。

图 9-30　客户端确认

⑦ 发布完成后本地客户端将自动打开发布的网站,如图 9-31 所示。

图 9-31　远程服务器发布的网站

9.3　部署至 Linux

.NET Core 3.1 应用程序可在 Linux 上进行发布,表 9-1 显示了该版本下 Linux 不同版本支持的版本号。

表 9-1　Linux 支持的版本号

Linux 版本名称	支持的版本号
Alpine	3.12,3.13,3.14
CentOS	7.0,8.0
Debian	9,10,11
Fedora	29,30,31,32,33,34,35
openSUSE	15
Red Hat	7,8
SLES	12 SP2,15
Ubuntu	18.04（LTS）,20.04（LTS）,21.04,21.10

下面以 CentOS 为例介绍 .NET Core 3.1 应用程序在 Linux 上的发布过程。

【例 9-2】　将开发完成的网站在 CentOS 服务器上进行发布。

在本例中将使用 CentOS 7.9 系统作为服务器,远程连接工具使用 Xshell、Xftp。

(1) 下载 Xshell 7 并安装。

① 登录 Xshell 的官方网站 https://www.xshellcn.com/,下载 Xshell 试用版。

② 安装完成后登录,在"新建会话属性"对话框的"名称"文本框中输入 centos,在"主机"文本框中输入服务器地址,单击"确定"按钮,如图 9-32 所示。

图 9-32 新建会话

③ 建立会话后会进行用户名和密码确认界面,输入用户名和密码后将登录到远程服务器,如图 9-33 所示。

(2) 在 CentOS 上部署.NET Core 3.1 运行环境。

① 注册 Microsoft 密钥和源。

输入如下命令。

```
sudo rpm -Uvh https://packages.microsoft.com/config/centos/7/packages-microsoft-prod.rpm
```

② 安装.NET Core SDK/.NET Core Runtime。

如果服务器只是用来运行.NET Core SDK 程序则只需安装.NET Core Runtime;如果要做开发和编译工作则需安装.NET Core SDK,这是因为.NET Core SDK 包含了.NET Core Runtime。输入如下命令即可完成安装。

```
sudo yum install dotnet-sdk-3.1
```

```
Xshell 7 (Build 0108)
Copyright (c) 2020 NetSarang Computer, Inc. All rights reserved.

Type `help' to learn how to use Xshell prompt.
[C:\~]$

Connecting to 49.4.6.69:22...
Connection established.
To escape to local shell, press 'Ctrl+Alt+]'.

WARNING! The remote SSH server rejected X11 forwarding request.
Last login: Thu Jun 23 22:28:43 2022 from 111.33.241.4

          Welcome to Huawei Cloud Service

[root@hecs-1fda ~]#
```

图 9-33 登录远程服务器

③ 安装完成后输入命令：dotnet --info，可以看到安装成功后的结果，如图 9-34 所示。

```
[root@hecs-1fda ~]# dotnet --info
.NET Core SDK (reflecting any global.json):
 Version:   3.1.420
 Commit:    c4a02e4c2d

Runtime Environment:
 OS Name:     centos
 OS Version:  7
 OS Platform: Linux
 RID:         centos.7-x64
 Base Path:   /usr/share/dotnet/sdk/3.1.420/

Host (useful for support):
  Version: 3.1.26
  Commit:  dae24f14e7

.NET Core SDKs installed:
  3.1.420 [/usr/share/dotnet/sdk]

.NET Core runtimes installed:
  Microsoft.AspNetCore.App 3.1.26 [/usr/share/dotnet/shared/Microsoft.AspNetCore.
App]
  Microsoft.NETCore.App 3.1.26 [/usr/share/dotnet/shared/Microsoft.NETCore.App]

To install additional .NET Core runtimes or SDKs:
  https://aka.ms/dotnet-download
[root@hecs-1fda ~]#
```

图 9-34 环境部署完成

（3）编译与发布。

① 新建 release 网站项目，在 Index. cshtml 页面简单修改输出语句，如

```
< div class="text-center">
    < h1 class="display-4">本示例为 CentOS 下的项目发布</h1 >
</ div >
```

② 配置应用，在 Program. cs 文件中输入 Linux 部署指定端口，源码如下。

```
public static IHostBuilder CreateHostBuilder(string[] args) =>
    Host. CreateDefaultBuilder(args)
        .ConfigureWebHostDefaults(webBuilder =>
            {
            webBuilder. UseStartup < Startup >();
            webBuilder. UseUrls("http://*:5000;https://*:5001;"); //Linux 部署指定端口
            });
```

③ 对该网站进行发布，在"发布方法"列表框中选择"文件系统"选项，在"目标位置"组合框中选择文件要发布的位置，单击"下一步"按钮，如图 9-35 所示。

图 9-35　选择发布方法和目标位置

④ 在"设置"页面选择"目标运行时"为 linux-x64，单击"保存"按钮，如图 9-36 所示。

图 9-36　设置选项

⑤ 回到"发布"窗口进行发布,编译后的文件将发送到指定文件夹下,如图 9-37 所示。

名称 ^	修改日期	类型	大小
wwwroot	2022/6/23 22:41	文件夹	
appsettings.Development	2022/4/1 10:56	JSON File	1 KB
appsettings	2022/4/1 10:56	JSON File	1 KB
release	2022/6/23 22:41	.file	85 KB
release.deps	2022/6/23 22:41	JSON File	112 KB
release.dll	2022/6/23 22:41	应用程序扩展	9 KB
release.pdb	2022/6/23 22:41	Program Debug Da...	3 KB
release.runtimeconfig	2022/6/23 22:41	JSON File	1 KB
release.Views.dll	2022/6/23 22:41	应用程序扩展	35 KB
release.Views.pdb	2022/6/23 22:41	Program Debug Da...	4 KB
web.config	2022/6/23 22:41	XML Configuration ...	1 KB

图 9-37　编译后的文件

⑥ 从 https://www.xshellcn.com/下载 Xftp 试用版并安装,登录后将本地发布的文件上传到 CentOS 服务器,如图 9-38 所示。

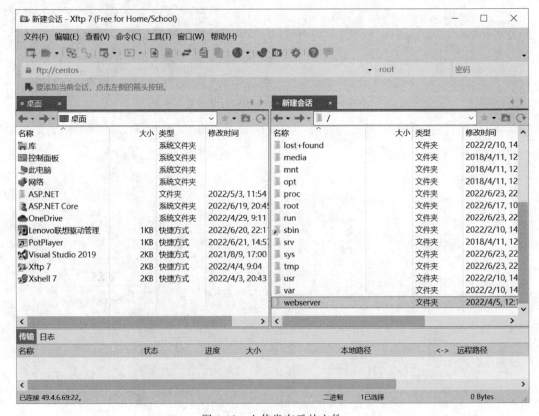

图 9-38　上传发布后的文件

⑦ 通过 Xshell 连接到 CentOS 远程服务器,输入 cd /webserver 命令后进入网站目录,再输入 dotnet release.dll 命令运行该网站,如图 9-39 所示。

⑧ 在外网输入网站所在 IP 地址+5001 端口号进行访问,如图 9-40 所示。

```
[root@hecs-1fda ~]# cd /webserver
[root@hecs-1fda webserver]# dotnet release.dll
info: Microsoft.Hosting.Lifetime[0]
      Now listening on: http://[::]:5000
info: Microsoft.Hosting.Lifetime[0]
      Now listening on: https://[::]:5001
info: Microsoft.Hosting.Lifetime[0]
      Application started. Press Ctrl+C to shut down.
info: Microsoft.Hosting.Lifetime[0]
      Hosting environment: Production
info: Microsoft.Hosting.Lifetime[0]
      Content root path: /webserver
```

图 9-39 在 CentOS 上运行网站

图 9-40 远程访问网站

9.4 部署至 Docker

Docker 是一款运行在 Linux 和 Windows 上的软件。它通过对容器的创建、管理和编排解决了软件环境部署复杂的问题。与虚拟机相比,Docker 具有资源占用少、启动速度快和本身体积小的特点。

下面介绍在 CentOS 系统上 Docker 的安装配置及发布过程。

【例 9-3】 将 .NET Core 3.1 项目通过 Docker 进行发布。

(1) 将开发完成的网站发布后上传到 CentOS 服务器。

① 新建 dockerapp 网站项目,在"创建 ASP.NET Core Web 应用程序"对话框的"高级"选项下选中"启用 Docker 支持"复选框,同时在下拉列表中选择 Linux 选项,如图 9-41 所示。

② 打开 Pages/Index.cshtml 文件,进行简单编辑如下。

```
<div class="text-center">
    <h1 class="display-4">DockerAPP</h1>
    <p>项目部署在 Docker 中示例</p>
</div>
```

③ 打开 Dockerfile 文件进行编辑,内容如下。

```
FROM mcr.microsoft.com/dotnet/core/aspnet:3.1-buster-slim AS base
WORKDIR /app
```

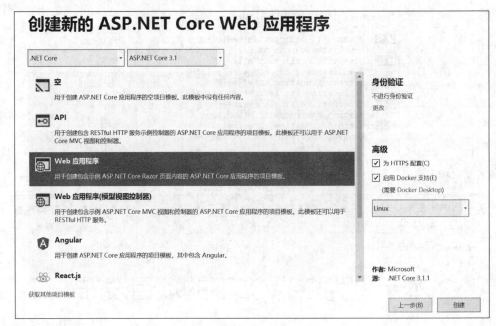

图 9-41　启用 Docker 支持

```
ENV ASPNETCORE_URLS http://+:50001
EXPOSE 50001
COPY ./ ./
ENTRYPOINT ["dotnet", "dockerapp.dll"]
```

Dockerfile 文件指令说明如下。

- FROM：指定所创建镜像的基础镜像。
- WORKDIR：配置工作目录。
- EXPOSE：声明镜像内服务监听的端口。
- COPY：复制内容到镜像。
- ENTRYPOINT：启动镜像的默认入口命令。

④ 在"解决方案资源管理器"中选择 Dockerfile 文件,右击,在弹出的快捷菜单中选择 "属性"命令,如图 9-42 所示。

⑤ 在"Dockerfile 文件属性"中,将"复制到输出目录"设置为"始终复制",如图 9-43 所示。

⑥ 发布当前网站,选取发布目标为"文件夹"及发布的目标路径,如图 9-44 所示。

⑦ 单击图 9-44 中的"高级",打开"设置"窗口,在"目标运行时"选项处选择"可移植", 单击"保存"按钮,如图 9-45 所示。

⑧ 执行发布后,编译后的文件被复制到指定文件夹下,如图 9-46 所示。

⑨ 通过 Xftp 将编译后的文件上传到 CentOS 服务器,如图 9-47 所示。

(2) 在 CentOS 中安装 Docker。

在使用 Docker 之前要先在 CentOS 中安装该软件。

当前 Docker 有两个版本可供选择：社区版(Community Edition,CE)和企业版 (Enterprise Edition,EE)。Docker CE 是免费的,接下来的示例中将使用 Docker CE 版本。

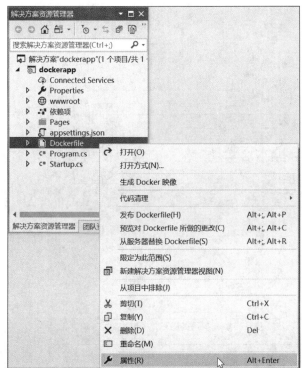

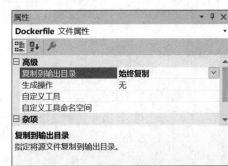

图 9-42　设置 Dockerfile 文件属性　　　　　　　　图 9-43　设置复制输出目标

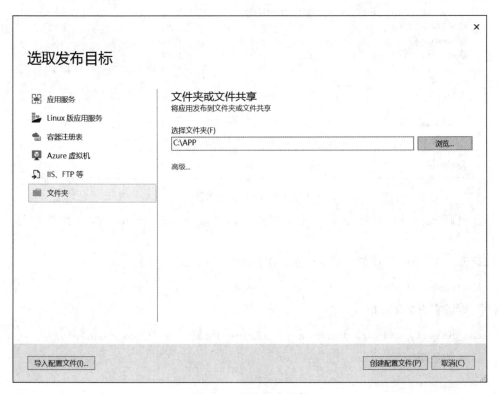

图 9-44　选取发布目标

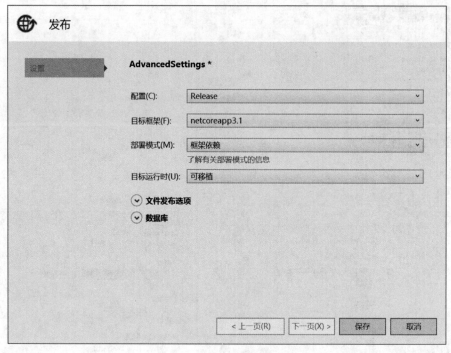

图 9-45　设置详情页

名称	修改日期	类型	大小
wwwroot	2022/6/23 23:13	文件夹	
appsettings.Development	2022/6/23 23:05	JSON File	1 KB
appsettings	2022/6/23 23:05	JSON File	1 KB
dockerapp.deps	2022/6/23 23:13	JSON File	105 KB
dockerapp.dll	2022/6/23 23:13	应用程序扩展	9 KB
dockerapp	2022/6/23 23:13	应用程序	166 KB
dockerapp.pdb	2022/6/23 23:13	Program Debug Da...	3 KB
dockerapp.runtimeconfig	2022/6/23 23:13	JSON File	1 KB
dockerapp.Views.dll	2022/6/23 23:13	应用程序扩展	36 KB
dockerapp.Views.pdb	2022/6/23 23:13	Program Debug Da...	4 KB
Dockerfile	2022/6/23 23:07	.file	1 KB
web.config	2022/6/23 23:13	XML Configuration ...	1 KB

图 9-46　编译后的文件

① 更新 yum 软件包管理器，在命令窗口中输入命令 sudo yum update，结果如图 9-48
所示。

② 安装 Docker 依赖的软件包，输入如下命令。

sudo yum install -y yum-utils device-mapper-persistent-data lvm2

③ 设置官方的 Docker 镜像源。

sudo yum-config-manager --add-repo https://download.docker.com/linux/centos/docker-ce.repo

④ 安装最新版本。

sudo yum install -y docker-ce

安装成功后显示的结果如图 9-49 所示。

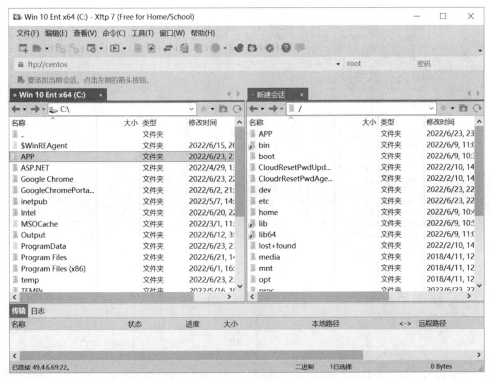

图 9-47 上传文件

```
[root@hecs-1fda ~]# sudo yum update
Loaded plugins: fastestmirror
Determining fastest mirrors
base                                              | 3.6 kB  00:00:00
epel                                              | 4.7 kB  00:00:00
extras                                            | 2.9 kB  00:00:00
packages-microsoft-com-prod                       | 3.0 kB  00:00:00
updates                                           | 2.9 kB  00:00:00
(1/4): epel/x86_64/updateinfo                     | 1.1 MB  00:00:01
(2/4): packages-microsoft-com-prod/primary_db     | 591 kB  00:00:02
(3/4): epel/x86_64/primary_db                     | 7.0 MB  00:00:03
(4/4): updates/7/x86_64/primary_db                |  16 MB  00:00:05
Resolving Dependencies
--> Running transaction check
---> Package aspnetcore-runtime-3.1.x86_64 0:3.1.23-1 will be updated
---> Package aspnetcore-runtime-3.1.x86_64 0:3.1.26-1 will be an update
---> Package at.x86_64 0:3.1.13-24.el7 will be updated
---> Package at.x86_64 0:3.1.13-25.el7_9 will be an update
---> Package bind-export-libs.x86_64 32:9.11.4-26.P2.el7_9.8 will be updated
---> Package bind-export-libs.x86_64 32:9.11.4-26.P2.el7_9.9 will be an update
---> Package centos-release.x86_64 0:7-9.2009.0.el7.centos will be updated
---> Package centos-release.x86_64 0:7-9.2009.1.el7.centos will be an update
---> Package cyrus-sasl-lib.x86_64 0:2.1.26-23.el7 will be updated
---> Package cyrus-sasl-lib.x86_64 0:2.1.26-24.el7_9 will be an update
---> Package dotnet-apphost-pack-3.1.x86_64 0:3.1.23-1 will be updated
---> Package dotnet-apphost-pack-3.1.x86_64 0:3.1.26-1 will be an update
---> Package dotnet-host.x86_64 0:6.0.3-1 will be updated
---> Package dotnet-host.x86_64 0:6.0.6-1 will be an update
```

图 9-48 更新 yum

⑤ 启动 Docker。

启动 Docker 的命令如下。

```
    Verifying    : audit-libs-python-2.8.5-4.el7.x86_64                    13/16
    Verifying    : setools-libs-3.3.8-4.el7.x86_64                         14/16
    Verifying    : fuse-overlayfs-0.7.2-6.el7_8.x86_64                     15/16
    Verifying    : libcgroup-0.41-21.el7.x86_64                            16/16

Installed:
  docker-ce.x86_64 3:20.10.17-3.el7

Dependency Installed:
  audit-libs-python.x86_64 0:2.8.5-4.el7
  checkpolicy.x86_64 0:2.5-8.el7
  container-selinux.noarch 2:2.119.2-1.911c772.el7_8
  containerd.io.x86_64 0:1.6.6-3.1.el7
  docker-ce-cli.x86_64 1:20.10.17-3.el7
  docker-ce-rootless-extras.x86_64 0:20.10.17-3.el7
  docker-scan-plugin.x86_64 0:0.17.0-3.el7
  fuse-overlayfs.x86_64 0:0.7.2-6.el7_8
  fuse3-libs.x86_64 0:3.6.1-4.el7
  libcgroup.x86_64 0:0.41-21.el7
  libsemanage-python.x86_64 0:2.5-14.el7
  policycoreutils-python.x86_64 0:2.5-34.el7
  python-IPy.noarch 0:0.75-6.el7
  setools-libs.x86_64 0:3.3.8-4.el7
  slirp4netns.x86_64 0:0.4.3-4.el7_8

Complete!
[root@hecs-1fda ~]#
```

图 9-49　安装 Docker 最新版

sudo systemctl start docker

（3）在 Docker 中部署网站。

① 从微软官方网站下载 .NET Core 3.1 基础镜像。在 Xshell 中输入如下命令。

docker pull mcr.microsoft.com/dotnet/core/aspnet:3.1-buster-slim

② 进入 CentOS 的 App 项目发布文件夹，使用 docker build 命令构建本地镜像。命令如下。

docker build -t docker.app .

注意，结尾的 . 号前有一个空格。

参数解释如下。

-t：指定生成的镜像名称，名称只能小写。

.：表示构建镜像到当前目录。

运行命令结束后显示的结果如图 9-50 所示。

③ 创建并运行容器，输入如下命令。

docker run -d --name my.docker.app -p 8001:50001 docker.app

参数解释如下。

--name：表示生成的容器名称，注意区分大小写。此名称也可以不指定，默认会生成。

-d：表示在后台以守护形式运行容器。

-p：表示外部端口与内部容器端口映射。如 8001:50001，冒号前面的 8001 表示对象访问的端口，冒号后面的 50001 表示容器内部端口。

结尾：表示上一步创建的镜像名称。

此命令运行后显示的结果如图 9-51 所示。

```
[root@hecs-1fda APP]# docker build -t docker.app .
Sending build context to Docker daemon  4.704MB
Step 1/6 : FROM mcr.microsoft.com/dotnet/core/aspnet:3.1-buster-slim AS base
 ---> b56069182956
Step 2/6 : WORKDIR /app
 ---> Running in 027d28caf011
Removing intermediate container 027d28caf011
 ---> d0b0de40acc1
Step 3/6 : ENV ASPNETCORE_URLS http://+:50001
 ---> Running in b17005252942
Removing intermediate container b17005252942
 ---> 658128d2f418
Step 4/6 : EXPOSE 50001
 ---> Running in be83d406d7ef
Removing intermediate container be83d406d7ef
 ---> 931088fbcc76
Step 5/6 : COPY ./ ./
 ---> c0923b2c5860
Step 6/6 : ENTRYPOINT ["dotnet", "dockerapp.dll"]
 ---> Running in 092a0f78a676
Removing intermediate container 092a0f78a676
 ---> 8bdf875a7b83
Successfully built 8bdf875a7b83
Successfully tagged docker.app:latest
[root@hecs-1fda APP]#
```

图 9-50　生成镜像文件

```
[root@hecs-1fda APP]# docker run -d --name my.docker.app -p 8001:50001 docker.app
0153f13b3914d2f74392b7397ceaa95c674d793e766a9c3f08283c5d11f5ab9e
```

图 9-51　生成容器

可以查看运行中的容器,命令如下。

docker ps -a

④ 在远程主机访问发布的网站,显示结果如图 9-52 所示。

图 9-52　远程访问

小　　结

本章主要介绍了 ASP.NET Core 的项目发布到不同应用环境中的过程。在 Windows、Linux 和 Docker 三种部署过程中,Windows 较为方便,Linux 和 Docker 的部署则更加灵活,近些年来应用越来越多,在实际应用中可根据具体情况加以选择。

习　　题

一、作业题

1. ASP.NET Core 项目部署的模式有几种？

2. 简述 ASP.NET Core 项目部署到远程 Windows server 服务器中的步骤。

二、上机实践题

1. 参考 9.2 节，将项目部署到本地 Windows 7/10 系统。

2. 参考 9.3 节，将项目部署到 Ubuntu 系统。

第10章 项目开发实例

前面章节系统介绍了 ASP. NET Core 的基础知识,包括 ASP. NET Core 核心组件、ASP. NET Core 开发环境、ASP. NET Core MVC 框架、Razor Pages、SignalR、Blazor、项目的部署与发布等。本章将综合运用所学的 ASP. NET Core 相关知识开发一个学生考勤管理系统。

10.1 开发背景

在课堂教学中学生的出勤检查是一项比较重要的内容,是学生平时成绩的客观、公正的参考依据。传统的学生出勤检查方法往往是教师拿着班级名单逐一点名,或者让学生上交课堂作业以便课后核对出勤情况。这些方法很容易造成统计结果不及时、数据遗漏、对学生的教育难以到位等问题。

针对以上问题,本章将开发基于 ASP. NET Core 的学生考勤管理系统,任课教师可以在课堂上直接登录该系统进行学生出勤检查并记录出勤信息。学生及教务管理人员可以登录该系统查询学生的出勤情况。

10.2 系统需求

通过对学生实际出勤情况的调查分析,可以总结出本系统涉及的三类用户:教务管理员、任课教师和学生。这三类用户的需求如下所述。

10.2.1 教务管理员用户需求

教务管理员除了对教师和学生信息进行维护外,还需要维护所属院系的课程信息和所属院系的任课教师课程表。教务管理员可以查看学生出勤情况及所属院系学生的整体出勤统计信息,还可以查看和修改个人账户信息。

10.2.2 任课教师用户需求

任课教师可以查看本人课表、设置学生考勤情况、查看所有学生的出勤统计信息及详细信息,还可以查看和修改个人账户信息。

10.2.3 学生用户需求

学生可以查看课表信息和自己出勤的详细情况,包括某学期请假、旷课和迟到的次数,任课教师姓名、课程名称及上课地点等。

根据以上描述，系统用例图即教务管理员、任课教师和学生的用例图如图 10-1 所示。

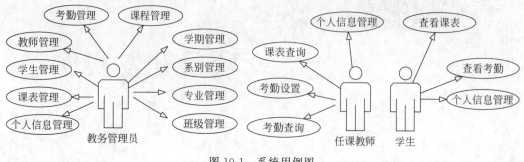

图 10-1　系统用例图

10.3　系统设计

10.3.1　系统架构设计

当前在开发软件工程项目时都会采用分层设计的思想。分层设计可以提高软件的可维护性和可重用性，便于软件的开发、维护和管理。

通常一个软件项目可分为如下几层。

（1）表现层：主要用来处理与用户交互时数据的输入和输出。

（2）服务层：主要用来处理复杂的业务逻辑，方便扩展和维护。

（3）仓储层：主要用于管理实体对象和 ORM 映像对象，对数据进行 CRUD 操作时无面关心数据的来源和存储方式。

（4）实体层：主要用于存储数据实体（EntityModel）和视图模型（ViewModel），在表现层、服务层和仓储层之间进行数据的传递。

（5）基础设施层：主要为其他层提供各类服务，存储公共的基础类库和组件。

系统架构如图 10-2 所示。

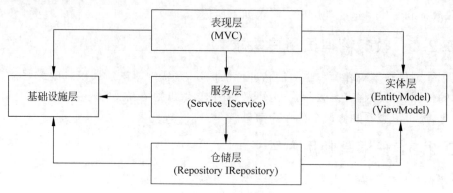

图 10-2　系统架构

本系统遵循分层设计原则。在图 10-2 所示的系统架构中，表现层的类访问服务层，实现具体功能；服务层的类访问仓储层，实现业务逻辑功能；仓储层的类访问实体层，实现数据的增、删、改、查操作。

10.3.2 数据库设计

通过对本系统的分析,需要建立 11 个数据表。这些数据表的结构如下。

1. 教务管理员表(Manager,见表 10-1)

表 10-1 Manager

字 段 名 称	类 型	字 段 意 义	说 明
Mid	int	管理员 ID	主键
Name	nvarchar(20)	管理员名称	非空
Account	nvarchar(20)	管理员登录账号	非空
Password	nvarchar(MAX)	管理员登录密码	非空
Phone	nvarchar(20)	管理员联系方式	非空
isEnabled	bit	该账号是否启用	非空
Email	nvarchar(50)	管理员电子邮箱	非空

2. 任课教师表(Teacher,见表 10-2)

表 10-2 Teacher

字 段 名 称	类 型	字 段 意 义	说 明
teacherID	int	教师 ID	主键
teacherBH	nvarchar(8)	教师登录账号	非空
teacherName	nvarchar(30)	教师名称	非空
teacherPwd	nvarchar(MAX)	教师登录密码	非空
departmentName	nvarchar(20)	所在系部	非空
teacherTitle	nvarchar(10)	教师职称	非空
teacherPhone	nvarchar(20)	教师联系方式	非空
isEnabled	bit	该账号是否启用	非空

3. 学生表(Student,见表 10-3)

表 10-3 Student

字 段 名 称	类 型	字 段 意 义	说 明
studentID	int	学生 ID	主键
studentBH	nvarchar(12)	学生登录账号	非空
studentName	nvarchar(30)	学生姓名	非空
studentSex	bit	学生性别	非空
studentBirthday	datetime2(7)	学生出生日期	非空
studentPwd	nvarchar(MAX)	学生登录密码	非空
departmentName	nvarchar(20)	所在系部	非空
professionalName	nvarchar(30)	所在专业	非空
className	nvarchar(30)	所在班级	非空
studentPhone	nvarchar(20)	学生电话	非空
isEnabled	bit	该账号是否启用	非空

4. 系部表（Departments，见表 10-4）

表 10-4　Departments

字 段 名 称	类　　型	字 段 意 义	说　　明
departmentID	int	系部 ID	主键
departmentName	nvarchar(20)	系部名称	非空

5. 专业表（Professional，见表 10-5）

表 10-5　Professional

字 段 名 称	类　　型	字 段 意 义	说　　明
professionalID	int	专业 ID	主键
professionalName	nvarchar(30)	专业名称	非空
departmentName	nvarchar(20)	所在系部	非空

6. 班级表（Classes，见表 10-6）

表 10-6　Classes

字 段 名 称	类　　型	字 段 意 义	说　　明
classesID	int	管理员 ID	主键
className	nvarchar(30)	管理员名称	非空
departmentName	nvarchar(20)	管理员登录账号	非空
professionalName	nvarchar(30)	管理员登录密码	非空

7. 课程表（Course，见表 10-7）

表 10-7　Course

字 段 名 称	类　　型	字 段 意 义	说　　明
courseID	int	课程 ID	主键
courseName	nvarchar(30)	课程名称	非空

8. 学期表（Annual，见表 10-8）

表 10-8　Annual

字 段 名 称	类　　型	字 段 意 义	说　　明
annualID	int	学期 ID	主键
annualName	nvarchar(30)	学期名称	非空
annualStart	datetime2(7)	学期开始时间	非空
annualEnd	datetime2(7)	学期结束时间	非空
annualWeeks	int	该学期周数	非空
isPresentAnnual	bit	该学期是否为当前学期	非空

9. 课程设置表（Courseset，见表 10-9）

表 10-9　Courseset

字 段 名 称	类　　型	字 段 意 义	说　　明
coursesetID	int	课程设置 ID	主键
annualName	nvarchar(30)	学期名称	非空
departmentName	nvarchar(20)	系部名称	非空
professionalName	nvarchar(30)	专业名称	非空

字 段 名 称	类 型	字 段 意 义	说 明
className	nvarchar(30)	班级名称	非空
courseName	nvarchar(30)	课程名称	非空
teacherName	nvarchar(8)	教师名称	非空
weeks	int	星期	非空
coursedate	nvarchar(50)	上课时间	非空
classroom	nvarchar(20)	上课教室	非空

10. 考勤分类表(Alertclass,见表 10-10)

表 10-10　Alertclass

字 段 名 称	类 型	字 段 意 义	说 明
alertClassID	int	考勤分类 ID	主键
alertClassName	nvarchar(10)	考勤分类名称	非空

11. 考勤表(Alert,表 10-11)

表 10-11　Alert

字 段 名 称	类 型	字 段 意 义	说 明
alertID	int	考勤 ID	主键
annualName	nvarchar(30)	学期名称	非空
departmentName	nvarchar(20)	系部名称	非空
professionalName	nvarchar(30)	专业名称	非空
className	nvarchar(30)	班级名称	非空
courseName	nvarchar(30)	课程名称	非空
teacherName	nvarchar(8)	教师名称	非空
weeks	int	星期	非空
coursedate	nvarchar(50)	上课时间	非空
classroom	nvarchar(20)	上课教室	非空
studentBH	nvarchar(12)	学号	非空
studentName	nvarchar(30)	学生姓名	非空
alertClassName	nvarchar(10)	考勤分类名称	非空

10.4　系统实现

10.4.1　开发环境

开发环境：Visual Studio Community 2019。

开发语言：C#。

数据库服务器：SQL Server 2016。

操作系统：Windows 10。

10.4.2　系统架构实现

学生考勤管理系统采用多层架构,该系统包含 8 个项目,如图 10-3 所示。

图 10-3　项目结构

在图 10-3 中 KQGL. Entity 项目下包含实体层中的 Entity 文件；KQGL. EFCore 项目下包含数据库上下文模型文件，该文件用于在 Code First 模型下生成数据库和表；KQGL. Utility 项目下包含系统中用到的 MD5 加密类等通用类库文件；KQGL. Domain 项目下包含业务逻辑层中接口文件的实现类；KQGL. Repository 项目下包含仓储层中对数据表进行 CRUD 操作的类文件；KQGL. IService 项目下包含业务逻辑层中的接口类文件；KQGL. Model 项目下包含实体层中的 ViewModel 文件；KQGL. Site 项目下包含表现层中的 MVC 架构相关文件。

系统各项目的创建顺序为 KQGL. Entity，KQGL. Model，KQGL. EFCore，KQGL. Utility，KQGL. Repository，KQGL. Domain，KQGL. IService，KQGL. Site。下面以教务管理员管理学生信息为例，讲解各项目的创建方法，其他功能的实现方法与此相同，这里不再赘述。

1. 实体层的创建

实体层是数据表和视图的逻辑映射，在系统中起到数据传输的作用。实体层中包含 Entity 和 View 模型，其中 Entity 中的属性与数据表中的字段一一对应，View 模型则对应于应用页面中的实际显示内容，可根据需要进行选择性输出。下面介绍其实现过程。

（1）创建 ASP. NET Core 空项目，如图 10-4 所示。

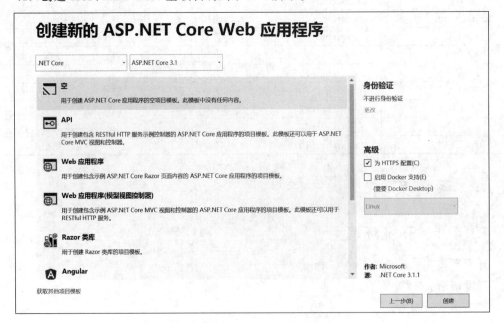

图 10-4　创建 ASP. NET Core 空项目

（2）在"解决方案资源管理器"中右击"解决方案"，在弹出快捷菜单中选择"添加"→"新建解决方案文件夹"命令，并输入文件夹的名称 Entity，如图 10-5 所示。

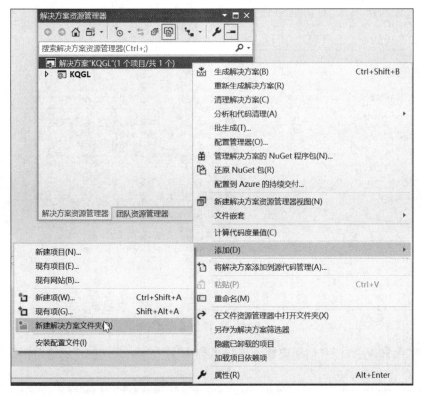

图 10-5 添加解决方案文件夹

（3）右击 Entity 文件夹，在弹出的快捷菜单中选择"添加"→"新建项目"命令，如图 10-6 所示。

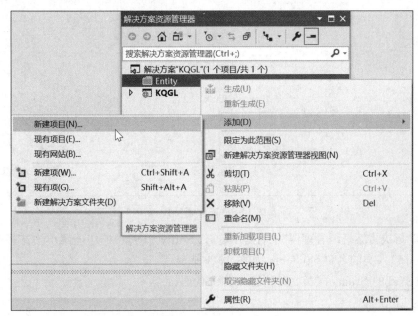

图 10-6 新建项目

（4）在"添加新项目"对话框中选择"类库（. NET Core）"选项，单击"下一步"按钮，如图 10-7 所示。

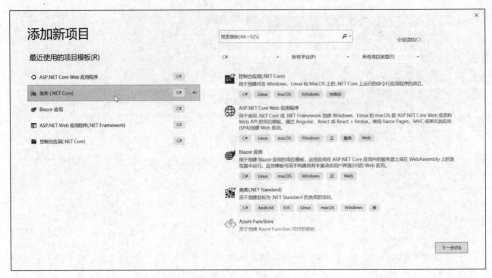

图 10-7　添加类库

（5）在"配置新项目"对话框中输入项目名称 KQGL. Entity，单击"创建"按钮，如图 10-8 所示。

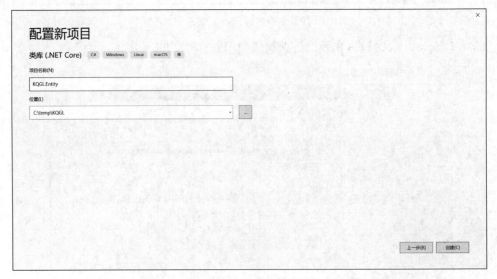

图 10-8　配置新项目

（6）在"解决方案资源管理器"中右击 KQGL. Entity，在弹出的快捷菜单中选择"添加"→ "类"命令，并输入类的名称 Students，如图 10-9 所示。

（7）在打开的 Students 类文件中输入如下代码。

```
using System;
using System. Collections. Generic;
using System. Text;
using System. ComponentModel. DataAnnotations;
```

图 10-9 添加新类

```
using System.ComponentModel.DataAnnotations.Schema;
namespace KQGL.Entity
{
    public class Students
    {
        [Key]
        [DatabaseGenerated(DatabaseGeneratedOption.Identity)]
        public int studentID { get; set; }
        [Required]
        [StringLength(12)]
        public string studentBH { get; set; }
        [Required]
        [MaxLength(30)]
        public string studentName { get; set; }
        public bool studentSex { get; set; }
        public DateTime studentBirthday { get; set; } = DateTime.Now;
        [Required]
        public string studentPwd { get; set; }
        [MaxLength(20)]
        public string departmentName { get; set; }
        [MaxLength(30)]
        public string professionalName { get; set; }
        [MaxLength(30)]
        public string className { get; set; }
        [MaxLength(20)]
        public string studentPhone { get; set; }
```

```
    〔Required〕
    public bool isEnabled { get; set; }
    }
}
```

（8）按照上述方法创建 ViewModel。首先创建 Rule
文件夹和 KQGL. Model 项目，然后创建 Areas 区域文件夹
和其下的 Administrator 文件夹，如图 10-10 所示。

（9）在 Administrator 文件夹下分别创建 StudentsViewModel
和 StudentsEditViewModel 类文件，并输入如下代码。

图 10-10　创建 ViewModel

```
namespace KQGL. Model. Areas. Administrator
{
    public class StudentsViewModel: PagingViewModel
    {
        public string StudentName { get; set; }
        public List < StudentData > StudentList { get; set; }
    }
    public class StudentData
        {
        public int StudentID { get; set; }
        public string StudentBH { get; set; }
        public string StudentName { get; set; }
        public bool StudentSex { get; set; }
        public string isStudentSexStr => StudentSex ? "男" : "女";
        public DateTime StudentBirthday { get; set; }
        public string stubirthday => StudentBirthday. ToShortDateString();
        public string DepartmentName { get; set; }
        public string ProfessionalName { get; set; }
        public string ClassName { get; set; }
        public string StudentPhone { get; set; }
        public bool IsEnabled { get; set; }
        public string isEnabledStr => IsEnabled ? "启用" : "未启用";
        }
}
namespace KQGL. Model. Areas. Administrator
{
    public class StudentsEditViewModel
    {
        public int StudentID { get; set; }
        〔Required(ErrorMessage = "学生编号不能为空")〕
        〔StringLength(12, ErrorMessage = "学生编号不能超过 12 个字符长度")〕
        public string StudentBH { get; set; }
        〔Required(ErrorMessage = "学生名称不能为空")〕
        〔StringLength(30, ErrorMessage = "学生名称不能超过 30 个字符长度")〕
        public string StudentName { get; set; }
        public bool StudentSex { get; set; }
        public DateTime StudentBirthday { get; set; } = DateTime. Now;
        〔Required(ErrorMessage = "密码不能为空")〕
        public string StudentPwd { get; set; }
        public string DepartmentName { get; set; }
        public string ProfessionalName { get; set; }
        public string ClassName { get; set; }
```

```
[MaxLength(20, ErrorMessage = "联系方式不能超过 20 个字符长度")]
public string StudentPhone { get; set; }
public Enable IsEnabled { get; set; }
public List<DepartmentsDropDown> DepartmentList { get; set; }
public class DepartmentsDropDown
{
    public int DepartmentID { get; set; }
    public string DepartmentName { get; set; }
}
public List<ProfessionalDropDown> ProfessionalList { get; set; }
public class ProfessionalDropDown
{
    public int ProfessionalID { get; set; }
    public string ProfessionalName { get; set; }
    public string DepartmentName { get; set; }
}
public List<ClassesDropDown> ClassesList { get; set; }
public class ClassesDropDown
{
    public int ClassesID { get; set; }
    public string ClassName { get; set; }
    public string ProfessionalName { get; set; }
    public string DepartmentName { get; set; }
}
    }
}
```

2. 基础设施层的创建

基础设施层主要为其他各层提供相关服务,该层下的类通过静态方法封装了涉及数据操作的各种功能,这些类不能被继承或实例化。该层中的类可以自己定义,也可以引用一些开源的类库。

(1) 在"解决方案资源管理器"中创建 Infrastructure 项目文件夹,在该文件夹下创建 KQGL. Utility 和 KQGL. EFCore 项目。在 KQGL. Utility 类库项目中创建或引用各种工具类库。在 KQGL. EFCore 项目中创建数据库上下文类库文件,该文件用于生成数据库和表。创建完成后的目录结构如图 10-11 所示。

图 10-11　建立基础设施层文件结构

(2) 打开 ApplicationDbContext. cs 文件,输入如下代码。

```
using Microsoft.EntityFrameworkCore;
using KQGL.Entity;
namespace KQGL.EFCore
{
    public class ApplicationDbContext : DbContext
    {
        public ApplicationDbContext(DbContextOptions<ApplicationDbContext> options) : base
(options)
        { }
```

```
public virtual DbSet < Annual > Annual { get; set; }
public virtual DbSet < Departments > Departments { get; set; }
public virtual DbSet < Professional > Professional { get; set; }
public virtual DbSet < Classes > Classes { get; set; }
public virtual DbSet < Course > Course { get; set; }
public virtual DbSet < Teacher > Teacher { get; set; }
public virtual DbSet < Students > Students { get; set; }
public virtual DbSet < Alertclass > Alertclass { get; set; }
public virtual DbSet < Courseset > Courseset { get; set; }
public virtual DbSet < Alert > Alert { get; set; }
public virtual DbSet < Manager > Manager { get; set; }
        }
    }
```

图 10-12　建立仓储层文件结构

修改 appsettings.json 数据库配置文件,利用 EF Core 提供的代码优先功能实现数据库和表的建立。该过程不再赘述。

3. 仓储层的创建

仓储层位于服务层和实体层之间,主要负责数据的 CRUD 业务逻辑。它通过一个接口为服务层提供对象的访问。

(1) 在"解决方案资源管理器"下创建 Logic 项目文件夹,在该文件夹下创建 KQGL. Repository 项目。在 KQGL. Repository 项目中创建 Areas 区域文件夹和其下的 Administrator 文件夹。创建完成后的目录结构如图 10-12 所示。

(2) 在 Administrator 文件夹下建立类库文件,文件命名为 StudentsRepository. cs,打开该仓储类库文件,输入如下代码。

```
namespace KQGL. Repository. Areas. Administrator
{
    public class StudentsRepository
    {
        public static async Task < Students > GetUserAsync(string account, ApplicationDbContext context)
        {
            return await context. Students. AsNoTracking(). Where(i => i. studentBH == account && i. isEnabled == true). FirstOrDefaultAsync();
        }
        public static async Task < Students > GetUserByOIDAsync (string oid, ApplicationDbContext context)
        {
            return await context. Students. AsNoTracking(). Where(i => i. studentID. ToString() == oid). FirstOrDefaultAsync();
        }
        public static async Task < Students > GetUserByAccountAsync (string account, ApplicationDbContext context)
        {
            return await context. Students. AsNoTracking(). Where(i => i. studentBH == account). FirstOrDefaultAsync();
```

```
        }
        public static async Task < Students > GetUserByIdAsync(long id, ApplicationDbContext
context)
        {
            return await context. Students. AsNoTracking(). Where(i => i. studentID == id).
FirstOrDefaultAsync();
        }
        public static async Task DeleteAsync(int id, ApplicationDbContext context)
        {
            var model = await context. Students. FirstOrDefaultAsync(i => i. studentID == id);
            context. Remove(model);
        }
        public static async Task < Students > GetAsync(int id, ApplicationDbContext context)
        {
            var model = await context. Students. AsNoTracking(). Where(i => i. studentID ==
id). FirstOrDefaultAsync();
            return model;
        }
        public static async Task < List < Students >> GetListAsync(StudentsViewModel webModel,
ApplicationDbContext context)
        {
            if (string. IsNullOrEmpty(webModel. StudentName))
            {
                if (CurrentUser. UserRole == "Administrator")
                {
                    return await context. Set < Students >(). AsNoTracking(). Skip(webModel.
Start). Take(webModel. Limit). OrderByDescending(i => i. studentID). ToListAsync();
                }
                if (CurrentUser. UserRole == "Teachers")
                {
                    return await context. Set < Students > (). AsNoTracking(). Skip(webModel.
Start). Take(webModel. Limit). OrderByDescending(i => i. studentID). Where(i => i. studentBH ==
CurrentUser. UserAccount ). ToListAsync();
                }
                if (CurrentUser. UserRole == "Student")
                {
                    return await context. Set < Students > (). AsNoTracking(). Skip(webModel.
Start). Take(webModel. Limit). OrderByDescending(i => i. studentID). Where(i => i. studentBH ==
CurrentUser. UserAccount ). ToListAsync();
                }
                return null;
            }
            else
            {
                IQueryable < Students > Students = context. Students. AsQueryable();
                var predicate = PredicateBuilder. New < Students >();
                if (!string. IsNullOrEmpty(webModel. StudentName))
                {
                    predicate = predicate. And (i => i. studentName == webModel.
StudentName);
                }
                return await Students. AsExpandable(). Where(predicate). ToListAsync();
            }
        }
```

```csharp
        public static async Task < int > GetListCountAsync ( StudentsViewModel webModel,
ApplicationDbContext context)
        {
            if (string.IsNullOrEmpty(webModel.StudentName))
            {
                if (CurrentUser.UserRole == "Administrator")
                {
                    var list = await context.Set < Students > ().AsNoTracking ().
OrderByDescending(i => i.studentID).ToListAsync();
                    return list.Count();
                }
                if (CurrentUser.UserRole == "Teachers")
                {
                    var list = await context.Set < Students > ().AsNoTracking ().
OrderByDescending(i => i.studentID).ToListAsync();
                    return list.Count();
                }
                if (CurrentUser.UserRole == "Student")
                {
                    var list = await context.Set < Students > ().AsNoTracking ().
OrderByDescending(i => i.studentID).Where(i => i.studentBH == CurrentUser.UserAccount).
ToListAsync();
                    return list.Count();
                }
                return 0;
            }
            else
            {
                IQueryable < Students > Students = context.Students.AsQueryable();
                var predicate = PredicateBuilder.New < Students >();
                if (!string.IsNullOrEmpty(webModel.StudentName))
                {
                    predicate = predicate.And (i => i.studentName == webModel.
StudentName);
                }
                var list = await Students.AsExpandable().Where(predicate).ToListAsync();
                return list.Count();
            }
        }
        public static async Task < Students > InsertAsync (StudentsEditViewModel webModel,
ApplicationDbContext context)
        {
            Students model = InsertModel(webModel);
            await context.Students.AddAsync(model);
            return model;
        }
        public static void Update(StudentsEditViewModel webModel, ApplicationDbContext context)
        {
            var model = context.Students.FirstOrDefault (i => i.studentID == Convert.
ToInt64(webModel.StudentID));
            if (model == null)
            {
                return;
            }
```

```
            model = UpdateModel(webModel, model);
        }
        public static async void UpdateAsync(StudentsEditViewModel webModel, ApplicationDbContext
context)
        {
            var model = await context.Students.FirstOrDefaultAsync(i => i.studentID ==
Convert.ToInt64(webModel.StudentID));
            if (model == null)
            {
                return;
            }
            model = UpdateModel(webModel, model);
        }
        private static Students InsertModel(StudentsEditViewModel webModel)
        {
            return new Students
            {
                studentBH = webModel.StudentBH,
                studentName = webModel.StudentName,
                studentSex = webModel.StudentSex,
                studentBirthday = webModel.StudentBirthday,
                studentPwd = Md5Utility.MD5Hash(webModel.StudentPwd),
                departmentName = webModel.DepartmentName,
                professionalName = webModel.ProfessionalName,
                className = webModel.ClassName,
                studentPhone = webModel.StudentPhone,
                isEnabled = (int)webModel.IsEnabled == 1
            };
        }
        private static Students UpdateModel(StudentsEditViewModel webModel, Students model)
        {
            model.studentBH = webModel.StudentBH;
            model.studentName = webModel.StudentName;
            model.studentSex = webModel.StudentSex;
            model.studentBirthday = webModel.StudentBirthday;
            model.departmentName = webModel.DepartmentName;
            model.professionalName = webModel.ProfessionalName;
            model.className = webModel.ClassName;
            model.studentPhone = webModel.StudentPhone;
            model.isEnabled = (int)webModel.IsEnabled == 1;
            return model;
        }
        public static async Task<List<Departments>> GetDepartmentList(ApplicationDbContext
context)
        {
            return await context.Departments.AsNoTracking().ToListAsync();
        }
        public static async Task<List<Professional>> GetProfessionalList(ApplicationDbContext
context)
        {
            return await context.Professional.AsNoTracking().ToListAsync();
        }
        public static async Task<List<Classes>> GetClassesList(ApplicationDbContext context)
        {
```

```
            return await context.Classes.AsNoTracking().ToListAsync();
        }
    }
}
```

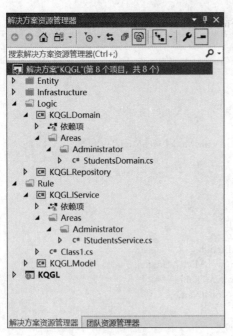

图 10-13　建立服务层文件结构

4. 服务层的创建

服务层位于表现层和仓储层之间，在数据交换中起到了承上启下的作用。该层实现的业务是整个系统的核心，包括 Services 和 IServices 两部分，其中 Services 用于对具体业务的处理，IServices 是对 Services 中方法的抽象表示。

（1）在"解决方案资源管理器"下的 Rule 项目文件夹中创建 KQGL. IService 项目。在该项目下创建 Areas 区域文件夹及其下的 Administrator 文件夹。在"解决方案资源管理器"下的 Logic 项目文件夹中创建 KQGL. Domain 项目。在该项目下创建 Areas 区域文件夹及其下的 Administrator 文件夹。创建完成后的目录结构如图 10-13 所示。

（2）在 KQGL. IService 项目下的 Areas \ Administrator 文件夹中建立类库文件，文件命名为 IStudentsService. cs，打开该文件，输入如下代码。

```
namespace KQGL.IService.Areas.Administrator
{
    public interface IStudentsService
    {
        #region Service
        Task<Students> GetUserAsync(string account, string password, ApplicationDbContext
context);
        Task SetCurrentUser(string oid, IHttpContextAccessor httpContextAccessor, Application
DbContext context);
        void RemoveCurrentUser(IHttpContextAccessor httpContextAccessor);
        void ClearSession(IHttpContextAccessor httpContextAccessor);
        #endregion
        #region Students Class
        Task<bool> DeleteStudentsAsync(int id, ApplicationDbContext context);
        Task<StudentsEditViewModel> GetStudentsAsync(int id, ApplicationDbContext context);
        Task<bool> InsertStudentsAsync(StudentsEditViewModel webModel, ApplicationDbContext
context);
        Task<StudentsViewModel> SearchStudentsAsync(StudentsViewModel webModel, Application
DbContext context);
        Task<bool> UpdateStudentsAsync(StudentsEditViewModel webModel, ApplicationDbContext
context);
        Task<StudentsEditViewModel> GetDropDownListAsync(StudentsEditViewModel webModel,
ApplicationDbContext context);
        #endregion
    }
}
```

（3）在 KQGL.Domain 项目下的 Areas\Administrator 文件夹中建立类库文件，文件命名为 StudentsDomain.cs，打开该文件，输入如下代码。

```
namespace KQGL.Domain.Areas.Administrator
{
    public class StudentsDomain:IStudentsService
    {
        #region Interface Service Implement
        public async Task < Students > GetUserAsync ( string account, string password,
ApplicationDbContext context)
        {
            return await StudentsRepository.GetUserAsync(account, context);
        }
        public void RemoveCurrentUser(IHttpContextAccessor httpContextAccessor)
        {
            httpContextAccessor.HttpContext.Session.SetString("CurrentUser_UserOID", "");
            httpContextAccessor.HttpContext.Session.SetString("CurrentUser_UserId", "0");
            httpContextAccessor.HttpContext.Session.SetString("CurrentUser_UserName", "");
            httpContextAccessor.HttpContext.Session.SetString("CurrentUser_UserAccount", "");
            httpContextAccessor.HttpContext.Session.SetString("CurrentUser_UserImage", "");
            httpContextAccessor.HttpContext.Session.SetString("CurrentUser_UserRole", "");
            httpContextAccessor.HttpContext.Session.SetString("CurrentUser_UserPage", "");
        }
        public void ClearSession(IHttpContextAccessor httpContextAccessor)
        {
            httpContextAccessor.HttpContext.Session.Clear();
        }
        public async Task SetCurrentUser(string oid, IHttpContextAccessor httpContextAccessor,
ApplicationDbContext context)
        {
            CurrentUser.Configure(httpContextAccessor);
            var user = await StudentsRepository.GetUserByOIDAsync(oid, context);
            if (user != null)
            {
                string role = string.Empty;
                role = "Student";
                CurrentUser.UserAccount = user.studentBH;
                CurrentUser.UserId = user.studentID;
                CurrentUser.UserName = user.studentName;
                CurrentUser.UserRole = role;
                CurrentUser.UserDepartment = user.departmentName;
                CurrentUser.UserProfessional = user.professionalName;
                CurrentUser.UserClass = user.className;
            }
        }
        #endregion
        #region Initialize
        private readonly ILogger _logger;
        public StudentsDomain(ILogger < StudentsDomain > logger)
        {
            _logger = logger;
        }
        #endregion
        #region Students Class
```

```csharp
public async Task < bool > DeleteStudentsAsync(int id, ApplicationDbContext context)
{
    try
    {
        await StudentsRepository.DeleteAsync(id, context);
        var operate = string.Format("删除学生数据,学生 Id:{0}", id);
        var index = await context.SaveChangesAsync();
        return index == 2;
    }
    catch (Exception ex)
    {
        _logger.LogError("删除失败:{0},\r\n 内部错误信息:{1}", ex.Message, ex.
InnerException.Message);
        return false;
    }
}
public async Task < StudentsEditViewModel > GetStudentsAsync(int id, ApplicationDbContext
context)
{
    var webModel = new StudentsEditViewModel();
    try
    {
        var model = await StudentsRepository.GetAsync(id, context);
        webModel.StudentID = model.studentID;
        webModel.StudentBH = model.studentBH;
        webModel.StudentName = model.studentName;
        webModel.StudentSex = model.studentSex ;
        webModel.StudentBirthday = model.studentBirthday.Date;
        webModel.DepartmentName = model.departmentName;
        webModel.ProfessionalName = model.professionalName;
        webModel.ClassName = model.className;
        webModel.StudentPhone = model.studentPhone;
        webModel.IsEnabled = (EnumType.Enable)(model.isEnabled ? 1 : 0);
    }
    catch (Exception ex)
    {
        _logger.LogError("获取数据失败:{0},\r\n 内部错误信息:{1}", ex.Message,
ex.InnerException.Message);
    }
    return webModel;
}
public async Task < bool > InsertStudentsAsync (StudentsEditViewModel webModel,
ApplicationDbContext context)
{
    try
    {
        var model = await StudentsRepository.InsertAsync(webModel, context);
        var index = await context.SaveChangesAsync();
        return index == 1;
    }
    catch (Exception ex)
    {
        _logger.LogError("创建失败:{0},\r\n 内部错误详细信息:{1}", ex.Message,
ex.InnerException.Message);
```

```
                return false;
            }
        }
    public async Task < StudentsViewModel > SearchStudentsAsync (StudentsViewModel
webModel, ApplicationDbContext context)
        {
            try
            {
                var list = await StudentsRepository.GetListAsync(webModel, context);
                var dataList = new List<StudentData>();
                if (list != null && list.Any())
                {
                    dataList.AddRange(list.Select(item => new StudentData
                    {
                        StudentID = item.studentID,
                        StudentName = item.studentName,
                        StudentBH = item.studentBH,
                        StudentSex = item.studentSex,
                        StudentBirthday = item.studentBirthday.Date,
                        DepartmentName =item.departmentName,
                        ProfessionalName = item.professionalName,
                        ClassName = item.className,
                        StudentPhone =item.studentPhone,
                        IsEnabled = item.isEnabled
                    }));
                }
                webModel.StudentList = dataList;
                 webModel.Total = await StudentsRepository.GetListCountAsync(webModel,
context);
            }
            catch (Exception ex)
            {
                _logger.LogError("获取列表失败:{0},\r\n内部错误信息:{1}", ex.Message,
ex.InnerException.Message);
            }
            return webModel;
        }
    public async Task < bool > UpdateStudentsAsync (StudentsEditViewModel webModel,
ApplicationDbContext context)
        {
            try
            {
                StudentsRepository.Update(webModel, context);
                var index = await context.SaveChangesAsync();
                return true;
            }
            catch (Exception ex)
            {
                _logger.LogError("更新失败:{0},\r\n内部错误信息:{1}", ex.Message, ex.
InnerException.Message);
                return false;
            }
        }
    public async Task < StudentsEditViewModel > GetDropDownListAsync (StudentsEdit
```

```
        ViewModel webModel, ApplicationDbContext context)
        {
            var departmentList = await StudentsRepository.GetDepartmentList(context);
            var professionalList = await StudentsRepository.GetProfessionalList(context);
            var classesList = await StudentsRepository.GetClassesList(context);
            if (departmentList != null && departmentList.Any())
            {
                webModel.DepartmentList = departmentList.Select(item => new DepartmentsDropDown
                {
                    DepartmentID = item.departmentID,
                    DepartmentName = item.departmentName
                }).ToList();
            }
            if (professionalList != null && professionalList.Any())
            {
                webModel.ProfessionalList = professionalList.Select(item => new ProfessionalDropDown
                {
                    ProfessionalID = item.professionalID,
                    ProfessionalName = item.professionalName
                }).ToList();
            }
            if (classesList != null && classesList.Any())
            {
                webModel.ClassesList = classesList.Select(item => new ClassesDropDown
                {
                    ClassesID = item.classesID,
                    ClassName = item.className
                }).ToList();
            }
            return webModel;
        }
        #endregion
    }
}
```

5. 表现层的创建

表现层负责与用户直接进行交互,通过页面实现数据的录入、显示等功能。现以显示学生信息为例介绍其开发过程。

(1) 在"解决方案资源管理器"下建立 Web 文件夹,在该文件夹中创建 KQGL. Site 项目。然后在该项目下创建 Areas\Administrator\Controllers 文件夹。最后在该文件夹下创建 StudentsController. cs 文件。创建完成后的目录结构如图 10-14 所示。

(2) 打开 StudentsController. cs 文件,输入代码如下。

```
namespace KQGL.Controllers.Areas.Administrator
{
    [Area("Administrator")]
    [Authorize(Policy = "Administrator")]
    public class StudentsController : BaseController
    {
        #region Initialize
        private readonly ApplicationDbContext _context;
        private readonly ILogger _logger;
```

图 10-14　建立表现层文件结构

```
    private readonly IStudentsService _service;
    private readonly IHttpContextAccessor _httpContextAccessor;
    public StudentsController(IStudentsService service, ILogger < StudentsController > logger,
IHttpContextAccessor httpContextAccessor, ApplicationDbContext context)
    {
        _service = service;
        _logger = logger;
        _httpContextAccessor = httpContextAccessor;
        _context = context;
        CurrentUser.Configure(_httpContextAccessor);
    }
    #endregion
    #region View
    [HttpGet]
    public IActionResult Students()
    {
        return View();
    }
    [HttpGet]
    public async Task < IActionResult > EditStudents(string id)
    {
        StudentsEditViewModel webModel = new StudentsEditViewModel();
        if (!string.IsNullOrEmpty(id))
        {
            webModel = await _service.GetStudentsAsync(Convert.ToInt32(id), _context);
        }
        webModel = await _service.GetDropDownListAsync(webModel, _context);
        return View(webModel);
    }
    #endregion
    #region Service
```

```
[HttpPost]
public async Task < IActionResult > SearchStudents(string search)
{
    StudentsViewModel webModel = JsonUtility.ToObject < StudentsViewModel >(search);
    webModel = await _service.SearchStudentsAsync(webModel, _context);
    bool flag = string.IsNullOrEmpty(webModel.StudentName);
    var returnData = new
    {
        data = webModel.StudentList,
        limit = webModel.Limit,
        page = flag ? webModel.Page : 1,
        total = webModel.Total
    };
    return Json(returnData);
}
[HttpPost]
public async Task < IActionResult > DeleteStudents(int id)
{
    bool flag = await _service.DeleteStudentsAsync(id, _context);
    return Json(new
    {
        success = flag,
        msg = flag ? "数据删除成功,学生编号:" + id : "数据删除失败,学生编号:" +
id
    });
}
[HttpPost]
public async Task < IActionResult > EditStudents(StudentsEditViewModel webModel)
{
    if (ModelState.IsValid)
    {
        bool flag = true;
        if (webModel.StudentID==0)
        {
            //Add Students
            flag = await _service.InsertStudentsAsync(webModel, _context);
        }
        else
        {
            //Update Students
            flag = await _service.UpdateStudentsAsync(webModel, _context);
        }
        return Json(new
        {
            success = flag,
            msg = flag ? "学生信息编辑成功" : "学生信息编辑失败"
        });
    }
    return Json(new
    {
        success = false,
        msg = this.ModelState.Keys.SelectMany(key => this.ModelState[key].
Errors).FirstOrDefault().ErrorMessage
    });
```

```
        }
        # endregion
    }
}
```

（3）继续在 Administrator 目录下建立 Views\Students 文件夹。在该文件夹下创建 Students.cshtml 文件，并输入如下代码。

```
@model KQGL.Model.Areas.Administrator.StudentsViewModel
@{
    ViewData["Title"] = "学生管理";
    ViewData["NavTitle"] = "学生信息管理";
    ViewData["CurrName"] = "学生信息维护";
}
<section class="content-header">
    <h1>
        学生管理
        <small>Student</small>
    </h1>
    <ol class="breadcrumb">
        <li>
            <a asp-area="Administrator" asp-controller="Home" asp-action="Index">
                <i class="fa fa-dashboard"></i>首页
            </a>
        </li>
        <li>基础数据管理</li>
        <li class="active">学生管理</li>
    </ol>
</section>
<section class="content">
    <div class="row">
        <div class="col-md-12">
            <div class="form-group col-md-4">
                <label class="control-label no-padding-right col-md-5 col-xs-4" for="studentName">学生名称:</label>
                <div class="input-group col-md-7 col-xs-8">
                    <input id="studentName" type="text" class="form-control">
                    <div class="input-group-addon">
                        <i class="fa fa-pencil-square-o"></i>
                    </div>
                </div>
            </div>
            <div class="form-group col-md-3">
                <button id="search" class="btn btn-dropbox btn-flat col-md-4">
                    <i class="fa fa-search"></i> 搜索
                </button>
                <a asp-area="Administrator" asp-controller="Students" asp-action="EditStudents" class="btn btn-success btn-flat col-md-4 col-xs-offset-1 col-md-offset-1">
                    <i class="fa fa-plus"></i> 新建
                </a>
            </div>
        </div>
    </div>
    <div class="row">
```

```
                @await Html.PartialAsync("_StudentsTablePartial")
            </div>
    </section>
    @section scripts{
        <environment include="Development">
            <script src="~/js/view/Administrator/Students.js" asp-append-version="true">
    </script>
        </environment>
    }
```

（4）在上述 Students.cshtml 文件中引用了 JavaScript 脚本文件，该文件用来获取页面上的数据并对数据进行页面间的传输。下面在 wwwroot\js 目录下创建 Views\Administrator 文件夹，并在该文件夹下创建 Students.js 脚本文件。代码如下：

```
$.dataTableSetting = {
    "bSort": false,
    "serverSide": true,
    "sServerMethod": "POST",
    "bDeferRender": true,
    "sScrollXInner": "100%",
    "bLengthChange": false,
    "bFilter": false,
    "bStateSave": true,
    "bProcessing": true,
    "iDisplayLength": 15,
    "deferRender": true,
    "oLanguage": {
        "sLengthMenu": "每页显示 _MENU_ 条记录",
        "sZeroRecords": "对不起,没有匹配的数据",
        "sInfo": "第 _START_ - _END_ 条 / 共 _TOTAL_ 条数据",
        "sInfoEmpty": "没有匹配的数据",
        "sInfoFiltered": "(数据表中共 _MAX_ 条记录)",
        "sProcessing": "正在加载中...",
        "sSearch": "全文搜索:",
        "oPaginate": {
            "sFirst": "第一页",
            "sPrevious": " 上一页 ",
            "sNext": " 下一页 ",
            "sLast": " 最后一页 "
        }
    },
    "paging": true,
    "processing": true,
    "columnDefs": [
        {
            "targets": 8,
            "data": null,
            "render": function (data, type, row) {
                var html = '<a id="edit" class="btn btn-xs btn-link" data-id=' + data.
studentID + '>编辑</a>' +
                    '<a id="delete" class="btn btn-xs btn-link" data-id=' + data.studentID +
```

```
                    '>删除</a>';
                                return html;
                        }
                }
        ],
        "columns": [
            { "data": "studentBH" },
            { "data": "studentName" },
            { "data": "isEnabledStr" },
            { "data": "studentBirthday" },
            { "data": "departmentName" },
            { "data": "professionalName" },
            { "data": "className" },
            { "data": "isEnabledStr" }
        ],
        ajax: function (data, callback, settings) {
            var param = {};
            param.Limit = data.length;
            param.Start = data.start;
            param.Page = (data.start / data.length) + 1;
            param.StudentName = $('#studentName').val();
            //ajax请求数据
            $.ajax({
                type: "POST",
                url: "/Administrator/Students/SearchStudents",
                cache: false,
                data: {
                    search: JSON.stringify(param)
                },
                dataType: "json",
                success: function (result) {
                    var returnData = {};
                    returnData.draw = data.draw;
                    returnData.recordsTotal = result.total;
                    returnData.recordsFiltered = result.total;
                    returnData.data = result.data;
                    callback(returnData);
                },
                error: function (msg) {
                    console.log(msg.responseText);
                }
            });
        }
};
$(function () {
    var dataTable = $('#students-table').dataTable($.dataTableSetting);
    $(document).on('click',
        '#search',
```

```
        function () {
            dataTable.fnDestroy(false);
            dataTable = $('#students-table').dataTable($.dataTableSetting);
        });


    $(document).on('click',
        '#edit',
        function () {
            window.location.href = '/Administrator/Students/EditStudents/' + $(this).attr
('data-id');
        });
    $(document).on('click',
        '#delete',
        function () {
            var id = $(this).attr('data-id');
            window.bootbox.confirm({
                message: '学号:<b class="text-red">' + id + '</b>,确定删除该条学生数据吗?',
                buttons: {
                    confirm: {
                        label: '确定',
                        className: 'btn btn-success btn-flat'
                    },
                    cancel: {
                        label: '取消',
                        className: 'btn btn-default btn-flat'
                    }
                },
                callback: function (result) {
                    if (result) {
                        $.ajax({
                            url: '/Administrator/Students/DeleteStudents',
                            type: 'POST',
                            dataType: 'Json',
                            data: {
                                id: id
                            },
                            success: function (result) {
                                window.bootbox.alert({
                                    message: result.msg,
                                    buttons: {
                                        ok: {
                                            label: '确定',
                                            className: 'btn bg-olive btn-flat margin'
                                        }
                                    },
                                    callback: function () {
                                        window.location = "/Administrator/Students/Students";
                                    }
                                });
                            },
                            error: function (msg) {
```

```
                    console.log(msg);
                }
            });
        }
        }
    });
    });
});
```

6. 各层之间的关系引用

整个系统代码完成后还需要添加层与层之间的关系引用。下面以 KQGL. Site 网站项目为例介绍引用过程。

（1）打开解决方案中 Web 文件夹下的 KQGL. Site 项目，右击"依赖项"，在弹出的快捷菜单中选择"添加引用"命令，如图 10-15 所示。

（2）在打开的对话框中选择需要引用的项目，单击"确定"按钮，如图 10-16 所示。

图 10-15 添加引用

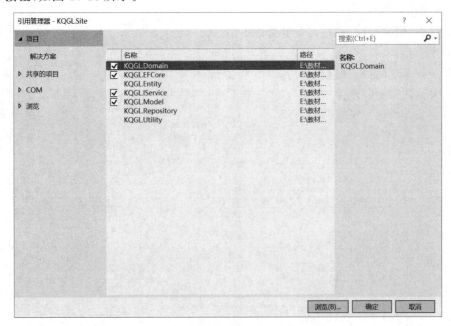

图 10-16 设置引用

（3）为其他层添加引用。各层间的引用见表 10-12。

表 10-12 各层间的引用

项 目 名 称	引 用 项 目
KQGL. Entity	KQGL. Utility
KQGL. EFCore	KQGL. Entity、KQGL. Utility
KQGL. Domain	KQGL. EFCore、KQGL. Entity、KQGL. IService、KQGL. Model KQGL. Repository、KQGL. Utility

298

项 目 名 称	引 用 项 目
KQGL. Repository	KQGL. EFCore、KQGL. Entity、KQGL. Model、KQGL. Utility
KQGL. IService	KQGL. EFCore、KQGL. Entity、KQGL. Model
KQGL. Site	KQGL. Domain、KQGL. EFCore、KQGL. IService、KQGL. Model

小　结

　　本章以学生考勤管理系统为目标，介绍了系统的开发背景、需求分析、系统设计和系统实现，并以学生模块为例，分步骤对该模块的实现进行了详细的讲解。

习　题

上机实践题

　　目前学生考勤管理系统中有教务管理员、任课教师和学生三类用户，现要求增加学院领导角色，该类用户拥有的权限如下。

　　（1）增加、删除、修改和查询教务管理员信息。

　　（2）按学号、班级、专业、系部查询学生出勤情况。

　　（3）统计学院的每天出勤情况并以图形显示。

　　（4）查询任课教师授课情况。

　　（5）对个人信息进行修改。

图书资源支持

感谢您一直以来对清华版图书的支持和爱护。为了配合本书的使用，本书提供配套的资源，有需求的读者请扫描下方的"书圈"微信公众号二维码，在图书专区下载，也可以拨打电话或发送电子邮件咨询。

如果您在使用本书的过程中遇到了什么问题，或者有相关图书出版计划，也请您发邮件告诉我们，以便我们更好地为您服务。

我们的联系方式：

清华大学出版社计算机与信息分社网站：https://www.shuimushuhui.com/

地　　址：北京市海淀区双清路学研大厦 A 座 714

邮　　编：100084

电　　话：010-83470236　010-83470237

客服邮箱：2301891038@qq.com

QQ：2301891038（请写明您的单位和姓名）

资源下载：关注公众号"书圈"下载配套资源。

资源下载、样书申请

书圈

图书案例

清华计算机学堂

观看课程直播